● 電気・電子工学ライブラリ ●
UKE-A1

電気電子基礎数学

川口順也・松瀨貢規　共著

数理工学社

編者のことば

電気磁気学を基礎とする電気電子工学は，環境・エネルギーや通信情報分野など社会のインフラを構築し社会システムの高機能化を進める重要な基盤技術の一つである．また，日々伝えられる再生可能エネルギーや新素材の開発，新しいインターネット通信方式の考案など，今まで電気電子技術が適用できなかった応用分野を開拓し境界領域を拡大し続けて，社会システムの再構築を促進し一般の多くの人々の利用を飛躍的に拡大させている．

このようにダイナミックに発展を遂げている電気電子技術の基礎的内容を整理して体系化し，科学技術の分野で一般社会に貢献をしたいと思っている多くの大学・高専の学生諸君や若い研究者・技術者に伝えることも科学技術を継続的に発展させるためには必要であると思う．

本ライブラリは，日々進化し高度化する電気電子技術の基礎となる重要な学術を整理して体系化し，それぞれの分野をより深くさらに学ぶための基本となる内容を精査して取り上げた教科書を集大成したものである．

本ライブラリ編集の基本方針は，以下のとおりである．

1) 今後の電気電子工学教育のニーズに合った使い易く分かり易い教科書．
2) 最新の知見の流れを取り入れ，創造性教育などにも配慮した電気電子工学基礎領域全般に亘る斬新な書目群．
3) 内容的には大学・高専の学生と若い研究者・技術者を読者として想定．
4) 例題を出来るだけ多用し読者の理解を助け，実践的な応用力の涵養を促進．

本ライブラリの書目群は，I 基礎・共通，II 物性・新素材，III 信号処理・通信，IV エネルギー・制御，から構成されている．

書目群 I の基礎・共通は 9 書目である．電気・電子通信系技術の基礎と共通書目を取り上げた．

書目群 II の物性・新素材は 7 書目である．この書目群は，誘電体・半導体・磁性体のそれぞれの電気磁気的性質の基礎から説きおこし半導体物性や半導体デバイスを中心に書目を配置している．

書目群 III の信号処理・通信は 5 書目である．この書目群では信号処理の基本から信号伝送，信号通信ネットワーク，応用分野が拡大する電磁波，および

電気電子工学の医療技術への応用などを取り上げた.

　書目群IVのエネルギー・制御は10書目である.電気エネルギーの発生,輸送・伝送,伝達・変換,処理や利用技術とこのシステムの制御などである.

　「電気文明の時代」の20世紀に引き続き,今世紀も環境・エネルギーと情報通信分野など社会インフラシステムの再構築と先端技術の開発を支える分野で,社会に貢献し活躍を望む若い方々の座右の書群になることを希望したい.

　　2011年9月

　　　　　　　　　　　　　　　　　　　編者　松瀬貢規　湯本雅恵
　　　　　　　　　　　　　　　　　　　　　　西方正司　井家上哲史

「電気・電子工学ライブラリ」書目一覧

書目群I（基礎・共通）

1. 電気電子基礎数学
2. 電気磁気学の基礎
3. 電気回路
4. 基礎電気電子計測
5. 応用電気電子計測
6. アナログ電子回路の基礎
7. ディジタル電子回路
8. ハードウェア記述言語によるディジタル回路設計の基礎
9. コンピュータ工学

書目群II（物性・新素材）

1. 電気電子材料工学
2. 半導体物性
3. 半導体デバイス
4. 集積回路工学
5. 光工学入門
6. 高電界工学
7. 電気電子化学

書目群III（信号処理・通信）

1. 信号処理の基礎
2. 情報通信工学
3. 無線とネットワークの基礎
4. 基礎　電磁波工学
5. 生体電子工学

書目群IV（エネルギー・制御）

1. 環境とエネルギー
2. 電力発生工学
3. 電力システム工学の基礎
4. 超電導・応用
5. 基礎制御工学
6. システム解析
7. 電気機器学
8. パワーエレクトロニクス
9. アクチュエータ工学
10. ロボット工学

別巻1　演習と応用　電気磁気学
別巻2　演習と応用　電気回路
別巻3　演習と応用　基礎制御工学

まえがき

　科学技術の進歩発展を支え，ダイナミックに変動する社会システムの高機能化を進める重要な基盤技術の一つが電気・電子工学である．

　電気・電子工学は，社会を豊かにするため 20 世紀にもっとも貢献した技術であり，われわれが住む 3 次元空間と時間で起きる電気磁気現象を体系化した電気磁気学や電気回路学などを基礎として進展してきた．

　そして，これらの電気磁気現象を数量的に表すため多様な純粋数学の成果が活用され，その力を借りて抽象的で一般的に表現してより深く理解するとともに新しい電気磁気現象を予言し発見してきた．

　さらに，21 世紀の環境・エネルギーシステム，ディジタル信号を用いた情報通信システム，および電気電子機器や制御装置などを設計・製造し，特性を解析・改善する場合も線形代数，論理数学，ベクトル演算，複素関数論，フーリエ変換など数学の力をふんだんに利用している．

　本書は，電気磁気現象を利用し活用する工学的側面に視点を置き，実践的な応用力を身につけ，育てることを重視して執筆している．そして，大学・高専の学生および若い研究者・技術者を主な読者対象に，電気電子，情報通信および制御工学などを学ぶ人の数学入門書になることを意図している．

　執筆にあたって留意した主な点は以下の通りである．

1) 電気・電子工学を学ぶ人の「なぜか」という基本的な疑問を想定して，その疑問に応え，その理解と表現のためいかに数学が手助けになるかに応える形の書き方をするよう心がけ，例題を多く取り上げた．
2) 内容は，電気電子技術に応用できて実際にどのように役立つかを分かりやすく記述するよう心がけて，多様な分野の基礎となる数学を中心に取り上げた．
3) 正弦波信号に限らず，急激な進歩を遂げているディジタル信号やその処理技術および電磁波の応用などに必要な数学の基礎的事項を読者が十分理解し，習得できるようにした．

4) 本書に取り上げた数学は，工学上の課題・問題を理解・解決する手段として活用することを目的としており，数学的厳密性の追求や抽象化・一般化の証明は紙面の都合からできるだけ避けることにした．数学的厳密性に関心がある場合は寺沢寛一著『自然科学者のための数学概論（増訂版）』および高木貞治著『定本 解析概論』など数学者が執筆した著作を参照して頂きたい．

　電気電子数学はこれまで多くの著書が世に出ているがあえて電気・電子工学を学び始める人に分かりやすい実用的な入門書として，また電気電子関連技術に携わり数学的根拠を求める人の役に立つように整理し出版することにした．

　本書が電気・電子工学を学び，今後この分野で社会に貢献し活躍を望む方々の一助になれば幸いである．

　本書の執筆に当たり多くの数学，電気電子数学の教科書や著書を参考にさせていただいた．これらの著者に対し敬意を表し感謝する．

　2012 年 3 月

川口順也・松瀬貢規

目　　　次

第1章
複　素　数　　　1

- 1.1 複素数の初等演算 ························· 2
  - 1.1.1 複素数の基礎 ························ 2
  - 1.1.2 マクローリン級数 ····················· 3
  - 1.1.3 複素数の四則演算 ····················· 5
- 1.2 極座標表示の交流電圧と交流電流 ············ 7
- 1章の問題 ···································· 10

第2章
初 等 関 数　　　11

- 2.1 三 角 関 数 ······························ 12
  - 2.1.1 三 角 関 数 ························ 12
  - 2.1.2 度数法と弧度法 ······················ 12
  - 2.1.3 三角関数のグラフと基本性質 ··········· 13
  - 2.1.4 三角関数の主な公式と定理 ············· 14
  - 2.1.5 逆三角関数 ·························· 17
- 2.2 指数関数と対数関数 ······················· 17
  - 2.2.1 指数関数と対数関数 ··················· 17
  - 2.2.2 ネイピア数の意味 ···················· 18
  - 2.2.3 指数関数と対数関数のグラフと基本性質 ······· 19
- 2.3 双曲線関数 ······························· 21
  - 2.3.1 双曲線関数 ·························· 21
  - 2.3.2 双曲線関数のグラフと基本性質 ········· 23

　　　　　　　　　目　　次　　　　　　vii

	2.3.3	複素数の双曲線関数	24
	2.3.4	逆双曲線関数	26
2章の問題			26

第3章

行列と行列式　　　　　　27

- 3.1 行　列 …… 28
  - 3.1.1 行　列 …… 28
  - 3.1.2 行列の基本性質と演算 …… 28
  - 3.1.3 逆行列と転置行列の性質 …… 29
- 3.2 行 列 式 …… 33
  - 3.2.1 行 列 式 …… 33
  - 3.2.2 行列式の基本性質 …… 35
  - 3.2.3 行列式の展開 …… 36
- 3.3 逆行列と行列の階数 …… 38
  - 3.3.1 逆行列の求め方 …… 38
  - 3.3.2 行列の階数（ランク） …… 41
  - 3.3.3 連立1次方程式の解とクラメールの方法 …… 42
- 3.4 電気回路の計算と等価変換 …… 44
  - 3.4.1 電気回路の計算 …… 44
  - 3.4.2 電気回路の等価変換 …… 46
- 3章の問題 …… 49

第4章

論 理 数 学　　　　　　51

- 4.1 論理代数の基礎 …… 52
  - 4.1.1 論 理 代 数 …… 52
  - 4.1.2 論理記号と論理式 …… 52
- 4.2 数体系と符号化 …… 55
  - 4.2.1 10進数，2進数と数体系 …… 55
  - 4.2.2 重みと基数 …… 56

        4.2.3　2進数の表現 ・・・・・・・・・・・・・・・・・・・・・・・・・・・・・・・ 57
        4.2.4　数体系の相互変換 ・・・・・・・・・・・・・・・・・・・・・・・・・・ 57
   4.3　2進数の四則計算 ・・・・・・・・・・・・・・・・・・・・・・・・・・・・・・・・・・・・ 59
        4.3.1　2進数の四則計算 ・・・・・・・・・・・・・・・・・・・・・・・・・・ 59
        4.3.2　2進数の負数表現 ・・・・・・・・・・・・・・・・・・・・・・・・・・ 61
        4.3.3　2進符号 ・・・・・・・・・・・・・・・・・・・・・・・・・・・・・・・・・ 62
   4.4　論理代数 ・・ 62
        4.4.1　論理代数の公式 ・・・・・・・・・・・・・・・・・・・・・・・・・・・ 62
        4.4.2　基本性質 ・・・・・・・・・・・・・・・・・・・・・・・・・・・・・・・・ 63
   4.5　拡大した基本論理回路 ・・・・・・・・・・・・・・・・・・・・・・・・・・・・・・ 66
        4.5.1　NAND（否定論理積） ・・・・・・・・・・・・・・・・・・・・・・ 66
        4.5.2　NOR（否定論理和） ・・・・・・・・・・・・・・・・・・・・・・・ 66
        4.5.3　EX-OR（排他的論理和） ・・・・・・・・・・・・・・・・・・・ 67
        4.5.4　EX-NOR（一致回路） ・・・・・・・・・・・・・・・・・・・・・ 67
   4章の問題 ・・・ 68

第5章

微分と積分　　　　　　　　　　　　　　　　　　　　　　69

   5.1　極限と微分 ・・・・・・・・・・・・・・・・・・・・・・・・・・・・・・・・・・・・・・・ 70
        5.1.1　角度 ・・・・・・・・・・・・・・・・・・・・・・・・・・・・・・・・・・・ 70
        5.1.2　極限（$\frac{\infty}{\infty}$ または $\frac{0}{0}$ の不定形の場合） ・・・・・・・・ 71
        5.1.3　無限大積分 ・・・・・・・・・・・・・・・・・・・・・・・・・・・・・・ 72
        5.1.4　部分積分 ・・・・・・・・・・・・・・・・・・・・・・・・・・・・・・・・ 72
        5.1.5　部分分数と積分 ・・・・・・・・・・・・・・・・・・・・・・・・・・・ 73
        5.1.6　関数の中に関数のある微分と分数形式の微分 ・・・・ 74
        5.1.7　関数のグラフ化 ・・・・・・・・・・・・・・・・・・・・・・・・・・・ 74
   5.2　微小量の総和と積分 ・・・・・・・・・・・・・・・・・・・・・・・・・・・・・・・・ 77
   5.3　座標系 ・・・ 81
        5.3.1　極座標 ・・・・・・・・・・・・・・・・・・・・・・・・・・・・・・・・・・ 81
        5.3.2　円筒座標（円柱座標） ・・・・・・・・・・・・・・・・・・・・・ 81
        5.3.3　球座標 ・・・・・・・・・・・・・・・・・・・・・・・・・・・・・・・・・・ 82

		5.3.4 電気への応用例 84
	5章の問題 89

第6章

ベクトル演算　　　　　　　　　　　　　　　　　　　　　　　　91

- 6.1 ベクトルとスカラー 92
  - 6.1.1 ベクトルとスカラー 92
  - 6.1.2 ベクトルの直交座標表示 94
  - 6.1.3 ベクトルの性質 95
- 6.2 ベクトルの微分 99
  - 6.2.1 ベクトルの微分 99
  - 6.2.2 スカラーの勾配 101
  - 6.2.3 ベクトルの発散とその物理的意味 102
  - 6.2.4 ベクトルの回転とその物理的意味 104
  - 6.2.5 ラプラスの方程式とポアソンの方程式 107
  - 6.2.6 ベクトルとスカラーに関する公式 109
- 6.3 ベクトルの積分 110
  - 6.3.1 線積分（接線線積分） 110
  - 6.3.2 面積分（法線面積分） 112
  - 6.3.3 ガウスの線束定理 113
  - 6.3.4 体積積分 114
- 6章の問題 115

第7章

ベクトル演算の諸定理　　　　　　　　　　　　　　　　　　　　117

- 7.1 ガウスの発散定理 118
- 7.2 ストークスの定理 122
  - 7.2.1 ストークスの定理 122
  - 7.2.2 レンツの法則 125
  - 7.2.3 ビオ–サヴァールの法則とアンペールの法則 126
- 7章の問題 127

第8章

微分方程式　129

- 8.1 微分方程式 …………………………………………………… 130
  - 8.1.1 微分方程式 ……………………………………………… 130
  - 8.1.2 微分方程式の解 ………………………………………… 130
- 8.2 常微分方程式 ………………………………………………… 132
  - 8.2.1 1階常微分方程式の解法 ………………………………… 132
  - 8.2.2 同次線形微分方程式 …………………………………… 135
  - 8.2.3 定数係数非同次線形常微分方程式の解法 …………… 140
  - 8.2.4 連立微分方程式 ………………………………………… 142
- 8.3 偏微分方程式 ………………………………………………… 145
  - 8.3.1 偏微分方程式 …………………………………………… 145
  - 8.3.2 1階偏微分方程式の解法 ………………………………… 146
  - 8.3.3 2階偏微分方程式の解法 ………………………………… 151
- 8章の問題 ………………………………………………………… 156

第9章

複素関数論入門　157

- 9.1 複素関数とコーシー–リーマンの条件 …………………… 158
- 9.2 複素関数の積分 ……………………………………………… 159
- 9.3 コーシーの積分定理 ………………………………………… 162
  - 9.3.1 コーシーの積分定理 …………………………………… 162
  - 9.3.2 グルサの定理 …………………………………………… 163
  - 9.3.3 マクローリン展開式 …………………………………… 163
- 9.4 ローラン展開と留数 ………………………………………… 164
- 9.5 実積分（定積分）への応用 ………………………………… 170
- 9章の問題 ………………………………………………………… 172

目次　　　　　　　　xi

第10章

ラプラス変換　　　　　　　　175

 10.1 ラプラス変換の定義 ･････････････････････････ 176
 10.2 ステップ関数の積分表示 ･･･････････････････････ 176
 10.3 パルス波の積分表示 ･･････････････････････････ 178
 10.4 ラプラス変換の物理的意味 ･･････････････････････ 179
 10.5 電気回路への応用 ･･･････････････････････････ 181
 10章の問題 ････････････････････････････････････ 189

第11章

フーリエ変換とフーリエ級数　　　　　　　　193

 11.1 フーリエ変換 ･･･････････････････････････････ 194
   11.1.1 標本化定理とフーリエ変換の概要 ･･･････････ 194
   11.1.2 フーリエ変換の定義 ･･･････････････････････ 194
 11.2 ディラックの δ 関数 ･････････････････････････ 196
 11.3 フーリエ変換の性質 ･････････････････････････ 199
 11.4 等間隔 δ 関数列 ･･･････････････････････････ 200
 11.5 畳み込み積分 ･･････････････････････････････ 202
   11.5.1 畳み込みの定理 ･･････････････････････････ 202
   11.5.2 周波数畳み込みの定理 ･････････････････････ 203
 11.6 フーリエ級数 ･･････････････････････････････ 206
 11.7 波形の標本化と標本化定理 ･････････････････････ 214
 11章の問題 ････････････････････････････････････ 218

第12章

z 変換 — 221

- 12.1 標本化 — 222
- 12.2 z 変換 — 224
- 12.3 z 逆変換 — 226
- 12.4 回路の入出力波形と z 変換 — 228
- 12.5 z 変換の性質 — 233
- 12.6 標本値の畳み込み — 234
- 12.7 ディジタル信号処理への導入 — 234
  - 12.7.1 有限長インパルス応答回路 — 234
  - 12.7.2 無限長インパルス応答回路 — 239
- 12章の問題 — 242

問題解答 — 243

参考文献 — 255

索引 — 257

第1章

複素数

　複素数は回路系のインピーダンス表示に始まり，ラプラス変換，フーリエ変換，z 変換などの時間軸と周波数軸との各種変換などに多用され，電気・電子系分野では解析ツールの基礎である．

　以下に複素演算の基本と電気回路への応用について解説する．

1.1 複素数の初等演算

1.1.1 複素数の基礎

(1) 複素数の定義 複素数 (complex number) z は実部 (実数部, real part) a と虚部 (虚数部, imaginary part) b とからなり, $z = a + jb$ で表示される. ただし, a, b は実数, $j = \sqrt{-1}$ は虚数単位, また複素数の実部, 虚部はそれぞれ $\text{Re}(z) = a$, $\text{Im}(z) = b$ と表示する場合がある.

なお, i が複素数の虚数単位であるが, 電気系では「i」の文字を電流に用いることから, 虚数単位としては「j」を用いることにしている.

(2) 複素数の 0 $z = a + jb = 0$ は $a = b = 0$ と同値である.

x, y が実数の場合, 方程式 $(x+y) + j(x-y-2) = 0$ は $x+y = 0$, $x-y-2 = 0$ の連立方程式を解くことに帰着し, したがって $x = 1$, $y = -1$

(3) 複素数の共役 $z = a + jb$ に対して虚部の符号を変えた $z^* = a - jb$ を z の共役 (conjugate) という. また, 通常, 共役の記号として $*$ が使われる. したがって

$$zz^* = (a+jb)(a-jb) = a^2 + b^2 \tag{1.1}$$

(4) オイラーの公式
$$e^{\pm j\theta} = \cos\theta \pm j\sin\theta \tag{1.2}$$

$$\cos\theta = \frac{e^{j\theta} + e^{-j\theta}}{2}, \quad \sin\theta = \frac{e^{j\theta} - e^{-j\theta}}{j2} \tag{1.3}$$

$$e^{\pm jn\theta} = \cos n\theta \pm j\sin n\theta \quad (\text{ド・モアブルの公式}) \tag{1.4}$$

(5) 複素数の絶対値, 偏角と極座標表示

複素数 $z = a + jb$ の絶対値 (absolute value) は
$$|z| = \sqrt{a^2 + b^2} = \sqrt{zz^*}$$

また, z の偏角 (argument) は
$$\theta = \tan^{-1}\left(\frac{b}{a}\right)$$

ただし, $\cos\theta = \frac{a}{|z|}$, $\sin\theta = \frac{b}{|z|}$ である. したがって, z は

$$z = |z|e^{j\theta} = |z|\cos\theta + j|z|\sin\theta$$

と書ける. これを**極座標表示** (図 1.1) という. 例: $e^{j\theta}$ の絶対値は $|e^{j\theta}| = \sqrt{\cos^2\theta + \sin^2\theta} = 1$

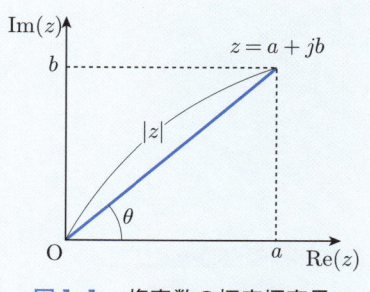

図 1.1 複素数の極座標表示

1.1.2 マクローリン級数

ある関数 $f(x)$ が

$$f(x) = a_0 + a_1 x + a_2 x^2 + a_3 x^3 + a_4 x^4 + \cdots + a_n x^n + \cdots \tag{1.5}$$

の無限級数に展開できるものとする．ただし，$a_0, a_1, a_2, \cdots$ は定数である．まず，これらの定数を求めてみる．式 (1.5) の各導関数は

$$f'(x) = a_1 + 2a_2 x + 3a_3 x^2 + 4a_4 x^3 + \cdots + na_n x^{n-1} + \cdots$$

$$f''(x) = 2a_2 + 6a_3 x + 12a_4 x^2 + \cdots + n(n-1)a_n x^{n-2} + \cdots$$

$$f'''(x) = 6a_3 + 24a_4 x + \cdots + n(n-1)(n-2)a_n x^{n-3} + \cdots$$

$$f^{(4)}(x) = 24a_4 + \cdots + n(n-1)(n-2)(n-3)a_n x^{n-4} + \cdots$$

$$\cdots\cdots$$

である．ここで，$x=0$ での関数値は

$$f(0) = a_0$$

$$f'(0) = a_1$$

$$f''(0) = 2a_2 = 2 \cdot 1 a_2 = 2!\, a_2$$

$$f'''(0) = 6a_3 = 3 \cdot 2 \cdot 1 a_3 = 3!\, a_3$$

$$f^{(4)}(0) = 24a_4 = 4 \cdot 3 \cdot 2 \cdot 1 a_4 = 4!\, a_4$$

$$\cdots\cdots$$

$$f^{(n)}(0) = n!\, a_n$$

$$\cdots\cdots$$

（注：**n の階乗**　$n! = n(n-1)(n-2)\cdots 3 \cdot 2 \cdot 1, 0! = 1$）

となるから，これらの関係を式 (1.5) に適用すると

$$f(x) = f(0) + f'(0)x + \frac{f''(0)}{2!}x^2 + \frac{f'''(0)}{3!}x^3 + \frac{f^{(4)}(0)}{4!}x^4 + \cdots + \frac{f^{(n)}(0)}{n!}x^n + \cdots \tag{1.6}$$

と書ける．これは関数 $f(x)$ を $x=0$ で展開した級数表示であり，**マクローリン級数**という．

また，$x=a$ の周りで展開すると

$$f(x) = f(a) + f'(a)(x-a) + \frac{f''(a)}{2!}(x-a)^2 + \frac{f'''(a)}{3!}(x-a)^3 + \frac{f^{(4)}(a)}{4!}(x-a)^4 + \cdots + \frac{f^{(n)}(a)}{n!}(x-a)^n + \cdots \tag{1.7}$$

となる．これを**テイラー展開**という．

■ 例題 1.1 ■
$f(x) = e^x$ のマクローリン展開を求めよ．

【解答】 各導関数を求めると $f'(x) = f''(x) = \cdots = e^x$ より
$$f(0) = f'(0) = f''(0) = \cdots = 1$$
であり，したがってマクローリン級数展開すると
$$e^x = 1 + x + \frac{1}{2!}x^2 + \frac{1}{3!}x^3 + \frac{1}{4!}x^4 + \cdots + \frac{1}{n!}x^n + \cdots \tag{1.8}$$
ここで，$x = 0.2$ とおくと，$e^{0.2} \approx 1.2214$ であり，一方，上式の x^3 の項まで求めると
$$1 + 0.2 + \frac{1}{2!}0.2^2 + \frac{1}{3!}0.2^3 \approx 1.2213$$
となり，かなり良い近似であることがわかる． ■

■ 例題 1.2 ■
$f(x) = \cos x$ のマクローリン展開を求めよ．

【解答】
$$f'(x) = -\sin x, \quad f''(x) = -\cos x$$
$$f'''(x) = \sin x, \quad f^{(4)}(x) = \cos x$$
より
$$f(0) = f^{(4)}(0) = \cdots = 1, \quad f''(0) = f^{(6)}(0) = \cdots = -1, \quad f'(0) = f'''(0) = \cdots = 0$$
したがって
$$\cos x = 1 - \frac{1}{2!}x^2 + \frac{1}{4!}x^4 - \frac{1}{6!}x^6 + \cdots$$
ここでも $x = 0.2$ とおくと，$\cos 0.2 \approx 0.980$, $1 - \frac{1}{2}0.2^2 \approx 0.980$ ■

■ 例題 1.3 ■
$f(x) = \sin x$ のマクローリン展開を求めよ．

【解答】
$$f'(x) = \cos x, \quad f''(x) = -\sin x$$
$$f'''(x) = -\cos x, \quad f^{(4)}(x) = \sin x$$
より
$$f'(0) = f^{(5)}(0) = \cdots = 1, \quad f'''(0) = f^{(7)}(0) = \cdots = -1, \quad f''(0) = f^{(4)}(0) = \cdots = 0$$
したがって
$$\sin x = x - \frac{1}{3!}x^3 + \frac{1}{5!}x^5 - \frac{1}{7!}x^7 \cdots$$
ここでも $x = 0.2$ とおくと，$\sin 0.2 \approx 0.19867$, $0.2 - \frac{1}{3!}0.2^3 \approx 0.19866$ ■

1.1 複素数の初等演算

■ **例題 1.4** ■

$f(j\theta) = e^{j\theta}$ のマクローリン展開を求めよ．

【解答】 式 (1.8) に $x = j\theta$ を代入すると

$$e^{j\theta} = 1 + j\theta + \frac{1}{2!}(j\theta)^2 + \frac{1}{3!}(j\theta)^3 + \frac{1}{4!}(j\theta)^4 + \cdots$$

$$= \left(1 - \frac{1}{2!}\theta^2 + \frac{1}{4!}\theta^4 - \frac{1}{6!}\theta^6 + \cdots\right) + j\left(\theta - \frac{1}{3!}\theta^3 + \frac{1}{5!}\theta^5 - \cdots\right)$$

$$= \underbrace{\cos\theta}_{\text{例題 1.2 より}} + \underbrace{j\sin\theta}_{\text{例題 1.3 より}}$$

が得られ，式 (1.2) のオイラーの公式が導かれる．　■

ここで，他の関数のマクローリン展開の一例を示しておく．

$$\tan x = x + \frac{x^3}{3} + \frac{2x^5}{15} + \frac{17x^7}{315} + \cdots \tag{1.9}$$

$$\ln(1+x) = x - \frac{x^2}{2} + \frac{x^3}{3} - \frac{x^4}{4} + \cdots \tag{1.10}$$

$$\sin^{-1} x = x + \frac{x^3}{6} + \frac{3x^5}{40} + \cdots \tag{1.11}$$

$$\tan^{-1} x = x - \frac{x^3}{3} + \frac{x^5}{5} - \frac{x^7}{7} + \cdots \tag{1.12}$$

$$\sinh x \equiv \frac{e^x - e^{-x}}{2} = x + \frac{x^3}{3!} + \frac{x^5}{5!} + \frac{x^7}{7!} + \cdots \tag{1.13}$$

$$\cosh x \equiv \frac{e^x + e^{-x}}{2} = 1 + \frac{x^2}{2!} + \frac{x^4}{4!} + \cdots \tag{1.14}$$

$$\tanh x \equiv \frac{e^x - e^{-x}}{e^x + e^{-x}} = x - \frac{x^3}{3} + \frac{2x^5}{15} - \frac{17x^7}{315} + \cdots \tag{1.15}$$

注：式 (1.13), (1.14), (1.15) は**双曲線関数**と呼ばれ，式中に示したように，e^x, e^{-x} の和と差の組合せで定義される関数であり，$\sinh x$, $\cosh x$, $\tanh x$ はそれぞれ「hyperbolic sin x」,「hyperbolic cos x」,「hyperbolic tan x」と読む．詳細は第 2 章を参照のこと．　■

参考：$f(x) = \tan^{-1} x$（arc tan x と読む）の 1 次導関数を求めておく．$x = \tan f$ であり，両辺を x で微分すると

$$1 = \frac{1}{\cos^2 f}\frac{df}{dx}, \quad \text{したがって} \quad \frac{df}{dx} = \cos^2 f$$

ところで，$1 + \tan^2 f = \frac{1}{\cos^2 f}$ より $\frac{df}{dx} = \cos^2 f = \frac{1}{1+\tan^2 f} = \frac{1}{1+x^2}$　■

1.1.3　複素数の四則演算

2 つの複素数 z_1, z_2 を以下の通りとする．

$$z_1 = a + jb = |z_1|e^{j\theta_1}, \quad |z_1| = \sqrt{a^2 + b^2}, \quad \theta_1 = \tan^{-1}\left(\frac{b}{a}\right)$$

$$z_2 = c + jd = |z_2|e^{j\theta_2}, \quad |z_2| = \sqrt{c^2 + d^2}, \quad \theta_2 = \tan^{-1}\left(\frac{d}{c}\right)$$

(1) 加法 ($z_1 + z_2$)
$$z_1 + z_2 = (a + jb) + (c + jd) = (a + c) + j(b + d) = |z_1 + z_2|e^{j\theta_A}$$
ただし
$$|z_1 + z_2| = \sqrt{(a+c)^2 + (b+d)^2}, \quad \theta_A = \tan^{-1}\left(\frac{b+d}{a+c}\right)$$

(2) 減法 ($z_1 - z_2$)
$$z_1 - z_2 = (a + jb) - (c + jd) = (a - c) + j(b - d) = |z_1 - z_2|e^{j\theta_S}$$
ただし
$$|z_1 - z_2| = \sqrt{(a-c)^2 + (b-d)^2}, \quad \theta_S = \tan^{-1}\left(\frac{b-d}{a-c}\right)$$

(3) 乗法 ($z_1 z_2$)
$$z_1 z_2 = (a + jb)(c + jd) = (ac - bd) + j(ad + bc) = |z_1 z_2|e^{j\theta_M}$$
ただし
$$|z_1 z_2| = \sqrt{(ac - bd)^2 + (ad + bc)^2} = \sqrt{(a^2 + b^2)(c^2 + d^2)} = |z_1||z_2|$$
$$\theta_M = \tan^{-1}\left(\frac{ad+bc}{ac-bd}\right)$$

また,$z_1 z_2 = |z_1|e^{j\theta_1}|z_2|e^{j\theta_2} = |z_1||z_2|e^{j(\theta_1+\theta_2)}$ であり $\theta_M = \theta_1 + \theta_2$,つまり $\tan\theta_M = \tan(\theta_1 + \theta_2)$ である.これを証明すると,以下の通り.

$$\tan(\theta_1 + \theta_2) = \frac{\sin(\theta_1+\theta_2)}{\cos(\theta_1+\theta_2)} = \frac{\sin\theta_1\cos\theta_2 + \cos\theta_1\sin\theta_2}{\cos\theta_1\cos\theta_2 - \sin\theta_1\sin\theta_2}$$
$$= \frac{\tan\theta_1 + \tan\theta_2}{1 - \tan\theta_1\tan\theta_2}$$
$$= \frac{\frac{b}{a} + \frac{d}{c}}{1 - \frac{bd}{ac}} = \frac{bc+ad}{ac-bd} = \tan\theta_M$$

(4) 除法 $\left(\frac{z_1}{z_2}\right)$
$$\frac{z_1}{z_2} = \frac{a+jb}{c+jd} = \frac{(a+jb)(c-jd)}{(c+jd)(c-jd)} = \frac{(ac+bd)+j(bc-ad)}{c^2+d^2} = \left|\frac{z_1}{z_2}\right|e^{j\theta_D}$$
ただし,
$$\left|\frac{z_1}{z_2}\right| = \frac{\sqrt{(ac+bd)^2+(bc-ad)^2}}{c^2+d^2} = \frac{\sqrt{(a^2+b^2)(c^2+d^2)}}{c^2+d^2} = \frac{\sqrt{a^2+b^2}}{\sqrt{c^2+d^2}} = \frac{|z_1|}{|z_2|}$$
$$\theta_D = \tan^{-1}\left(\frac{bc-ad}{ac+bd}\right)$$

また,$\frac{z_1}{z_2} = \frac{|z_1|e^{j\theta_1}}{|z_2|e^{j\theta_2}} = \frac{|z_1|}{|z_2|}e^{j(\theta_1-\theta_2)}$ であり $\theta_D = \theta_1 - \theta_2$,つまり $\tan\theta_D = \tan(\theta_1 - \theta_2)$ である.これを証明すると,以下の通り.

$$\tan(\theta_1 - \theta_2) = \frac{\sin(\theta_1-\theta_2)}{\cos(\theta_1-\theta_2)} = \frac{\sin\theta_1\cos\theta_2 - \cos\theta_1\sin\theta_2}{\cos\theta_1\cos\theta_2 + \sin\theta_1\sin\theta_2}$$
$$= \frac{\tan\theta_1 - \tan\theta_2}{1 + \tan\theta_1\tan\theta_2}$$
$$= \frac{\frac{b}{a} - \frac{d}{c}}{1 + \frac{bd}{ac}} = \frac{bc-ad}{ac+bd} = \tan\theta_D$$

1.2 極座標表示の交流電圧と交流電流

電池 E に負荷抵抗 R をつなぐと電流 I が流れ，これらの間にはオームの法則 $E = IR$ が成り立つ．商用電源（周波数 $f = 50\,\text{Hz}$ または $60\,\text{Hz}$）のような交流電源は時間の経過とともに振幅値が変化し，例えば

$$V = V_0 \cos \omega t \tag{1.16}$$

で与えられる．ただし，$\omega = 2\pi f$ の関係があり，ω は**角周波数**という．この電圧をあえて

$$V = V_0 e^{j\omega t} \tag{1.17}$$

と表示し，この実部を電源電圧と決めれば，式 (1.16) と同じになる．

交流理論では回路素子として**抵抗** R のほかにコイルからの**インダクタンス** L とコンデンサからの**キャパシタンス** C が加わり，これらで形成される**インピーダンス** Z が負荷となる．例えば，図1.2 のように RLC を直列につなぐと**合成インピーダンス** Z は

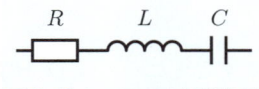

図1.2　**RLC** 直列素子

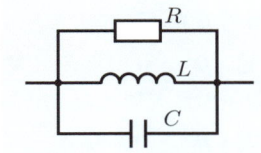

図1.3　**RLC** 並列素子

$$\begin{aligned}Z &= R + j\omega L + \frac{1}{j\omega C} \\ &= R + j\left(\omega L - \frac{1}{\omega C}\right)\end{aligned} \tag{1.18}$$

となる．また，図1.3 のように RLC を並列につなぐと合成インピーダンス Z は

$$\begin{aligned}Z &= \frac{1}{\frac{1}{R} + \frac{1}{j\omega L} + j\omega C} = \frac{1}{\frac{1}{R} + j\left(\omega C - \frac{1}{\omega L}\right)} = \frac{R}{1 + jR\left(\omega C - \frac{1}{\omega L}\right)} \\ &= \frac{R}{1 + R^2\left(\omega C - \frac{1}{\omega L}\right)^2}\left\{1 - jR\left(\omega C - \frac{1}{\omega L}\right)\right\}\end{aligned}$$

で与えられる．したがって，インピーダンス Z は一般に

$$Z = R + jX = \sqrt{R^2 + X^2}\,e^{j\theta}, \quad \theta = \tan^{-1}\left(\frac{X}{R}\right) \tag{1.19}$$

と書くことができる．ただし，R は抵抗，X は**リアクタンス**といい，$X > 0$ の場合を**誘導性リアクタンス**，$X < 0$ の場合を**容量性リアクタンス**という．

オームの法則は交流の場合も成立し，図1.4 の電圧 V，電流 I，インピーダンス Z の間に

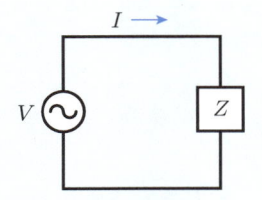

図1.4　交流回路

$$I = \frac{V}{Z} \tag{1.20}$$

が成り立つ．ここで電源電圧 V に式 (1.17) を用い，式 (1.19) で与えられるインピーダンスを採用すると，このときの電流 I は

$$I = \frac{V_0 e^{j\omega t}}{R + jX} = \frac{V_0 e^{j\omega t}}{\sqrt{R^2+X^2}\,e^{j\theta}} = \frac{V_0}{\sqrt{R^2+X^2}}\,e^{j(\omega t - \theta)} \tag{1.21}$$

となる．つまり，このときの電流 I の大きさは $\frac{V_0}{\sqrt{R^2+X^2}}$，偏角は $\omega t - \theta$ ということになる．

ところで，電源電圧が式 (1.17) でなく，式 (1.16) の場合には，先にも述べたように式 (1.17) の実部を用いればよい．したがって式 (1.21) の電流も実部を採用すればよく

$$I = \frac{V_0}{\sqrt{R^2+X^2}}\cos(\omega t - \theta) \tag{1.22}$$

で与えられる．式 (1.16) と式 (1.22) を比較すると，時間波形はいずれも余弦関数で与えられるが，両者の間に θ の違いがある．この電流と電圧の違いを**位相** (phase) といい，交流理論では重要なパラメータの一つである．この位相を3つの場合に分類すると

(1) **$\theta = 0$ の場合（$X = 0$ の場合）** この場合の負荷は抵抗成分だけであり，電圧の最大値となる時刻に電流も最大となり，**同相**（in phase）という．

(2) **$\theta > 0$ の場合（$X > 0$ の場合）** この場合の負荷は誘導性負荷であり，電圧の最大値となる時刻から $\frac{\theta}{\omega}$ だけ遅れて電流は最大となる．つまり電圧に対して電流は**位相遅れ**を示す．

(3) **$\theta < 0$ の場合（$X < 0$ の場合）** この場合の負荷は容量性負荷であり，電圧の最大値となる時刻から $\frac{\theta}{\omega}$ だけ早く電流は最大となる．つまり電圧に対して電流の位相は進んでいることを示す．

電圧・電流時間波形を**図 1.5** に示した．ただし，位相差 $\theta > 0$ の (2) の場合である．図より電圧波形は $t = 0$ で最大値 V_0 をとる．一方，電流波形の振幅が最大となるのは $t = \frac{\theta}{\omega}$ である．換言すると，電圧に対して電流は時間的に遅れて最大となる．つまり，「電流は電圧に対して位相的に遅れている」と表現できる．

なお，電圧，電流は角周波数 ω の周期波形であり，これらの周期 T は

$$\omega T = 2\pi f T = 2\pi$$

より $T = \frac{1}{f}$ である．

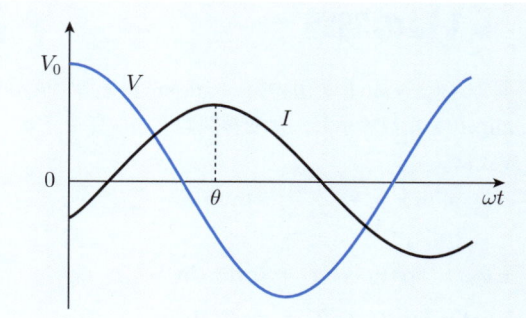

図1.5
電圧・電流時間波形

参考：RLC の直列回路は一般に

$$RI + L\frac{dI}{dt} + \frac{1}{C}\int I dt = V \tag{1.23}$$

と書ける．しかし，これまでの議論では $t \to \infty$ での電流，電圧の解析であり，つまり定常解の算出を目的とした．時間因子に $e^{j\omega t}$ をとれば，この条件下では

$$\tfrac{d}{dt} = j\omega, \quad \int dt = \tfrac{1}{j\omega}$$

と記号化でき，式 (1.23) は

$$RI + j\omega LI + \tfrac{I}{j\omega C} = V$$

と書き直せて電流 I は次のように求まる．

$$I = \frac{V}{R + j\left(\omega L - \frac{1}{\omega C}\right)}$$

これは式 (1.18) のインピーダンスを式 (1.20) に適用して得られる電流に一致する．■

付録：物理量の記号表示や数式の定数にギリシャ文字が登場する．英文字と異なる字体が多く用いられる．下にギリシャ文字ならびに読み方を示す．

A	B	Γ	Δ	E	Z	H	Θ	I	K	Λ	M
α	β	γ	δ	ϵ, ε	ζ	η	θ	ι	κ	λ	μ
アルファ	ベータ	ガンマ	デルタ	イプシロン エプシロン	ゼータ	エータ イータ	シータ	イオタ	カッパ	ラムダ	ミュー

N	Ξ	O	Π	P	Σ	T	Υ	Φ	X	Ψ	Ω
ν	ξ	o	π	ρ	σ	τ	υ	ϕ, φ	χ	ψ, ψ	ω
ニュー	クシー グザイ	オミクロン	パイ	ロー	シグマ	タウ	ウプシロン エプシロン	ファイ	カイ	プシー プサイ	オメガ

■

1章の問題

1.1 オイラーの公式 $e^{\pm j\theta} = \cos\theta \pm j\sin\theta$ を用いて $\cos\theta, \sin\theta$ を指数表示せよ．

1.2 前問を用いて $\cos j\theta, \sin j\theta$ を指数表示し，双曲線関数との関係を示せ．
ただし，双曲線関数の定義式は
$$\cosh x = \frac{e^x + e^{-x}}{2}, \quad \sinh x = \frac{e^x - e^{-x}}{2}, \quad \tanh x = \frac{e^x - e^{-x}}{e^x + e^{-x}}$$

1.3 三角関数の加法定理
$$\cos(\theta_1 \pm \theta_2) = \cos\theta_1 \cos\theta_2 \mp \sin\theta_1 \sin\theta_2$$
$$\sin(\theta_1 \pm \theta_2) = \sin\theta_1 \cos\theta_2 \pm \cos\theta_1 \sin\theta_2$$
を用いて複素数 $z = x \pm jy$ での加法定理 $\cos z = \cos(x \pm jy), \sin z = \sin(x \pm jy)$ を導け．

1.4 マクローリン展開の一例として式 (1.9)〜(1.15) を示した．各関数を微分し，x^3 の項まで導出し，式 (1.9)〜(1.15) に示した級数に一致するかどうかを確認せよ．

1.5 次の複素数を極座標表示せよ．
(1) $(1+j)(1-j)$　　(2) $\frac{1+j}{1-j}$　　(3) $(1-j)(1+j\sqrt{3})$
(4) $\frac{1-j}{1+j\sqrt{3}}$　　(5) $\cos\omega t - \sqrt{3}\sin\omega t + j(\sin\omega t + \sqrt{3}\cos\omega t)$

1.6 次の方程式の根を極座標表示せよ．
(1) $z^3 - 1 = 0$　　(2) $z^3 + 1 = 0$
(3) $z^4 - 1 = 0$　　(4) $z^4 + 1 = 0$

参考：$\theta > 0$ のとき $e^{-j\theta}$ は $e^{j(2\pi - \theta)}$ でもよい．前者は時計回りでの角，後者は通常の反時計回りでの角（図1）．

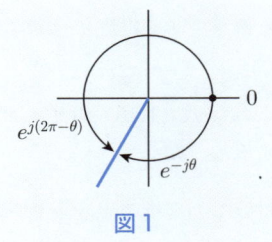

図1

第2章

初等関数

　この章では，初等関数の定義，定理や関数相互の関係を調べ，応用について述べる．

　初等関数とは，三角関数，逆三角関数，指数関数，対数関数，代数関数，およびこれらの関数の有限回の合成で得られる実数または複素数変数の関数をいう．工学や微分積分学で扱う最も普通の関数である．

　三角関数と逆三角関数は，交流電圧波形の記述，交流回路の計算，信号波形の解析や合成のフーリエ解析など多くの場面で利用される．

　指数関数と対数関数は，微分方程式の解法，電磁界の解析，制御系の応答の表現や解析などに主に使用される．

　双曲線関数は，指数関数を変形したもので虚数の三角関数の性質をもち，交流回路のフェーザ表示，座標軸の表現や変換，微分方程式の解法などに用いられ三角関数とともにその応用は極めて広い．

2.1 三角関数

2.1.1 三角関数

平面上に図2.1に示すように，直交軸 OXY を設ける．X 軸の正の方向と角 θ をなす動径上に点 Q をとり，Q の座標を (x,y), $OQ = r$ とする．角 θ に関して次の6個の比が得られる．

$$\left.\begin{array}{lll} \sin\theta = \frac{y}{r}, & \cos\theta = \frac{x}{r}, & \tan\theta = \frac{y}{x} \\ \operatorname{cosec}\theta = \frac{r}{y}, & \sec\theta = \frac{r}{x}, & \cot\theta = \frac{x}{y} \end{array}\right\} \quad (2.1)$$

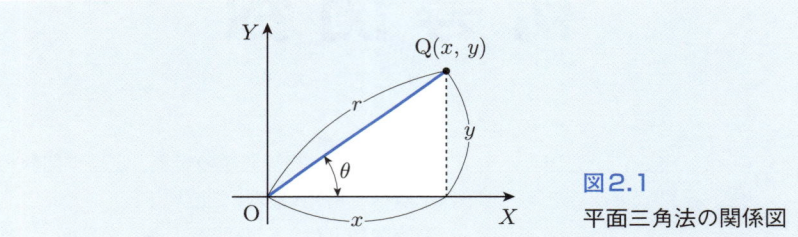

図2.1 平面三角法の関係図

これらの比を角 θ の正弦 (sine)，余弦 (cosine)，正接 (tangent)，余割 (cosecant)，正割 (secant)，および余接 (cotangent) と呼んでいる．式 (2.1) は角 θ の関数であり三角関数と総称している．これらの関数は 2π（正接と余接は π）を基本周期とする周期関数である．

2.1.2 度数法と弧度法

直交座標 (x,y) を図2.2 (a) に示す．動径 OQ を反時計回りに回転させたとき，OQ と x 軸とのなす角 $\theta = \angle xOQ$ を正とし，逆に時計回りに回転させたときの角 $\theta = \angle xOQ'$ を負とする．角の単位として度数法と弧度法がある．

(1) **度数法** 角度の単位として度（°），分（′），秒（″）があり，1回転では 360° とする．この方法は一般に用いられている．

(2) **弧度法** 図2.2 (b) に示すように円弧の長さで角を定義する方法である．半径 r の円周上に弧 AB をとり，弧 AB の長さが半径 r に等しくなる角を1ラジアンといい，この単位記号 rad として用いる．

度数法の 360° を弧度法で表すと円周の長さは $2\pi r$ であるので $\theta = 2\pi$ [rad] となる．

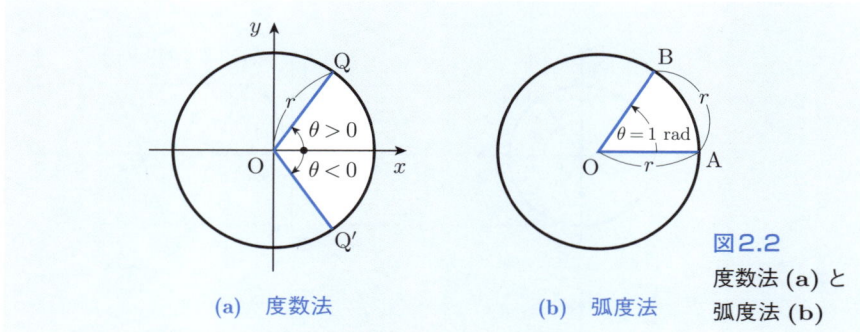

(a) 度数法　　(b) 弧度法

図2.2
度数法 (a) と
弧度法 (b)

2.1.3　三角関数のグラフと基本性質

(1) **$y = \sin\theta$ の正弦関数のグラフ**　単位円の円周上を回転する点 Q の θ に対する y 座標の値の変化を，θ を横軸にプロットしたものであり，図2.3 (a) のようになる．これを正弦曲線という．

(2) **$y = \cos\theta$ の余弦関数のグラフ**　点 Q の x 座標の値を横軸の θ に対してプロットしたものである．図2.3 (b) のようになる．これを余弦曲線という．

(3) **$y = \tan\theta$ の正接関数のグラフ**　原点 O と点 Q を結ぶ直線と $x = 1$ における円の接線との交点 P の y 座標を横軸 θ に対してプロットしたものである．図2.3 (c) のようになる．これを正接曲線という．

正弦関数と余弦関数は周期が 2π，正接関数は周期が π の**周期関数**であることがわかる．

正弦関数と正接関数は
$$f(x) = -f(-x)$$
が成り立つので**奇関数**であり，余弦関数は
$$f(x) = f(-x)$$
が成り立つので**偶関数**であるという．

図2.3 に示す波形は三角関数の角 θ を時刻 t の関数として表すことができる．**周期**を T とすれば**周波数** f は $f = \frac{1}{T}$ となり，**角周波数** ω は $\omega = 2\pi f$ である．正弦波を時間関数で表すと
$$y = y_0 \sin\theta = y_0 \sin 2\pi f t = y_0 \sin\omega t$$
ただし，角周波数：$\omega = 2\pi f$，　周波数：$f = \frac{1}{T}$ [Hz]
　　　周期：$T = \frac{2\pi}{\omega} = \frac{1}{f}$，　　y_0：y の最大値

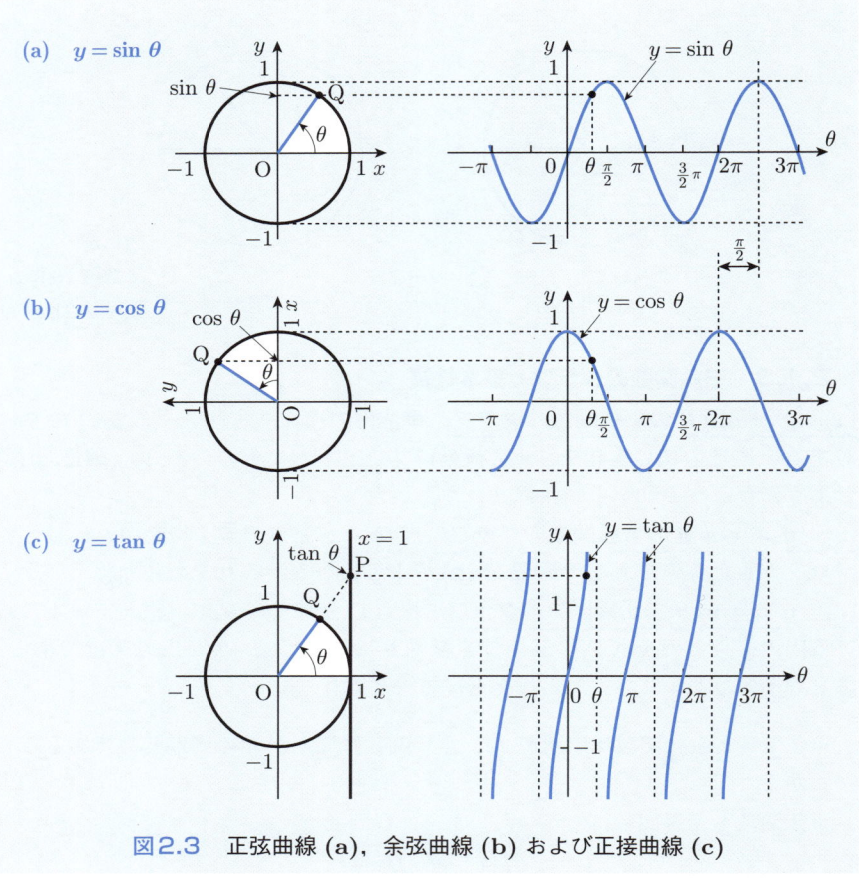

図2.3 正弦曲線 (a),余弦曲線 (b) および正接曲線 (c)

2.1.4 三角関数の主な公式と定理

前述の三角関数の定義から導かれる基本的で重要な性質として式 (2.2), (2.3) の正弦,余弦の加法定理,式 (2.4), (2.5) の倍角の公式がある.

$$\sin(\alpha \pm \beta) = \sin\alpha\cos\beta \pm \cos\alpha\sin\beta \qquad (2.2)$$

(複号同順)

$$\cos(\alpha \pm \beta) = \cos\alpha\cos\beta \mp \sin\alpha\sin\beta \qquad (2.3)$$

$$\sin 2\theta = 2\sin\theta\cos\theta \qquad (2.4)$$

$$\cos 2\theta = \cos^2\theta - \sin^2\theta = 2\cos^2\theta - 1 = 1 - 2\sin^2\theta \qquad (2.5)$$

$$\sin^2\theta + \cos^2\theta = 1$$

図2.4 に示す平面三角形 ABC において，辺 BC, CA, AB の長さを a, b, c とし，内角 A, B, C をそれぞれ α, β, γ とすると

$$a = b\cos\gamma + c\cos\beta$$

の第1余弦公式，

$$a^2 = b^2 + c^2 - 2bc\cos\alpha$$

の第2余弦公式が三角形の内角の余弦と3辺の長さの間に成り立つ．

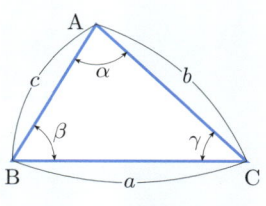

図2.4　平面三角形

また，三角形の内角の正弦とその対辺の長さ，および外接円の半径の間には次に示す正弦公式がある．

$$\frac{a}{\sin\alpha} = \frac{b}{\sin\beta} = \frac{c}{\sin\gamma} = 2R$$

ただし，R：△ABC の外接円の半径

■ **例題2.1** ■

ある単相交流回路に

$$e(t) = E\sin\omega t, \quad i(t) = I\sin(\omega t - \varphi)$$

（ただし，$\omega t = \theta$，φ は位相差）に示す正弦波交流電圧 e を印加したところ電圧より位相差 φ だけ遅れた電流 i が流れた．その電圧電流の波形を 図2.5 に示す．瞬時電力と有効電力の平均値（平均電力）を求めよ．

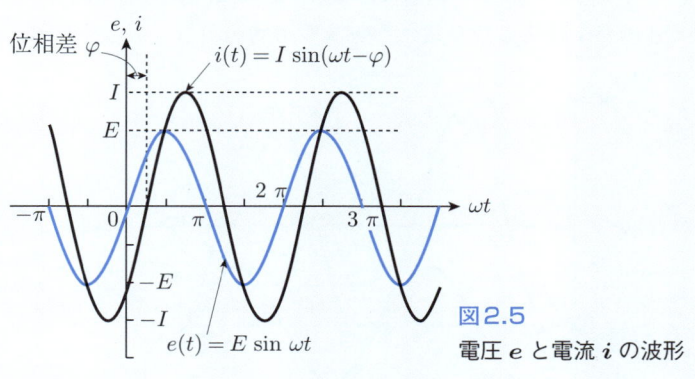

図2.5　電圧 e と電流 i の波形

【解答】 瞬時電力 p は瞬時電圧と電流の積であるので，p は三角関数の公式を用いて次のように計算できる．

$$p(t) = e(t)i(t)$$
$$= EI\sin\omega t\sin(\omega t - \varphi)$$

$$= EI\left(-\tfrac{1}{2}\right)[\cos\{\omega t + (\omega t - \varphi)\} - \cos\{\omega t - (\omega t - \varphi)\}]$$

式 (2.3) から積を和または差に変換する

$$= \underbrace{\tfrac{E}{\sqrt{2}}\tfrac{I}{\sqrt{2}}\{\cos\varphi - \cos(2\omega t - \varphi)\}}_{\text{図2.6 の A}}$$

式 (2.3)
$$= \underbrace{E_1 I_1 \cos\varphi(1 - \cos 2\omega t)}_{B} - \underbrace{E_1 I_1 \sin\varphi \ \sin 2\omega t}_{C}$$

$$= \underbrace{E_1 I_1 \cos\varphi}_{D} - E_1 I_1(\cos\varphi\cos\omega t + \sin\varphi\sin 2\omega t)$$

ただし，一般に実効値 E_e は T を同期とすると

$$E_e = \sqrt{\tfrac{1}{T}\int_0^T e^2(t)dt}$$

であるので E_1, I_1 はそれぞれ e, i の実効値 $E_1 = \tfrac{E}{\sqrt{2}}, I_1 = \tfrac{I}{\sqrt{2}}$ である．

また有効電力の平均値 P は

$$P = \tfrac{1}{T}\int_0^T p(t)dt = E_1 I_1 \cos\varphi$$

ただし，$\cos\varphi$ を力率という．

図2.6 に瞬時電力，有効電力，力率および電圧，電流の実効値の関係を示している．瞬時電力は電源周波数の2倍で振動し，有効電力は電圧電流の実効値の積に力率を掛けたものになる．なお，電圧と電流の位相差が0，すなわち同相のときは力率は1となり電圧と電流の実効値の積に等しくなる．

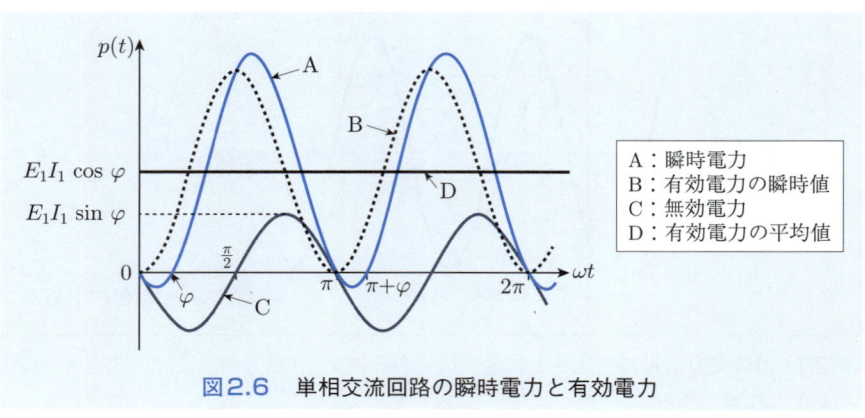

図2.6　単相交流回路の瞬時電力と有効電力

2.1.5 逆三角関数

三角関数の逆関数は**逆三角関数**といわれ，式 (2.1) から次のように定義される．

$$\left.\begin{array}{l}\overset{\text{アークサイン}}{\arcsin}\left(\frac{y}{r}\right) = \sin^{-1}\left(\frac{y}{r}\right) = \theta \\ \overset{\text{アークコサイン}}{\arccos}\left(\frac{x}{r}\right) = \cos^{-1}\left(\frac{x}{r}\right) = \theta \\ \overset{\text{アークタンジェント}}{\arctan}\left(\frac{y}{x}\right) = \tan^{-1}\left(\frac{y}{x}\right) = \theta\end{array}\right\} \quad (2.6)$$

三角関数は周期関数であるので式 (2.6) でわかるように例えば $\frac{y}{r}$ のある値に対する角 θ の値は無数に存在する．すなわち逆三角関数は無限多価関数である．そこで逆三角関数が常に 1 つの値に決められるように

$$\sin^{-1}\ \left(-\tfrac{\pi}{2} \leq \theta \leq \tfrac{\pi}{2}\right), \quad \cos^{-1}\ (0 \leq \theta \leq \pi), \quad \tan^{-1}\ \left(-\tfrac{\pi}{2} \leq \theta \leq \tfrac{\pi}{2}\right)$$

と θ の範囲を制限する．このときの θ の値を**主値**といっている．

2.2 指数関数と対数関数

2.2.1 指数関数と対数関数

実変数の**指数関数**および**対数関数**の定義は次の通りである．
$a > 0, a \neq 1$ とし，実数 x の関数 $f(x)$ が

$$f(x + y) = f(x)f(y), \quad f(1) = a \quad (2.7)$$

を満足すれば，自然数 n に対しては

$$f(n) = a^n$$

負の整数 $-n$ に対しては

$$f(-n) = \tfrac{1}{a^n} = a^{-n}$$

一般に有理数 $r = \frac{n}{m}$ に対しては次式となる．

$$f(r) = \sqrt[m]{a^n} = a^{n/m}$$

ただし，$r = \frac{n}{m}$．

$f(x)$ がさらに連続関数であるとすれば，これから $(-\infty, \infty)$ を定義域，$(0, \infty)$ を値域とする狭義単調な連続関数 $f(x)$ が定まる．この関数 $f(x)$ を a を<ruby>底<rt>てい</rt></ruby>とする指数関数 a^x といい，その逆関数を a を底とする対数関数または略して対数 $\log_a x$ という．

いま，関数 $g(x)$ を

$$\log_a x = g(x)$$

とおけば式 (2.7) は次のようにおける（証明は章末問題 2.5）

$$\left.\begin{array}{l} g(xy) = g(x) + g(y), \quad g(a) = 1 \\ xy = g^{-1}(g(xy)) = f(g(xy)) = f(g(x) + g(y)) \end{array}\right\} \quad (2.8)$$

特に，$a = 10$ を底とする対数を**常用対数**といい，底に次の項で説明する**ネイピア数**（または**ネピア数**）（Napier's number）と呼ばれる特殊な定数 e を用いる場合は**自然対数**と呼んでいる．常用対数と自然対数との間には次の関係がある．

$$\log_e x = \frac{\log_{10} x}{\log_{10} e} = \frac{\log_{10} x}{0.43429} = 2.30258 \log_{10} x$$

2.2.2　ネイピア数の意味

$$f(x) = a^x \tag{2.9}$$

は微分可能な関数であるので，x による 1 回微分は式 (2.10) となり，備考より k_a は a によって定まる定数である．

$$f'(x) = k_a f(x) \quad (\text{ただし } k_a = \log a) \tag{2.10}$$

備考　$y = a^x$ とおくと，$\log y = \log a^x = x \log a$　∴　$x = \frac{\log y}{\log a}$

$$\therefore \frac{da^x}{dx} = \frac{1}{dx/dy} = \frac{1}{(1/\log a)(1/y)} = y \log a = a^x \log a$$

したがって $k_a = \log a$　■

ここで，a の代わりに

$$e = \lim_{x \to \pm\infty} \left(1 + \frac{1}{x}\right)^x = \lim_{x \to 0} (1 + x)^{1/x}$$
$$= \lim_{n \to \infty} \left(1 + \frac{1}{n}\right)^n$$

$1/x = n$ とおく

$$= 1 + \frac{1}{1!} + \frac{1}{2!} + \cdots + \frac{1}{n!} + \cdots = 2.7182818\cdots$$

の e とすれば，式 (2.9) は

$$f(x) = e^x \tag{2.11}$$

となる．式 (2.11) の x による 1 回微分は

$$f'(x) = k_e f(x)$$

となり，備考より次のようになる．

$$k_e = 1 \tag{2.12}$$

備考　$y = e^x$ とおくと $x = \log y$

$$\therefore \frac{de^x}{dx} = \frac{1}{dx/dy} = \frac{1}{d(\log y)/dy} = \frac{1}{1/y} = y = e^x$$

したがって $k_e = 1$ となり $f(x) = e^x$ のとき $f'(x) = f(x)$ となる．　■

式 (2.11) を一般に指数関数と呼んでいる．また，この e を底とする対数が自然対数である．

2.2.3 指数関数と対数関数のグラフと基本性質

図2.7 に指数関数と対数関数のグラフを示す．指数関数は $a>1$ のときには増加関数，$0<a<1$ のときは減少関数である．対数関数は指数関数と同様に $a>1$ のときには増加関数，$0<a<1$ のときは減少関数になる．図からわかるように両者は直線 $y=x$ に関して対称となる．

ネイピア数 e を底とする指数関数は，単に指数関数と呼ばれており，自然対数とこの指数関数をグラフにすると，図2.8 になる．

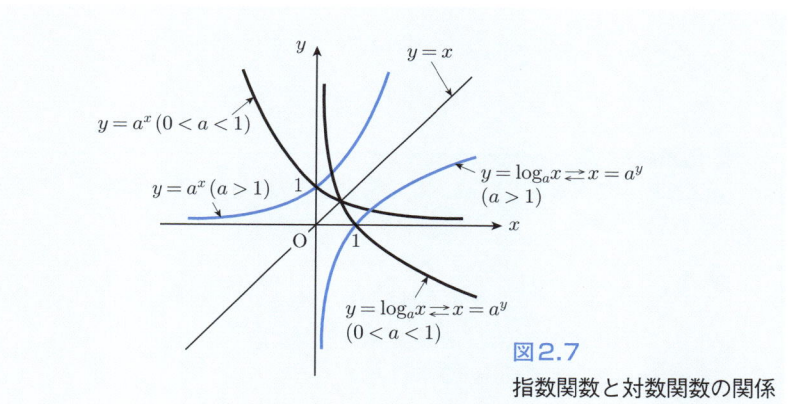

図2.7
指数関数と対数関数の関係

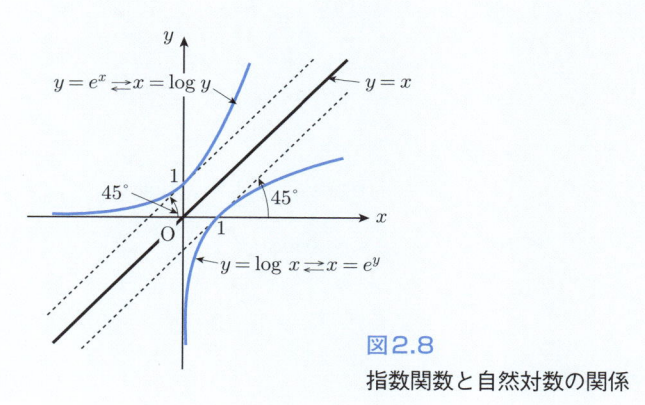

図2.8
指数関数と自然対数の関係

基本的な指数法則には，x, y を任意の実数として次がある．
$$a^0 = 1$$
$$a^n = \overbrace{a\ a\ a \cdots a}^{n} \quad (n = 1, 2, 3, \cdots)$$
$$a^x a^y = a^{x+y}, \quad (a^x)^y = a^{xy}, \quad (ab)^x = a^x b^x$$

また，対数法則は指数法則に基づいて次が得られる．
$$\log_a 1 = 0, \quad \log_a a^n = n \quad (n = 1, 2, 3, \cdots)$$
$$\log_a(xy) = \log_a x + \log_a y, \quad \log_a\left(\frac{x}{y}\right) = \log_a x - \log_a y$$
$$\log_a x^n = n\log_a x, \quad x = a^{\log_a x}$$
$$\log_a x = \frac{\log_b x}{\log_b a} \quad (b > 0,\ b \neq 1)$$

■ 例題2.2 ■

ある線路の送電端電力を P_1，受電端電力を P_2 とするとき線路の伝送損失 W を次のように表す．
$$W = 10\log_{10}\frac{P_1}{P_2}\ [\text{デシベル：dB}]$$
(1) 送電端抵抗 $R_1 =$ 受電端抵抗 R_2 のとき，伝送損失 W を送受電端電流 I_1, I_2 および送受電端電圧 E_1, E_2 を用いて表せ．
(2) $\frac{P_1}{P_2} = 2$ のときの W を求めよ．

【解答】 (1) 電力は送電端の P_1 と受電端の P_2 ではそれぞれ
$$P_1 = I_1^2 R_1 = \frac{E_1^2}{R_1}$$
$$P_2 = I_2^2 R_2 = \frac{E_2^2}{R_2}$$
である．いま，$R_1 = R_2$ であるので
$$W = 10\log_{10}\frac{P_1}{P_2} = 10\log_{10}\frac{I_1^2 R_1}{I_2^2 R_2} = 10\log_{10}\left(\frac{I_1}{I_2}\right)^2 = 20\log_{10}\frac{I_1}{I_2}\ [\text{dB}]$$
$$W = 10\log_{10}\frac{E_1^2/R_1}{E_2^2/R_2} = 10\log_{10}\left(\frac{E_1}{E_2}\right)^2 = 20\log_{10}\frac{E_1}{E_2}\ [\text{dB}]$$

(2) W は
$$W = 10\log_{10}\frac{P_1}{P_2} = 10\log_{10} 2 \fallingdotseq 10 \times 0.3 = 3\ [\text{dB}]$$

2.3 双曲線関数

2.3.1 双曲線関数

図2.9 **(a)** は単位長さの半径の円を示している．角 $\angle x\mathrm{OQ}$ を θ とすると点 Q の座標 x, y との間には

$$x = \cos\theta, \quad y = \sin\theta \tag{2.13}$$

の関係がある．

また点 $(1,0)$, O, Q の任意の半径 r の円の扇形の面積は

$$u = \tfrac{1}{2}(\text{半径})^2 \times (\text{ラジアンで表した中心角}) = \tfrac{1}{2}r^2\theta$$

である．したがって，白い部分の面積 S は $S = r^2\theta$ となる．

したがって，$r=1$ のとき $S = \theta$ となる．いま半径は 1 であるので面積は θ となる．

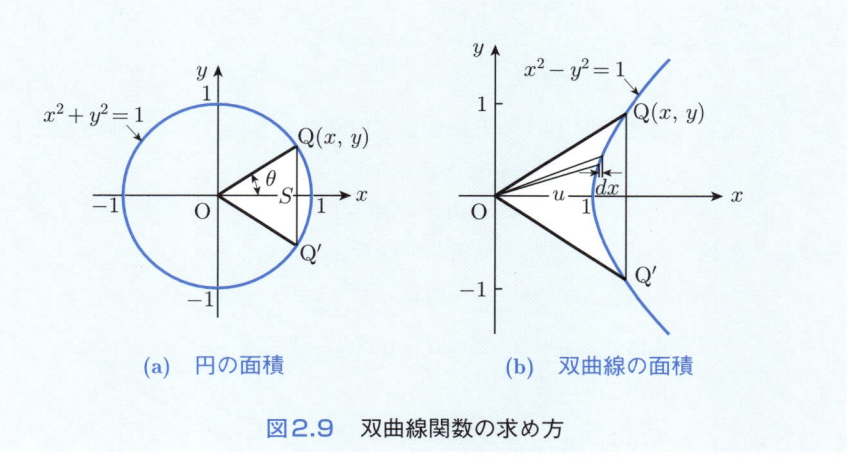

(a) 円の面積   (b) 双曲線の面積

図2.9　双曲線関数の求め方

次に，図2.9 **(b)** の曲線は頂点を $(1,0)$ とする

$$x^2 - y^2 = 1$$

の双曲線である．白い部分の面積 u は

$$\frac{u}{2} = \frac{1}{2}xy - \int_1^x \sqrt{x^2-1}\,dx$$
$$\underset{\text{備考}}{=} \frac{1}{2}x\sqrt{x^2-1} - \frac{1}{2}\{x\sqrt{x^2-1} - \log(x+\sqrt{x^2-1})\}$$
$$= \frac{1}{2}\log(x+\sqrt{x^2-1})$$

から

$$u = \log(x+\sqrt{x^2-1}) \qquad (2.14)$$

備考 $A = \int_1^x \sqrt{x^2-1}\,dx$ の積分 $x = \sec\theta$ とおき, $dx = \sec\theta\tan\theta d\theta$ であるので

$$\sqrt{x^2-1} = \sqrt{\sec^2\theta - 1} = \tan\theta$$

として積分する. ■

式 (2.14) を変形して指数関数で表すと, u と x の関係は $e^u = x + \sqrt{x^2-1}$ となり, x と y は

$$x = \frac{e^u + e^{-u}}{2}, \quad y = \sqrt{x^2-1} = \frac{e^u - e^{-u}}{2} \qquad (2.15)$$

となる. 式 (2.15) を円における三角関数 (**円関数**ともいう) と対応させると

$$\left.\begin{array}{l} x = \cosh u = \frac{e^u + e^{-u}}{2} \\ y = \sinh u = \frac{e^u - e^{-u}}{2} \end{array}\right\} \qquad (2.16)$$

となる. 変数 θ を x に書き換えて新しい関数として

$$\cosh x = \frac{e^x + e^{-x}}{2}, \quad \operatorname{sech} x = \frac{1}{\cosh x} = \frac{2}{e^x + e^{-x}}$$
$$\sinh x = \frac{e^x - e^{-x}}{2}, \quad \operatorname{cosech} x = \frac{1}{\sinh x} = \frac{2}{e^x - e^{-x}}$$
$$\tanh x = \frac{\sinh x}{\cosh x} = \frac{e^x - e^{-x}}{e^x + e^{-x}}$$
$$\coth x = \frac{1}{\tanh x} = \frac{e^x + e^{-x}}{e^x - e^{-x}}$$

が得られる. これらの式を**双曲線関数** (hyperbolic function) という. それぞれを hyperbolic cosine, hyperbolic sine, hyperbolic tangent という.

2.3.2 双曲線関数のグラフと基本性質

図2.10 には横軸に x をとり，縦軸に $y = \sinh x$ の関数をとったグラフを示す．

双曲線関数には三角関数と類似の公式がある．前述の定義から次に示す偶奇性の性質が導かれる．

$$\cosh(-x) = \cosh x$$
$$\sinh(-x) = -\sinh x$$
$$\tanh(-x) = -\tanh x$$

相互性の公式は

$$\cosh^2 x - \sinh^2 x = 1 \qquad (2.17)$$
$$1 - \tanh^2 x = \mathrm{sech}^2 x$$
$$\coth^2 x - 1 = \mathrm{cosech}^2 x$$
$$\cosh x \pm \sinh x = e^{\pm x}$$

$\sinh x \, \mathrm{cosech}\, x = 1, \quad \cosh x \, \mathrm{sech}\, x = 1, \quad \tanh x \coth x = 1$ である．加法定理には

$$\sinh(x \pm y) = \sinh x \cosh y \pm \cosh x \sinh y \qquad (2.18)$$
$$\cosh(x \pm y) = \cosh x \cosh y \pm \sinh x \sinh y$$
$$\tanh(x \pm y) = \frac{\tanh x \pm \tanh y}{1 \pm \tanh x \tanh y}$$

$$\sinh 2x = 2 \sinh x \cosh x$$
$$\cosh 2x = \cosh^2 x + \sinh^2 x$$
$$\tanh 2x = \frac{2 \tanh x}{1 + \tanh^2 x}$$

$$\sinh x \cosh y = \tfrac{1}{2}\{\sinh(x+y) + \sinh(x-y)\}$$
$$\cosh x \sinh y = \tfrac{1}{2}\{\sinh(x+y) - \sinh(x-y)\}$$
$$\cosh x \cosh y = \tfrac{1}{2}\{\cosh(x+y) + \cosh(x-y)\}$$
$$\sinh x \sinh y = \tfrac{1}{2}\{\cosh(x+y) - \cosh(x-y)\}$$

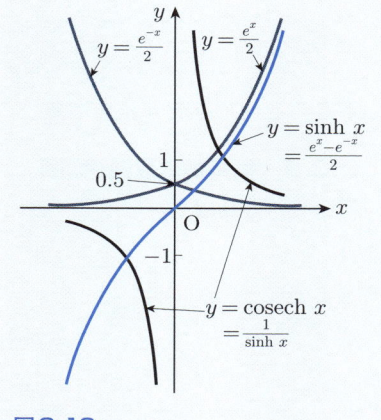

図2.10 双曲線関数 ($y = \sinh x$) のグラフ

$$\sinh\alpha + \sinh\beta = 2\sinh\tfrac{\alpha+\beta}{2}\cosh\tfrac{\alpha-\beta}{2}$$
$$\sinh\alpha - \sinh\beta = 2\cosh\tfrac{\alpha+\beta}{2}\sinh\tfrac{\alpha-\beta}{2}$$
$$\cosh\alpha + \cosh\beta = 2\cosh\tfrac{\alpha+\beta}{2}\cosh\tfrac{\alpha-\beta}{2}$$
$$\cosh\alpha - \cosh\beta = 2\sinh\tfrac{\alpha+\beta}{2}\sinh\tfrac{\alpha-\beta}{2}$$

があり，それぞれ定義から演算で求めることができる．

2.3.3 複素数の双曲線関数

複素数の双曲線関数は工学においてはたびたび用いられる．オイラーの公式は
$$e^{\pm j\theta} = \cos\theta \pm j\sin\theta$$
であるので
$$\cos\theta = \tfrac{e^{j\theta}+e^{-j\theta}}{2}$$
$$\sin\theta = \tfrac{e^{j\theta}-e^{-j\theta}}{2j}$$
が成立する．よって，三角関数と複素数の双曲線関数の間に次の関係が得られる．
$$\cosh jx = \tfrac{e^{jx}+e^{-jx}}{2} = \cos x,$$
$$\sinh jx = j\tfrac{e^{jx}-e^{-jx}}{2j} = j\sin x$$
$$\tanh jx = \tfrac{\sinh jx}{\cosh jx} = j\tfrac{\sin x}{\cos x} = j\tan x$$

複素数の三角関数と双曲線関数との間には次が成立する．
$$\cos jx = \tfrac{e^{j(jx)}+e^{-j(jx)}}{2} = \tfrac{e^{-x}+e^{x}}{2} = \cosh x$$
$$\sin jx = \tfrac{e^{j(jx)}-e^{-j(jx)}}{2j} = \tfrac{e^{-x}-e^{x}}{2j} = j\sinh x$$
$$\tan jx = \tfrac{\sin jx}{\cos jx} = j\tanh x$$

$$\left.\begin{aligned}\cosh(x+jy) &= \cosh x\cosh jy + \sinh x\sinh jy \\ &= \cosh x\cos y + j\sinh x\sin y \\ \sinh(x+jy) &= \sinh x\cos y + j\cosh x\sin y \\ \tanh(x+jy) &= \tfrac{\tanh x + j\tan y}{1+j\tanh x\tan y}\end{aligned}\right\} \quad (2.19)$$

または
$$\tanh(x+jy) = \tfrac{\sinh 2x}{\cosh 2x + \cos 2y} + j\tfrac{\sin 2y}{\cosh 2x + \cos 2y}$$

例題2.3

式 (2.17) を導け.

【解答】 定義式 (2.16) より次の演算で求めることができる.

$$\cosh^2 x - \sinh^2 x = \left(\frac{e^x + e^{-x}}{2}\right)^2 - \left(\frac{e^x - e^{-x}}{2}\right)^2$$

$$= \frac{e^{2x} + 2 + e^{-2x}}{4} - \frac{e^{2x} - 2 + e^{-2x}}{4}$$

$$= 1$$

例題2.4

式 (2.18) を証明せよ.

【解答】 次の演算で証明される.

左辺: $\sinh(x+y) = \frac{e^{x+y} - e^{-(x+y)}}{2}$

右辺: $\sinh x \cosh y = \frac{e^x - e^{-x}}{2} \frac{e^y + e^{-y}}{2} = \frac{e^{x+y} + e^{x-y} - e^{-x+y} - e^{-(x+y)}}{4}$

$\cosh x \sinh y = \frac{e^x + e^{-x}}{2} \frac{e^y - e^{-y}}{2} = \frac{e^{x+y} - e^{x-y} + e^{-x+y} - e^{-(x+y)}}{4}$

したがって

$$\sinh x \cosh y + \cosh x \sinh y = \frac{e^{x+y} - e^{-(x+y)}}{2} = \sinh(x+y)$$

例題2.5

$$\cosh(x + j2\pi) = \cosh x$$

$$\sinh(x + j2\pi) = \sinh x$$

$$\tanh(x + j\pi) = \tanh x$$

を証明せよ.

【解答】 式 (2.19) より次の演算で求めることができる.

$$\cosh(x + j2\pi) = \cosh x \cos 2\pi + j \sinh x \sin 2\pi = \cosh x$$

$$\sinh(x + j2\pi) = \sinh x \cos 2\pi + j \cosh x \sin 2\pi = \sinh x$$

ただし, 式 (2.18) で $y = 2\pi$ とおき, $\cos 2\pi = 1$, $\sin 2\pi = 0$ である.

2.3.4 逆双曲線関数

$x = \sinh y$ の逆双曲線関数は

$$y = \sinh^{-1} x$$

であるが

$$1 + x^2 = 1 + \sinh^2 y = \frac{e^{2y} - 2 + e^{-2y}}{4} + 1$$
$$= \frac{e^{2y} + 2 + e^{-2y}}{4} = \left(\frac{e^y + e^{-y}}{2}\right)^2$$

となり

$$x = \sinh y = \frac{e^y - e^{-y}}{2}$$

したがって

$$\frac{e^y + e^{-y}}{2} + \frac{e^y - e^{-y}}{2} = \sqrt{1 + x^2} + x = e^y$$

より

$$y = \sinh^{-1} x = \log(x + \sqrt{1 + x^2})$$

と求めることができる．

2章の問題

2.1 電圧 $e = 100\sqrt{2}\sin(100\pi t + \frac{\pi}{4})$ [ボルト：V] の電圧の実効値，角周波数，周波数，周期および位相差を求めよ．

2.2 角周波数が等しい次の 2 つの正弦波交流 i_1, i_2 の和が 1 つの正弦波交流になることを示せ．

$$i_1 = I_1 \sin(\omega t + \theta_1), \quad i_2 = I_2 \sin(\omega t + \theta_2)$$

2.3 次の逆三角関数の値を求めよ．
(1) $\sin^{-1} \frac{1}{\sqrt{2}}$ (2) $\cos^{-1} \frac{1}{2}$ (3) $\sin^{-1} \frac{\sqrt{3}}{2}$ (4) $\cos^{-1}\left(-\frac{1}{2}\right)$

2.4 電圧が $e_1 = E\sin\omega t, e_2 = E\sin(\omega t - \frac{2\pi}{3})$ であるとき，$e_{12} = e_1 - e_2$ を求めよ．

2.5 式 (2.8) を証明せよ．

2.6 $e = E\sin(\omega t + \theta)$ を指数関数で表せ．

第3章

行列と行列式

　電気電子工学では各種の現象を解析し特性を解明する必要がある．そのためには，多元連立方程式を誘導して解くときや，電気回路の等価変換による解析などに行列と行列式は多く用いられる．さらに，コンピュータで電気電子装置を制御するときには多数の指令入力で多数の制御出力を扱うことも多くなっている．このようなときに，行列と行列式を用いてシステムの数式モデルを表現する．それとともに統一的な解析を行うことに役立っている．この章ではこれらの定義と基本性質を調べる．

3.1 行列

3.1.1 行列

$m \times n$ 個の元a_{ik} ($i = 1, 2, 3, \cdots, m$; $k = 1, 2, 3, \cdots, n$) の任意の数を

$$A = [a_{ij}] = \begin{bmatrix} a_{11} & a_{12} & \cdots & a_{1n} \\ a_{21} & a_{22} & \cdots & a_{2n} \\ \vdots & \vdots & \ddots & \vdots \\ a_{m1} & a_{m2} & \cdots & a_{mn} \end{bmatrix} \begin{matrix} 1\,\text{行} \\ 2\,\text{行} \\ \vdots \\ m\,\text{行} \end{matrix} \tag{3.1}$$

(列見出し: 1 列, 2 列, $\cdots$, n 列)

のように配置したものを**行列** (matrix) といい,大括弧,または大きなカギ括弧を用いて表す.元 a_{ik} を行列の (i, k) 成分または要素,横の並びを行,縦の並びを列という.例えば,a_{ik} は i 行 k 列の要素であり,実数あるいは複素数である.また,式 (3.1) は m 行 n 列の行列である.

1 行 n 列の行列を n 次の行ベクトル,m 行 1 列の行列を m 次の列ベクトルと呼んでいる.また,特別な行列として下記のものがある.

- (1) **正方行列** $m = n$ である行列
- (2) **零行列** 要素がすべて 0 の行列
- (3) **単位行列** $a_{ik} = +1$ ($i = k$ のとき),$a_{ik} = 0$ ($i \neq k$ のとき) の行列で正方行列
- (4) **逆行列** $AA^{-1} = U$ (単位行列) が成り立つ A^{-1} を A の逆行列という.
- (5) **転置行列** 行列 A について,行と列を交換した行列を A の転置行列といい,A^t と表す.$A^t = [a_{ij}]^t = [a_{ji}]$ の関係がある.

3.1.2 行列の基本性質と演算

行列の演算には和,差,係数倍および行列どうしの積がある.m 行 n 列の 3 つの行列 A, B, C を考える.

(1) **相等しい行列** 行列 A と B とは,$[a_{ij}] = [b_{ij}]$ ($i = 1, 2, 3, \cdots, m$; $j = 1, 2, 3, \cdots, n$) のとき相等しいといい $A = B$ のように記述する.

(2) **和と差** 行列 A と B の和と差は

$$A \pm B = [a_{ij}] \pm [b_{ij}] = [a_{ij} \pm b_{ij}]$$

$$= \begin{bmatrix} a_{11} \pm b_{11} & a_{12} \pm b_{12} & \cdots & a_{1n} \pm b_{1n} \\ a_{21} \pm b_{21} & a_{22} \pm b_{22} & \cdots & a_{2n} \pm b_{2n} \\ \vdots & \vdots & \ddots & \vdots \\ a_{m1} \pm b_{m1} & a_{m2} \pm b_{m2} & \cdots & a_{mn} \pm b_{mn} \end{bmatrix}$$

(3) **任意の数と行列との積** λ を任意の数として $\lambda A = [\lambda a_{ij}]$ となる.

(4) **行列と行列の積** m 行 n 列の行列と n 行 l 列の行列の積だけが定義できる.次のように演算する.

$AB = [a_{ij}][b_{ij}]$

$$= \begin{bmatrix} a_{11} & a_{12} & \cdots & a_{1n} \\ a_{21} & a_{22} & \cdots & a_{2n} \\ & \cdots\cdots & & \\ a_{m1} & a_{m2} & \cdots & a_{mn} \end{bmatrix} \begin{bmatrix} b_{11} & b_{12} & \cdots & b_{1l} \\ b_{21} & b_{22} & \cdots & b_{2l} \\ & \cdots\cdots & & \\ b_{n1} & b_{n2} & \cdots & b_{nl} \end{bmatrix}$$

$$= \begin{bmatrix} \sum_{k=1}^{n} a_{1k}b_{k1} & \sum_{k=1}^{n} a_{1k}b_{k2} & \cdots & \sum_{k=1}^{n} a_{1k}b_{kl} \\ \sum_{k=1}^{n} a_{2k}b_{k1} & \sum_{k=1}^{n} a_{2k}b_{k2} & \cdots & \sum_{k=1}^{n} a_{2k}b_{kl} \\ & \cdots\cdots & & \\ \sum_{k=1}^{n} a_{mk}b_{k1} & \sum_{k=1}^{n} a_{mk}b_{k2} & \cdots & \sum_{k=1}^{n} a_{mk}b_{kl} \end{bmatrix} = \left[\sum_{k=1}^{n} a_{ik}b_{kj} \right]$$

(5) **交換法則** 和では $A + B = B + A$(ただし $AB \neq BA$)である.

(6) **分配法則** λ および μ を任意の数として次が成り立つ.

$(\lambda + \mu)A = \lambda A + \mu A, \quad \lambda(A + B) = \lambda A + \lambda B$

$(AB)C = A(BC), \quad A(B + C) = AB + AC, \quad (A + B)C = AC + BC$

3.1.3 逆行列と転置行列の性質

逆行列(逆マトリックス)とは,次が成立するとき A は B の逆行列という.同様に B は A の逆行列ともいう.

$$AB = U$$

ただし,U は単位行列(I とも書く)である.

$$[u_{ij}] = \delta_{ij} = \begin{cases} +1 & (i = j \text{ のとき}) \\ 0 & (i \neq j \text{ のとき}) \end{cases}$$

ここで,δ_{ij} は**クロネッカーの δ** という.

一般に A の逆行列は A^{-1} で表され

$$AA^{-1} = A^{-1}A = U \tag{3.2}$$

を満足する行列である.逆行列 A^{-1} の求め方は 3.3 節で説明する.

一方,転置行列には次の性質がある.

$(A + B)^t = A^t + B^t, \quad (\lambda A)^t = \lambda A^t, \quad (AB)^t = B^t A^t$

例題3.1

行列 $A = \begin{bmatrix} 1 & 2 & 3 \\ 4 & 5 & 6 \end{bmatrix}, B = \begin{bmatrix} 3 & 4 & 5 \\ 6 & 5 & 2 \end{bmatrix}$ について次を計算せよ．

(1) $A + B$ (2) $A - B$ (3) λA (4) A^t

【解答】 (1) $A + B = \begin{bmatrix} 1+3 & 2+4 & 3+5 \\ 4+6 & 5+5 & 6+2 \end{bmatrix} = \begin{bmatrix} 4 & 6 & 8 \\ 10 & 10 & 8 \end{bmatrix}$

(2) $A - B = \begin{bmatrix} 1-3 & 2-4 & 3-5 \\ 4-6 & 5-5 & 6-2 \end{bmatrix} = \begin{bmatrix} -2 & -2 & -2 \\ -2 & 0 & 4 \end{bmatrix}$

(3) $\lambda A = \lambda \begin{bmatrix} 1 & 2 & 3 \\ 4 & 5 & 6 \end{bmatrix} = \begin{bmatrix} \lambda & 2\lambda & 3\lambda \\ 4\lambda & 5\lambda & 6\lambda \end{bmatrix}$

(4) $A^t = \begin{bmatrix} 1 & 4 \\ 2 & 5 \\ 3 & 6 \end{bmatrix}$

例題3.2

次の行列 A, B について積 $AB, BA, (AB)^t$ を計算せよ．

(1) $A = \begin{bmatrix} 1 & -2 \\ 3 & 4 \end{bmatrix}, B = \begin{bmatrix} 2 & 1 \\ -1 & 3 \end{bmatrix}$

(2) $A = \begin{bmatrix} a_1 \\ a_2 \\ a_3 \end{bmatrix}, B = \begin{bmatrix} b_1 & b_2 & b_3 \end{bmatrix}$

【解答】 (1)

$AB = \begin{bmatrix} 1 & -2 \\ 3 & 4 \end{bmatrix} \begin{bmatrix} 2 & 1 \\ -1 & 3 \end{bmatrix}$

$= \begin{bmatrix} 1 \times 2 + (-2) \times (-1) & 1 \times 1 + (-2) \times 3 \\ 3 \times 2 + 4 \times (-1) & 3 \times 1 + 4 \times 3 \end{bmatrix} = \begin{bmatrix} 4 & -5 \\ 2 & 15 \end{bmatrix}$

$BA = \begin{bmatrix} 2 & 1 \\ -1 & 3 \end{bmatrix} \begin{bmatrix} 1 & -2 \\ 3 & 4 \end{bmatrix}$

$= \begin{bmatrix} 2 \times 1 + 1 \times 3 & 2 \times (-2) + 1 \times 4 \\ -1 \times 1 + 3 \times 3 & (-1) \times (-2) + 3 \times 4 \end{bmatrix} = \begin{bmatrix} 5 & 0 \\ 8 & 14 \end{bmatrix}$

$$(AB)^t = B^t A^t = \begin{bmatrix} 2 & -1 \\ 1 & 3 \end{bmatrix} \begin{bmatrix} 1 & 3 \\ -2 & 4 \end{bmatrix}$$

$$= \begin{bmatrix} 2 \times 1 + (-1) \times (-2) & 2 \times 3 + (-1) \times 4 \\ 1 \times 1 + 3 \times (-2) & 1 \times 3 + 3 \times 4 \end{bmatrix} = \begin{bmatrix} 4 & 2 \\ -5 & 15 \end{bmatrix}$$

別解 $(AB)^t = \begin{bmatrix} 4 & -5 \\ 2 & 15 \end{bmatrix}^t = \begin{bmatrix} 4 & 2 \\ -5 & 15 \end{bmatrix} = B^t A^t$

(2) $AB = \begin{bmatrix} a_1 \\ a_2 \\ a_3 \end{bmatrix} \begin{bmatrix} b_1 & b_2 & b_3 \end{bmatrix} = \begin{bmatrix} a_1 b_1 & a_1 b_2 & a_1 b_3 \\ a_2 b_1 & a_2 b_2 & a_2 b_3 \\ a_3 b_1 & a_3 b_2 & a_3 b_3 \end{bmatrix}$

$BA = \begin{bmatrix} b_1 & b_2 & b_3 \end{bmatrix} \begin{bmatrix} a_1 \\ a_2 \\ a_3 \end{bmatrix} = \begin{bmatrix} b_1 a_1 + b_2 a_2 + b_3 a_3 \end{bmatrix}$

これらの例からも一般に $AB \neq BA$ となることがわかる．しかし，$A = \begin{bmatrix} a & 0 \\ 0 & a \end{bmatrix}$, $B = \begin{bmatrix} b & 0 \\ 0 & b \end{bmatrix}$ のように特殊な行列のときには $AB = BA$ になる場合もある．

$(AB)^t = B^t A^t = \begin{bmatrix} b_1 \\ b_2 \\ b_3 \end{bmatrix} \begin{bmatrix} a_1 & a_2 & a_3 \end{bmatrix} = \begin{bmatrix} b_1 a_1 & b_1 a_2 & b_1 a_3 \\ b_2 a_1 & b_2 a_2 & b_2 a_3 \\ b_3 a_1 & b_3 a_2 & b_3 a_3 \end{bmatrix} = (AB)^t$

別解 $(AB)^t = \begin{bmatrix} a_1 b_1 & a_1 b_2 & a_1 b_3 \\ a_2 b_1 & a_2 b_2 & a_2 b_3 \\ a_3 b_1 & a_3 b_2 & a_3 b_3 \end{bmatrix}^t = \begin{bmatrix} b_1 a_1 & b_1 a_2 & b_1 a_3 \\ b_2 a_1 & b_2 a_2 & b_2 a_3 \\ b_3 a_1 & b_3 a_2 & b_3 a_3 \end{bmatrix} = B^t A^t$ ■

■ 例題3.3 ■

連立1次方程式が次で与えられるとき，この方程式を行列を用いて記述せよ．

$$\left.\begin{array}{l} a_{11} x_1 + a_{12} x_2 + a_{13} x_3 + \cdots + a_{1n} x_n = k_1 \\ a_{21} x_1 + a_{22} x_2 + a_{23} x_3 + \cdots + a_{2n} x_n = k_2 \\ \quad\quad\quad \cdots\cdots \\ a_{n1} x_1 + a_{n2} x_2 + a_{n3} x_3 + \cdots + a_{nn} x_n = k_n \end{array}\right\} \quad (3.3)$$

【解答】 式 (3.3) を行列形式で表現すると

$$\begin{bmatrix} a_{11} & a_{12} & a_{13} & \cdots & a_{1n} \\ a_{21} & a_{22} & a_{23} & \cdots & a_{2n} \\ & & \cdots\cdots & & \\ a_{n1} & a_{n2} & a_{n3} & \cdots & a_{nn} \end{bmatrix} \begin{bmatrix} x_1 \\ x_2 \\ \vdots \\ x_n \end{bmatrix} = \begin{bmatrix} k_1 \\ k_2 \\ \vdots \\ k_n \end{bmatrix} \qquad (3.4)$$

式 (3.4) において行列 $A, \boldsymbol{x}, \boldsymbol{k}$ を

$$A = \begin{bmatrix} a_{11} & a_{12} & \cdots & a_{1n} \\ a_{21} & a_{22} & \cdots & a_{2n} \\ & & \cdots\cdots & \\ a_{n1} & a_{n2} & \cdots & a_{nn} \end{bmatrix}, \quad \boldsymbol{x} = \begin{bmatrix} x_1 \\ x_2 \\ \vdots \\ x_n \end{bmatrix}, \quad \boldsymbol{k} = \begin{bmatrix} k_1 \\ k_2 \\ \vdots \\ k_n \end{bmatrix}$$

のように表すと式 (3.4) は $A\boldsymbol{x} = \boldsymbol{k}$ のように簡単になる．

例題3.4

次に示す 2 次正方行列の逆行列を求めよ．
$$A = \begin{bmatrix} a & b \\ c & d \end{bmatrix} \quad (ただし，a, b, c, d は任意の数，ad - bc \neq 0)$$

【解答】 逆行列を $A^{-1} = \begin{bmatrix} x & y \\ z & w \end{bmatrix}$ とおく．これより AA^{-1} を求めて，これが単位行列に等しくなるから

$$AA^{-1} = \begin{bmatrix} a & b \\ c & d \end{bmatrix} \begin{bmatrix} x & y \\ z & w \end{bmatrix} = \begin{bmatrix} ax+bz & ay+bw \\ cx+dz & cy+dw \end{bmatrix} = \begin{bmatrix} 1 & 0 \\ 0 & 1 \end{bmatrix}$$

したがって
$$ax + bz = 1, \quad ay + bw = 0, \quad cx + dz = 0, \quad cy + dw = 1$$
が成立しなければならない．
$$(ax+bz)d = d \quad \cdots ① \qquad (cx+dz)b = 0 \quad \cdots ②$$
① − ② より z の項を消去して $\quad (ad-bc)x = d \quad \cdots ③$
$$(ay+bw)d = 0 \quad \cdots ④ \qquad (cy+dw)b = b \quad \cdots ⑤$$
③ − ④ より w の項を消去して $\quad (ad-bc)y = -b \quad \cdots ⑥$
　③と⑥により
$$x = \frac{d}{ad-bc}, \quad y = -\frac{b}{ad-bc}$$
が得られる．同様に計算して
$$z = -\frac{c}{ad-bc}, \quad w = \frac{a}{ad-bc}$$
が得られる．したがって，逆行列は $A^{-1} = \frac{1}{ad-bc} \begin{bmatrix} d & -b \\ -c & a \end{bmatrix}$ になる．

3.2 行列式

3.2.1 行列式

n 次の正方行列 $A = [a_{ik}]$ $(i, k = 1, 2, \cdots, n)$ の各行から 1 つずつ要素をとり，これを $a_{1p_1}, a_{2p_2}, a_{3p_3}, \cdots, a_{np_n}$ とする．ただしこれらのどの 2 つも同一の列に属さぬようにする．n^2 個の要素 a_{ik} によって

$$|A| = \sum (\text{sgn } P) a_{1p_1} a_{2p_2} a_{3p_3} \cdots a_{np_n} \tag{3.5}$$

と定義される式を A の**行列式**（determinant）という．

ただし，$P = \begin{pmatrix} i; & 1 & 2 & \cdots & n \\ k; & p_1 & p_2 & \cdots & p_n \end{pmatrix}$ は i は $1\ 2\ \cdots\ n$, k は $p_1\ p_2\ \cdots\ p_n$. 記号 sgn P は置換の符号，記号 $\sum$ は $1, 2, \cdots, n$ のすべての並び $(p_1\ p_2\ p_3\ \cdots\ p_n)$ について $n!$ 個の和．

$p_1\ p_2\ \cdots\ p_n$ は $1, 2, \cdots, n$ の数字を並びかえた並び $(p_1\ p_2\ \cdots\ p_n)$ の順列である．順列の異なる要素を 2 個選び，それを交換することを**置換**という．置換を何回か繰り返すことにより，任意の順列 $(p_1\ p_2\ p_3\ \cdots\ p_n)$ を $(1\ 2\ 3\ \cdots\ n)$ に並びかえることができる．$(1\ 2\ 3\ \cdots\ n)$ までに並びかえる回数が偶回数（**偶置換**）か，奇回数（**奇置換**）かは $(p_1\ p_2\ \cdots\ p_n)$ に対して一意的に決まる．偶置換か奇置換かによって置換の符号 sgn P が次のように決まる．

$$\text{sgn } P = \begin{cases} +1 & ((p_1\ p_2\ \cdots\ p_n) \text{ が偶置換}) \\ -1 & ((p_1\ p_2\ \cdots\ p_n) \text{ が奇置換}) \end{cases}$$

行列式は式 (3.5) を展開し

$$|A| \ (= |a_{ik}| = \det A) = \begin{vmatrix} a_{11} & a_{12} & a_{13} & \cdots & a_{1n} \\ a_{21} & a_{22} & a_{23} & \cdots & a_{2n} \\ a_{31} & a_{32} & a_{33} & \cdots & a_{3n} \\ & & \cdots\cdots & & \\ a_{n1} & a_{n2} & a_{n3} & \cdots & a_{nn} \end{vmatrix}$$

のように垂直線で囲まれた n^2 個の要素を正方形状に配列したものから成り立っている．

例題3.5

次の順列について置換の符号を求めよ．

(1) $P = \begin{pmatrix} 1 & 2 & 3 \\ 3 & 1 & 2 \end{pmatrix}$ (2) $P = \begin{pmatrix} 1 & 2 & 3 \\ 2 & 1 & 3 \end{pmatrix}$

【解答】 P の下段に注目する.

(1) $(3\ 1\ 2) \to (2\ 1\ 3) \to (1\ 2\ 3)$　2回の置換

$(3\ 1\ 2) \to (3\ 2\ 1) \to (2\ 3\ 1) \to (2\ 1\ 3) \to (1\ 2\ 3)$　4回の置換

したがって偶置換であり符号は $+1$ （a_{13}, a_{21}, a_{32} には正の符号がつく）

(2) P の下段に注目する.

$(2\ 1\ 3) \to (1\ 2\ 3)$　1回の置換

$(2\ 1\ 3) \to (3\ 1\ 2) \to (1\ 3\ 2) \to (1\ 2\ 3)$　3回の置換

したがって奇置換であり符号は -1 （a_{12}, a_{21}, a_{33} には負の符号がつく）

以上のように選び方によって置換の回数は異なるが偶置換か奇置換は一意的に決まることがわかる. ■

■ 例題3.6 ■

次の行列式の値を求めよ.

(1) $|A| = \begin{vmatrix} a_{11} & a_{12} \\ a_{21} & a_{22} \end{vmatrix}$　(2) $|A| = \begin{vmatrix} a_{11} & a_{12} & a_{13} \\ a_{21} & a_{22} & a_{23} \\ a_{31} & a_{32} & a_{33} \end{vmatrix}$

【解答】 (1) 並び方は $2! = 2$ 個（通り）であり，$\begin{pmatrix} 1 & 2 \\ 1 & 2 \end{pmatrix}$ と $\begin{pmatrix} 1 & 2 \\ 2 & 1 \end{pmatrix}$ である. $\begin{pmatrix} 1 & 2 \\ 1 & 2 \end{pmatrix}$ は置換の必要がなく（偶置換），$\begin{pmatrix} 1 & 2 \\ 2 & 1 \end{pmatrix}$ は1回の置換（奇置換）で $\begin{pmatrix} 1 & 2 \\ 1 & 2 \end{pmatrix}$ に並びかえられる．したがって $\operatorname{sgn} \begin{pmatrix} 1 & 2 \\ 1 & 2 \end{pmatrix} = +1$, $\operatorname{sgn} \begin{pmatrix} 1 & 2 \\ 2 & 1 \end{pmatrix} = -1$

$$\begin{vmatrix} a_{11} & a_{12} \\ a_{21} & a_{22} \end{vmatrix} = \sum (\operatorname{sgn} P) a_{1p_1} a_{2p_2} = \operatorname{sgn} \begin{pmatrix} 1 & 2 \\ 1 & 2 \end{pmatrix} a_{11} a_{22} + \operatorname{sgn} \begin{pmatrix} 1 & 2 \\ 2 & 1 \end{pmatrix} a_{12} a_{21}$$

$$= (+1) \times a_{11} a_{22} + (-1) \times a_{12} a_{21} = a_{11} a_{22} - a_{12} a_{21}$$

(2) 並び方は $3! = 6$ 個（通り）である．$\operatorname{sgn} \begin{pmatrix} 1 & 2 & 3 \\ p_1 & p_2 & p_3 \end{pmatrix}$ の下段について調べる．例えば

$(2\ 3\ 1) \to (2\ 1\ 3) \to (1\ 2\ 3)$　　偶置換

$(3\ 2\ 1) \to (1\ 2\ 3)$　　奇置換

$P_1 = (1\ 2\ 3), P_2 = (2\ 3\ 1), P_3 = (3\ 1\ 2)$　は偶置換で $\operatorname{sgn} P = +1$

$P_4 = (1\ 3\ 2), P_5 = (2\ 1\ 3), P_6 = (3\ 2\ 1)$　は奇置換で $\operatorname{sgn} P = -1$

$$\begin{vmatrix} a_{11} & a_{12} & a_{13} \\ a_{21} & a_{22} & a_{23} \\ a_{31} & a_{32} & a_{33} \end{vmatrix} = \sum (\operatorname{sgn} P) a_{1p_1} a_{2p_2} a_{3p_3}$$

$$= (\operatorname{sgn} P_1)a_{11}a_{22}a_{33} + (\operatorname{sgn} P_2)a_{12}a_{23}a_{31} + (\operatorname{sgn} P_3)a_{13}a_{21}a_{32}$$
$$+ (\operatorname{sgn} P_4)a_{11}a_{23}a_{32} + (\operatorname{sgn} P_5)a_{12}a_{21}a_{33} + (\operatorname{sgn} P_6)a_{13}a_{22}a_{31}$$
$$= a_{11}a_{22}a_{33} + a_{12}a_{23}a_{31} + a_{13}a_{21}a_{32}$$
$$- (a_{11}a_{23}a_{32} + a_{12}a_{21}a_{33} + a_{13}a_{22}a_{31})$$

章末問題 3.3 では簡易的に求まる方法で同じ行列式を求める． ∎

3.2.2 行列式の基本性質

行列式には次の性質がある．

(1) 行列式に定数 k を掛けた値は，任意の 1 つの行または列のすべての要素に同一数 k を掛けて得られる行列式の値に等しい．下式に例証する．

$$k\begin{vmatrix} a_{11} & a_{12} \\ a_{21} & a_{22} \end{vmatrix} = \begin{vmatrix} ka_{11} & ka_{12} \\ a_{21} & a_{22} \end{vmatrix} = \begin{vmatrix} ka_{11} & a_{12} \\ ka_{21} & a_{22} \end{vmatrix} = \begin{vmatrix} a_{11} & a_{12} \\ ka_{21} & ka_{22} \end{vmatrix}$$

(2) 1 つの行または列の要素がすべて 0 であれば，行列式の値は 0 である．下式に例証する．

$$\begin{vmatrix} 0 & 0 \\ a_{21} & a_{22} \end{vmatrix} = \begin{vmatrix} 0 & a_{12} \\ 0 & a_{22} \end{vmatrix} = 0$$

(3) 行列式の任意の 2 行または 2 列を入れ替えると行列式の値の符号は変わる．下式に例証する．

$$\begin{vmatrix} 1 & 2 \\ 3 & 4 \end{vmatrix} = -2, \quad \begin{vmatrix} 3 & 4 \\ 1 & 2 \end{vmatrix} = \begin{vmatrix} 2 & 1 \\ 4 & 3 \end{vmatrix} = 2$$

(4) 2 つの行または列の対応する要素がすべて等しければ，行列式の値は 0 である．

(5) 2 つの行または列の対応する要素が比例するならば，行列式の値は 0 である．

(6) 任意の行または列のすべての要素に同一数 λ を掛けて，この他の行または列の対応する要素に加えても，行列式の値は変わらない．下式に例証する．

$$\begin{vmatrix} a_{11} & a_{12} \\ a_{21} & a_{22} \end{vmatrix} = \begin{vmatrix} a_{11} + \lambda a_{21} & a_{12} + \lambda a_{22} \\ a_{21} & a_{22} \end{vmatrix} = \begin{vmatrix} a_{11} + \lambda a_{12} & a_{12} \\ a_{21} + \lambda a_{22} & a_{22} \end{vmatrix}$$

(7) 行と列を交換しても行列式の値は変わらない．つまり $|A| = |A^t|$

(8) 行列式の任意の行または列の各要素が 2 数の和であれば，その行列式は 2 つの行列式の和になる．下式に例証する．

$$\begin{vmatrix} a_{11} + a'_{11} & a_{12} + a'_{12} \\ a_{21} & a_{22} \end{vmatrix} = (a_{11} + a'_{11})a_{22} - (a_{12} + a'_{12})a_{21}$$

$$= a_{11}a_{22} - a_{12}a_{21} + a'_{11}a_{22} - a'_{12}a_{21} = \begin{vmatrix} a_{11} & a_{12} \\ a_{21} & a_{22} \end{vmatrix} + \begin{vmatrix} a'_{11} & a'_{12} \\ a_{21} & a_{22} \end{vmatrix}$$

(9) $C = AB$ であれば $|C| = |A||B|$ である．例証は例題 3.7 にある．

■ **例題3.7** ■

行列 $A = \begin{bmatrix} a_{11} & a_{12} \\ a_{21} & a_{22} \end{bmatrix}, B = \begin{bmatrix} b_{11} & b_{12} \\ b_{21} & b_{22} \end{bmatrix}$ のとき行列式 $|C| = |A||B|$ を求めよ．

【解答】 行列 C は

$$C = \begin{bmatrix} a_{11} & a_{12} \\ a_{21} & a_{22} \end{bmatrix} \begin{bmatrix} b_{11} & b_{12} \\ b_{21} & b_{22} \end{bmatrix} = \begin{bmatrix} a_{11}b_{11} + a_{12}b_{21} & a_{11}b_{12} + a_{12}b_{22} \\ a_{21}b_{11} + a_{22}b_{21} & a_{21}b_{12} + a_{22}b_{22} \end{bmatrix}$$

行列式 $|C|$ は

$|C| = (a_{11}b_{11} + a_{12}b_{21})(a_{21}b_{12} + a_{22}b_{22}) - (a_{21}b_{11} + a_{22}b_{21})(a_{11}b_{12} + a_{12}b_{22})$

$ = a_{11}b_{11}a_{22}b_{22} - a_{11}a_{22}b_{21}b_{12} - a_{21}a_{12}b_{11}b_{22} + a_{21}a_{12}b_{21}b_{12}$

一方，行列式 $|A|, |B|$ の積は

$$|A||B| = \begin{vmatrix} a_{11} & a_{12} \\ a_{21} & a_{22} \end{vmatrix} \begin{vmatrix} b_{11} & b_{12} \\ b_{21} & b_{22} \end{vmatrix} = (a_{11}a_{22} - a_{12}a_{21})(b_{11}b_{22} - b_{12}b_{21})$$

$ = a_{11}b_{11}a_{22}b_{22} - a_{11}a_{22}b_{21}b_{12} - a_{21}a_{12}b_{11}b_{22} + a_{21}a_{12}b_{21}b_{12}$

したがって $C = AB$ のとき $|C| = |A||B|$ となる． ■

3.2.3 行列式の展開

3次以上の高い次数の行列式の値を求めるのはかなり面倒である．しかし，行列式の性質を利用して1次低い行列式に展開すると計算は容易になる．

次の行列式を求めてみよう．

$$|A| = \Delta = \begin{vmatrix} a_{11} & a_{12} & a_{13} & a_{14} \\ a_{21} & a_{22} & a_{23} & a_{24} \\ a_{31} & a_{32} & a_{33} & a_{34} \\ a_{41} & a_{42} & a_{43} & a_{44} \end{vmatrix} \tag{3.6}$$

式 (3.6) の a_{11} に掛けあわせる要素は，1行と1列の全要素を除いた残りの要

素で作る行列式であり，これを $A_{11} = \begin{vmatrix} a_{22} & a_{23} & a_{24} \\ a_{32} & a_{33} & a_{34} \\ a_{42} & a_{43} & a_{44} \end{vmatrix}$ のように表す．この A_{11} を a_{11} 要素の小行列式という．同様に小行列式 A_{12}, A_{13}, A_{14} は

$$A_{12} = \begin{vmatrix} a_{21} & a_{23} & a_{24} \\ a_{31} & a_{33} & a_{34} \\ a_{41} & a_{43} & a_{44} \end{vmatrix}, \quad A_{13} = \begin{vmatrix} a_{21} & a_{22} & a_{24} \\ a_{31} & a_{32} & a_{34} \\ a_{41} & a_{42} & a_{44} \end{vmatrix}, \quad A_{14} = \begin{vmatrix} a_{21} & a_{22} & a_{23} \\ a_{31} & a_{32} & a_{33} \\ a_{41} & a_{42} & a_{43} \end{vmatrix}$$

と求められる．行列式の基本性質 (1) から式 (3.6) の行列式 A の値は

$$|A| = a_{11}A_{11} - a_{12}A_{12} + a_{13}A_{13} - a_{14}A_{14} \tag{3.7}$$

いま，小行列式に符号をつけて次のように Δ_{ij} を定義する．この Δ_{ij} を i 行 j 列の要素の余因子と呼んでいる．

$$\Delta_{ij} = (-1)^{i+j} A_{ij}$$

したがって $\Delta_{11} = A_{11}, \Delta_{12} = -A_{12}, \Delta_{13} = A_{13}, \Delta_{14} = -A_{14}$

行列式の値，式 (3.7) は

$$|A| = a_{11}\Delta_{11} + a_{12}\Delta_{12} + a_{13}\Delta_{13} + a_{14}\Delta_{14} \tag{3.8}$$

のように 1 次低い行列式に展開して計算ができることになる．この方法を余因子展開という．

式 (3.8) を一般化して任意の p 行または r 列について余因子展開で表現すると，p 行展開については式 (3.9) に，r 列展開については式 (3.10) になる．

p 行展開

$$\left. \begin{aligned} |A| &= \sum_{j=1}^{n} a_{pj}\Delta_{pj} \\ &= a_{p1}\Delta_{p1} + a_{p2}\Delta_{p2} + \cdots + a_{pn}\Delta_{pn} \\ \text{または} & \\ |A| &= \sum_{j=1}^{n} (-1)^{p+j} a_{pj} A_{pj} \\ &= (-1)^{p+1} a_{p1} A_{p1} + (-1)^{p+2} a_{p2} A_{p2} + \cdots + (-1)^{p+n} a_{pn} A_{pn} \end{aligned} \right\} \tag{3.9}$$

r 列展開

$$\left. \begin{aligned} |A| &= \sum_{i=1}^{n} a_{ir}\Delta_{ir} \\ &= a_{1r}\Delta_{1r} + a_{2r}\Delta_{2r} + \cdots + a_{nr}\Delta_{nr} \\ \text{または} & \\ |A| &= \sum_{i=1}^{n} (-1)^{i+r} a_{ir} A_{ir} \\ &= (-1)^{1+r} a_{1r} A_{1r} + (-1)^{2+r} a_{2r} A_{2r} + \cdots + (-1)^{n+r} a_{nr} A_{nr} \end{aligned} \right\} \tag{3.10}$$

3.3 逆行列と行列の階数

3.3.1 逆行列の求め方

行列 A とその逆行列の関係は式 (3.2) で示された．行列式の性質を利用して逆行列 A^{-1} を求めよう．

いま，行列式の p 行展開の式 (3.9) において，第 p 行のすべての要素を対応する第 r 行の要素に置き換える．もし，$p = r$ であれば行列式も値は $|A|$ であるが，$p \neq r$ であれば行列式の要素に第 r 行と同じ要素の行が 2 行あることになり行列式の値は，3.2.2 項行列式の基本性質 (4) および (5) より 0 となる．このことを式で表すと

$$\begin{vmatrix} a_{11} & a_{12} & \cdots & a_{1n} \\ \cdots\cdots & & & \\ a_{r1} & a_{r2} & \cdots & a_{rn} \\ \cdots\cdots & & & \\ a_{n1} & a_{n2} & \cdots & a_{nn} \end{vmatrix} = a_{r1}\Delta_{p1} + a_{r2}\Delta_{p2} + \cdots + a_{rn}\Delta_{pn}$$

$$= \begin{bmatrix} a_{r1} & a_{r2} & a_{r3} & \cdots & a_{rn} \end{bmatrix} \begin{bmatrix} \Delta_{p1} \\ \Delta_{p2} \\ \vdots \\ \Delta_{pn} \end{bmatrix} = |A|\delta_{pr} \qquad (3.11)$$

同様に r 列の余因子展開式を用いて表すと

$$\begin{vmatrix} a_{11} & a_{12} & \cdots & a_{1r} & \cdots & a_{1n} \\ a_{21} & a_{22} & \cdots & a_{2r} & \cdots & a_{2n} \\ \vdots & \vdots & & \vdots & & \vdots \\ a_{n1} & a_{n2} & \cdots & a_{nr} & \cdots & a_{nn} \end{vmatrix} = \Delta_{1r}a_{1p} + \Delta_{2r}a_{2p} + \cdots + \Delta_{nr}a_{np}$$

$$= \begin{bmatrix} \Delta_{1r} & \Delta_{2r} & \cdots & \Delta_{nr} \end{bmatrix} \begin{bmatrix} a_{1p} \\ a_{2p} \\ \vdots \\ a_{np} \end{bmatrix} = |A|\delta_{pr} \qquad (3.12)$$

式 (3.11) と (3.12) の p と r に関して $p = 1, 2, \cdots, n$，$r = 1, 2, \cdots, n$ とすると次が成り立つ．

$$\begin{bmatrix} a_{11} & a_{12} & \cdots & a_{1n} \\ a_{21} & a_{22} & \cdots & a_{2n} \\ & \cdots\cdots & & \\ a_{n1} & a_{n2} & \cdots & a_{nn} \end{bmatrix} \begin{bmatrix} \Delta_{11} & \Delta_{21} & \cdots & \Delta_{n1} \\ \Delta_{12} & \Delta_{22} & \cdots & \Delta_{n2} \\ & \cdots\cdots & & \\ \Delta_{1n} & \Delta_{2n} & \cdots & \Delta_{nn} \end{bmatrix}$$

$$= \begin{bmatrix} \Delta_{11} & \Delta_{21} & \cdots & \Delta_{n1} \\ \Delta_{12} & \Delta_{22} & \cdots & \Delta_{n2} \\ & \cdots\cdots & & \\ \Delta_{1n} & \Delta_{2n} & \cdots & \Delta_{nn} \end{bmatrix} \begin{bmatrix} a_{11} & a_{12} & \cdots & a_{1n} \\ a_{21} & a_{22} & \cdots & a_{2n} \\ & \cdots\cdots & & \\ a_{n1} & a_{n2} & \cdots & a_{nn} \end{bmatrix}$$

$$= |A| \begin{bmatrix} 1 & 0 & \cdots & 0 \\ 0 & 1 & \cdots & 0 \\ & \cdots\cdots & & \\ 0 & 0 & \cdots & 1 \end{bmatrix}$$

したがって，A の逆行列 A^{-1} は次のようにして求められる．

$$A^{-1} = \frac{1}{|A|} \begin{bmatrix} \Delta_{11} & \Delta_{21} & \cdots & \Delta_{n1} \\ \Delta_{12} & \Delta_{22} & \cdots & \Delta_{n2} \\ & \cdots\cdots & & \\ \Delta_{1n} & \Delta_{2n} & \cdots & \Delta_{nn} \end{bmatrix} = \frac{1}{|A|}[\Delta_{ji}]$$

$$= \frac{1}{|A|} \begin{bmatrix} \Delta_{11} & \Delta_{12} & \cdots & \Delta_{1n} \\ \Delta_{21} & \Delta_{22} & \cdots & \Delta_{2n} \\ & \cdots\cdots & & \\ \Delta_{n1} & \Delta_{n2} & \cdots & \Delta_{nn} \end{bmatrix}^t \quad (\text{ただし } |A| \neq 0) \quad (3.13)$$

$$[\Delta_{ji}] = \begin{bmatrix} \Delta_{11} & \Delta_{21} & \cdots & \Delta_{n1} \\ \Delta_{21} & \Delta_{22} & \cdots & \Delta_{2n} \\ & \cdots\cdots & & \\ \Delta_{n1} & \Delta_{n2} & \cdots & \Delta_{nn} \end{bmatrix} : 行列 A の余因子行列$$

ここで，行列 $A = \begin{bmatrix} 1 & 2 & 4 \\ -1 & 0 & 3 \\ 3 & 1 & -2 \end{bmatrix}$ の逆行列 A^{-1} を求めよう．

行列 A の行列式は [例題 3.6] より $|A| = \begin{vmatrix} 1 & 2 & 4 \\ -1 & 0 & 3 \\ 3 & 1 & -2 \end{vmatrix} = 7$

余因子行列は $\begin{bmatrix} \begin{vmatrix} 0 & 3 \\ 1 & -2 \end{vmatrix} & -\begin{vmatrix} -1 & 3 \\ 3 & -2 \end{vmatrix} & \begin{vmatrix} -1 & 0 \\ 3 & 1 \end{vmatrix} \\ -\begin{vmatrix} 2 & 4 \\ 1 & -2 \end{vmatrix} & \begin{vmatrix} 1 & 4 \\ 3 & -2 \end{vmatrix} & -\begin{vmatrix} 1 & 2 \\ 3 & 1 \end{vmatrix} \\ \begin{vmatrix} 2 & 4 \\ 0 & 3 \end{vmatrix} & -\begin{vmatrix} 1 & 4 \\ -1 & 3 \end{vmatrix} & \begin{vmatrix} 1 & 2 \\ -1 & 0 \end{vmatrix} \end{bmatrix}^t = \begin{bmatrix} -3 & 8 & 6 \\ 7 & -14 & -7 \\ -1 & 5 & 2 \end{bmatrix}$

したがって，逆行列 A^{-1} は

$$A^{-1} = \frac{1}{7} \begin{bmatrix} -3 & 8 & 6 \\ 7 & -14 & -7 \\ -1 & 5 & 2 \end{bmatrix}$$

となる．得られた逆行列を定義式 (3.2) に代入して確認すると

$AA^{-1} = \begin{bmatrix} 1 & 2 & 4 \\ -1 & 0 & 3 \\ 3 & 1 & -2 \end{bmatrix} \frac{1}{7} \begin{bmatrix} -3 & 8 & 6 \\ 7 & -14 & -7 \\ -1 & 5 & 2 \end{bmatrix}$

$= \frac{1}{7} \begin{bmatrix} 1\times(-3)+2\times 7+4\times(-1) & 1\times 8+2\times(-14)+4\times 5 & 1\times 6+2\times(-7)+4\times 2 \\ (-1)\times(-3)+0\times 7+3\times(-1) & (-1)\times 8+0\times(-14)+3\times 5 & (-1)\times 6+0\times(-7)+3\times 2 \\ 3\times(-3)+1\times 7+(-2)\times(-1) & 3\times 8+1\times(-14)+(-2)\times 5 & 3\times 6+1\times(-7)+(-2)\times 2 \end{bmatrix}$

$= \frac{1}{7} \begin{bmatrix} 7 & 0 & 0 \\ 0 & 7 & 0 \\ 0 & 0 & 7 \end{bmatrix} = \begin{bmatrix} 1 & 0 & 0 \\ 0 & 1 & 0 \\ 0 & 0 & 1 \end{bmatrix} = U$

となり，正しいことがわかる．

例題3.8

行列 $A = \begin{bmatrix} a & b \\ c & d \end{bmatrix}$ と $B = \begin{bmatrix} 3 & 1 & -1 \\ 1 & 2 & 1 \\ -1 & 1 & 3 \end{bmatrix}$ の逆行列を求めよ．

【解答】

$$|A| = \begin{vmatrix} a & b \\ c & d \end{vmatrix} = ad - bc$$

$$\Delta_{11} = d, \quad \Delta_{21} = -b, \quad \Delta_{12} = -c, \quad \Delta_{22} = a$$

よって，これらを式 (3.13) に代入すると $A^{-1} = \frac{1}{ad-bc} \begin{bmatrix} d & -b \\ -c & a \end{bmatrix}$

$|B| = \begin{vmatrix} 3 & 1 & -1 \\ 1 & 2 & 1 \\ -1 & 1 & 3 \end{vmatrix} = 8$

$\Delta_{11} = \begin{vmatrix} 2 & 1 \\ 1 & 3 \end{vmatrix} = 5, \quad \Delta_{21} = -\begin{vmatrix} 1 & -1 \\ 1 & 3 \end{vmatrix} = -4, \quad \Delta_{31} = \begin{vmatrix} 1 & -1 \\ 2 & 1 \end{vmatrix} = 3$

$\Delta_{12} = -\begin{vmatrix} 1 & 1 \\ -1 & 3 \end{vmatrix} = -4, \quad \Delta_{22} = \begin{vmatrix} 3 & -1 \\ -1 & 3 \end{vmatrix} = 8, \quad \Delta_{32} = -\begin{vmatrix} 3 & -1 \\ 1 & 1 \end{vmatrix} = -4$

$\Delta_{13} = \begin{vmatrix} 1 & 2 \\ -1 & 1 \end{vmatrix} = 3, \quad \Delta_{23} = -\begin{vmatrix} 3 & 1 \\ -1 & 1 \end{vmatrix} = -4, \quad \Delta_{33} = \begin{vmatrix} 3 & 1 \\ 1 & 2 \end{vmatrix} = 5$

$$\therefore \quad B^{-1} = \frac{1}{8} \begin{bmatrix} 5 & -4 & 3 \\ -4 & 8 & -4 \\ 3 & -4 & 5 \end{bmatrix}$$

3.3.2 行列の階数（ランク）

m 行 n 列行列 A の r 次の小行列式の中には 0 でないものがあり，$r+1$ 次の小行列式がすべて 0 であるとき，r を A の **階数**（rank）と定義する．この階数は連立 1 次方程式の解が存在するかどうかの判断に用いられ，次のように求めることができる．

① 2 行（または 2 列）を交換する．
② 1 行（または 1 列）の各要素へ 0 でない定数を掛ける．
③ 任意の行（または列）の要素に定数を掛けたものを，他の行（または列）の対応する要素に加える．

①〜③を繰り返して求めた行列を定義によって判断する．

■ 例題 3.9 ■

行列 $A = \begin{bmatrix} 4 & 6 & -8 & -8 & 2 \\ 3 & 5 & -7 & -6 & 2 \\ 1 & 4 & -7 & -2 & 3 \end{bmatrix}$ の階数を求めよ．

【解答】

$A = \begin{bmatrix} 4 & 6 & -8 & -8 & 2 \\ 3 & 5 & -7 & -6 & 2 \\ 1 & 4 & -7 & -2 & 3 \end{bmatrix}$ 　3 行 × (−4) を 1 行へ加える
3 行 × (−3) を 2 行へ加える

$\Rightarrow \begin{bmatrix} 0 & -10 & 20 & 0 & -10 \\ 0 & -7 & 14 & 0 & -7 \\ 1 & 4 & -7 & -2 & 3 \end{bmatrix}$ 　1 行 × (−1/10) とする
1 行 × (−7/10) を 2 行へ加える

$$\Rightarrow \begin{bmatrix} 0 & -1 & 2 & 0 & -1 \\ 0 & 0 & 0 & 0 & 0 \\ 1 & 4 & -7 & -2 & 3 \end{bmatrix} \Rightarrow \text{階数} = 2$$

より，この行列の第 2 行のすべての要素は 0 であり，3 次までの小行列式はすべて 0 である．第 1 行と第 2 行の 2 次の小行列式は 0 ではないものがある．したがって，階数は 2 である．

3.3.3 連立 1 次方程式の解とクラメールの方法

連立 1 次方程式

$$A\boldsymbol{x} = \boldsymbol{b}$$

(ただし，$A = \begin{bmatrix} a_{11} & a_{12} & \cdots & a_{1n} \\ a_{21} & a_{22} & \cdots & a_{2n} \\ & & \cdots\cdots & \\ a_{n1} & a_{n2} & \cdots & a_{nn} \end{bmatrix}, \boldsymbol{x} = \begin{bmatrix} x_1 \\ x_2 \\ \vdots \\ x_n \end{bmatrix}, \boldsymbol{b} = \begin{bmatrix} b_1 \\ b_2 \\ \vdots \\ b_n \end{bmatrix}$) に解がある場合

$$\boldsymbol{x} = A^{-1}A\boldsymbol{x} = A^{-1}\boldsymbol{b} \tag{3.14}$$

に示すように行列 A の階数に等しい正方行列の逆行列 A^{-1} を求め，方程式右辺の列ベクトルに掛けると解を求めることができる．式 (3.14) からも解は求められるが次の**クラメールの方法**を用いると便利である．解を x_p $(p = 1, 2, \cdots, n)$ とすると

$$x_p = \frac{1}{|A|} \begin{vmatrix} a_{11} & \cdots & \overset{\text{第 } p \text{ 列}}{b_1} & \cdots & a_{1n} \\ a_{21} & \cdots & b_2 & \cdots & a_{2n} \\ & & \cdots\cdots & & \\ a_{n1} & \cdots & b_n & \cdots & a_{nn} \end{vmatrix} \tag{3.15}$$

ここで分子の行列式 $|A|$ は，行列 A の p 番目の列の要素を $\boldsymbol{b}$ の対応する要素に置きかえたものである．

3.3 逆行列と行列の階数

■ **例題3.10** ■

式 (3.15) に示すクラメールの規則を証明せよ．

【解答】 式 (3.15) の右辺に示す分子の行列式を p 列で余因子展開し，さらに $\boldsymbol{b}$ を原式の $\boldsymbol{x}$ の関係式で置き換え，式 (3.12) の関係を用いると

$$|A_p| = (\Delta_{1p} \ \cdots \ \Delta_{np}) \left(\sum_{q=1}^{n} a_q x_q \right)$$

$$= \sum_{q=1}^{n} [(\Delta_{1p} \ \cdots \ \Delta_{np}) a_q] x_q = |A| \sum_{q=1}^{n} \delta_{qp} x_q = |A| x_p$$

$$\therefore \quad x_p = \frac{1}{|A|} |A_p|$$

となり式 (3.15) に等しいことがわかる． ■

■ **例題3.11** ■

次の3元連立1次方程式を解け．
$$3x + y - z = 1$$
$$x + 2y + z = 5$$
$$-x + y + 3z = -1$$

【解答】 行列 A と列ベクトル $\boldsymbol{x}, \boldsymbol{b}$ は

$$A = \begin{bmatrix} 3 & 1 & -1 \\ 1 & 2 & 1 \\ -1 & 1 & 3 \end{bmatrix}, \quad \boldsymbol{x} = \begin{bmatrix} x \\ y \\ z \end{bmatrix}, \quad \boldsymbol{b} = \begin{bmatrix} 1 \\ 5 \\ -1 \end{bmatrix}$$

クラメールの方法，式 (3.15) に代入する．

$$|A| = \begin{vmatrix} 3 & 1 & -1 \\ 1 & 2 & 1 \\ -1 & 1 & 3 \end{vmatrix} = 8$$

$$x = \frac{1}{8} \begin{vmatrix} 1 & 1 & -1 \\ 5 & 2 & 1 \\ -1 & 1 & 3 \end{vmatrix} = \frac{-18}{8} = -\frac{9}{4}, \quad y = \frac{1}{8} \begin{vmatrix} 3 & 1 & -1 \\ 1 & 5 & 1 \\ -1 & -1 & 3 \end{vmatrix} = \frac{40}{8} = 5,$$

$$z = \frac{1}{8} \begin{vmatrix} 3 & 1 & 1 \\ 1 & 2 & 5 \\ -1 & 1 & -1 \end{vmatrix} = \frac{-22}{8} = -\frac{11}{4}$$

■

3.4 電気回路の計算と等価変換

3.4.1 電気回路の計算

図 3.1 に示す回路の電流を求める方法は各種あるが，キルヒホッフの第 2 法則を用いた図 3.2 **(a)**, **(b)** の 2 法を考える．

行列形式で記述した回路方程式は，図 **(a)** では

$$\begin{bmatrix} E_1 \\ E_2 \end{bmatrix} = \begin{bmatrix} r_1+r_2 & r_2 \\ r_2 & r_2+r_3 \end{bmatrix} \begin{bmatrix} I_a \\ I_b \end{bmatrix}$$

図 3.1 電気回路

すなわち $E = ZI$

また，図 **(b)** では

$$\begin{bmatrix} E_1 - E_2 \\ -E_2 \end{bmatrix} = \begin{bmatrix} r_1+r_3 & r_3 \\ r_3 & r_2+r_3 \end{bmatrix} \begin{bmatrix} I_\alpha \\ I_\beta \end{bmatrix} \quad \text{すなわち} \quad E' = Z'I'$$

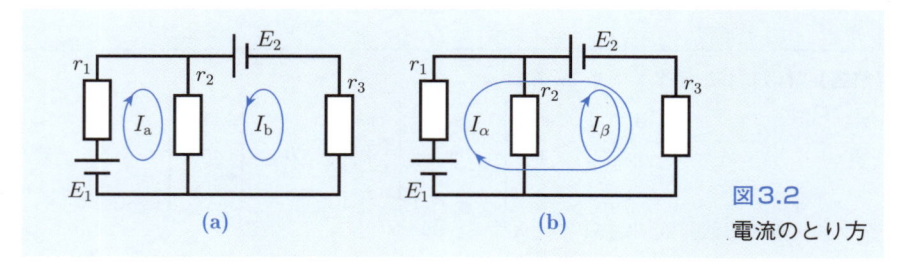

図 3.2 電流のとり方

電流の取り方は図 **(a)** でも図 **(b)** でもよいが図 **(a)** と図 **(b)** では座標軸（または単に軸）の取り方が違うという．図 **(a)** と図 **(b)** の座標の電流間には

$$\begin{bmatrix} I_a \\ I_b \end{bmatrix} = \begin{bmatrix} I_\alpha \\ -(I_\alpha + I_\beta) \end{bmatrix} = \begin{bmatrix} 1 & 0 \\ -1 & -1 \end{bmatrix} \begin{bmatrix} I_\alpha \\ I_\beta \end{bmatrix} \tag{3.16}$$

ゆえに $I = CI'$ の関係があることがわかる．この C は

$$C = \begin{matrix} a \\ b \end{matrix} \begin{matrix} \alpha & \beta \end{matrix} \\ \begin{bmatrix} 1 & 0 \\ -1 & -1 \end{bmatrix} \tag{3.17}$$

であり，座標 **(a)** と **(b)** との間の**変換行列**という．

次にクラメールの方法を用いて図 **(a)** と図 **(b)** の電流間の関係を求めよう．

図 (a) の電流 I_a, I_b は

$$I_a = \frac{1}{\begin{vmatrix} r_1+r_2 & r_2 \\ r_2 & r_2+r_3 \end{vmatrix}} \begin{vmatrix} E_1 & r_2 \\ E_2 & r_2+r_3 \end{vmatrix} = \frac{(r_1+r_3)E_1 - r_2 E_2}{(r_1+r_2)(r_2+r_3) - r_2^2}$$

$$= \frac{(r_2+r_3)E_1 - r_2 E_2}{\Delta}$$

（ここで $\Delta = (r_1+r_2)(r_2+r_3) - r_2^2 = r_1 r_2 + r_1 r_3 + r_2 r_3$）

$$I_b = \frac{1}{\Delta}\begin{vmatrix} r_1+r_2 & E_1 \\ r_2 & E_2 \end{vmatrix} = \frac{(r_1+r_2)E_2 - r_2 E_1}{\Delta}$$

となる．次に，図 (b) の電流 I_α, I_β は

$$I_\alpha = \frac{1}{\begin{vmatrix} r_1+r_3 & r_3 \\ r_3 & r_2+r_3 \end{vmatrix}} \begin{vmatrix} E_1-E_2 & r_3 \\ -E_2 & r_2+r_3 \end{vmatrix} = \frac{(r_2+r_3)(E_1-E_2)+r_3 E_2}{(r_1+r_3)(r_2+r_3)-r_3^2}$$

$$= \frac{(r_2+r_3)E_1 - r_2 E_2}{\Delta}$$

（ここで $\Delta = (r_1+r_3)(r_2+r_3) - r_3^2 = r_1 r_2 + r_1 r_3 + r_2 r_3$）

$$I_\beta = \frac{1}{\Delta}\begin{vmatrix} r_1+r_3 & E_1-E_2 \\ r_3 & -E_2 \end{vmatrix} = \frac{-(r_1+r_3)E_2 - r_3(E_1-E_2)}{\Delta} = \frac{-r_3 E_1 - r_1 E_2}{\Delta}$$

となる．図 (a) と (b) の電流間には次の関係が求められる．

$I_a = I_\alpha$

$I_b = \frac{(r_1+r_2)E_2 - r_2 E_1}{\Delta} = \frac{-\{(r_2+r_3)E_1 - r_2 E_2\}}{\Delta} + \frac{r_3 E_1 + r_1 E_2}{\Delta} = -I_\alpha - I_\beta$

よって式 (3.16) の関係が証明された．

行列と行列式は，電気回路の各種の座標変換による解析や制御系のモデルの表現と解析など工学解析に多く用いられている．

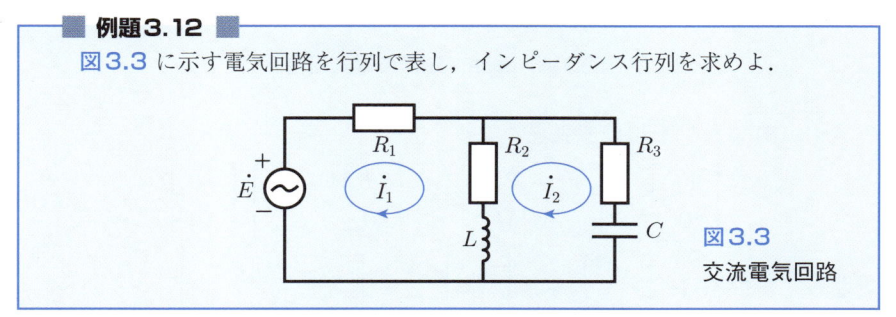

■ **例題3.12** ■

図3.3 に示す電気回路を行列で表し，インピーダンス行列を求めよ．

図3.3 交流電気回路

【解答】
$$\dot{E} = (R_1 + R_2 + j\omega L)\dot{I}_1 - (R_2 + j\omega L)\dot{I}_2$$
$$O = -(R_2 + j\omega L)\dot{I}_1 + (R_2 + R_3 + j\omega L - j\frac{1}{\omega C})\dot{I}_2$$

したがって $\begin{bmatrix} \dot{E} \\ O \end{bmatrix} = \begin{bmatrix} R_1 + R_2 + j\omega L & -(R_2 + j\omega L) \\ -(R_2 + j\omega L) & R_2 + R_3 + j\omega L - j\frac{1}{\omega C} \end{bmatrix} \begin{bmatrix} \dot{I}_1 \\ \dot{I}_2 \end{bmatrix}$

$\begin{bmatrix} \dot{E} \\ O \end{bmatrix} = E, \begin{bmatrix} \dot{I}_1 \\ \dot{I}_2 \end{bmatrix} = I$ とおくと $E = ZI$

インピーダンス行列 Z は $Z = \begin{bmatrix} R_1 + R_2 + j\omega L & -(R_2 + j\omega L) \\ -(R_2 + j\omega L) & R_2 + R_3 + j\omega L - j\frac{1}{\omega C} \end{bmatrix}$ ∎

3.4.2 電気回路の等価変換

行列を電気回路の等価変換に応用する例として単相変圧器を取り上げよう．図3.4 は単相変圧器の電気回路を示している．ここで印加電圧を $v_1(t)$，1次巻線電流を $i_1(t)$，2次巻線電圧を $i_2(t)$，2次負荷電圧を $v_2(t)$ とすると，電圧電流方程式は

$$v_1 = (r_1 + PL_1)i_1 - PMi_2, \quad 0 = -PM + (r_2 + PL_2 + Z_L)i_2 \quad (3.18)$$

となる．ただし r_1 は1次巻線抵抗，r_2 は2次巻線抵抗，L_1 は1次自己インダクタンス，L_2 は2次自己インダクタンス，M は相互インダクタンス，P は微分演算子（$\frac{d}{dt}$），N_1 は1次巻線の巻数，N_2 は2次巻線の巻数，Z_L は負荷インピーダンスである．

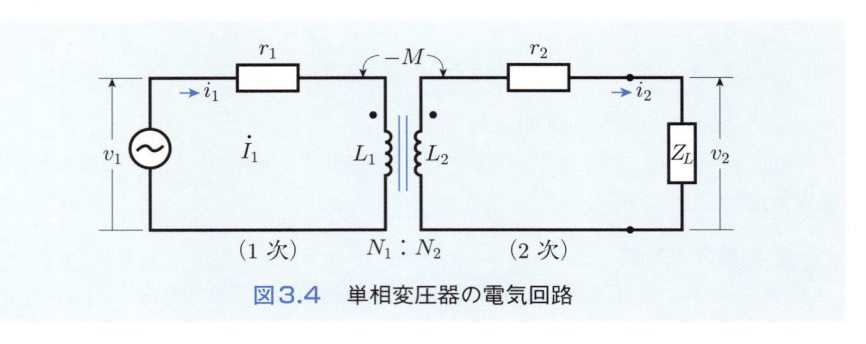

図3.4 単相変圧器の電気回路

式 (3.18) は行列を用いて表現すると

$$\begin{bmatrix} v_1 \\ 0 \end{bmatrix} = \begin{bmatrix} r_1 + PL_1 & -PM \\ -PM & r_2 + PL_2 + Z_L \end{bmatrix} \begin{bmatrix} i_1 \\ i_2 \end{bmatrix} \quad (3.19)$$

となる．ここで $\boldsymbol{v} = \begin{bmatrix} v_1 \\ 0 \end{bmatrix}, \boldsymbol{i} = \begin{bmatrix} i_1 \\ i_2 \end{bmatrix}, Z = \begin{bmatrix} r_1 + PL_1 & -PM \\ -PM & r_2 + PL_2 + Z_L \end{bmatrix}$

とすると式 (3.19) は

$$\boldsymbol{v} = Z\boldsymbol{i}$$

で表される．

いま，$i_1 = \alpha i'_1, i_2 = \beta i'_2$ とすると変換行列 C は

$$C = \begin{matrix} & {\color{blue}1'} & {\color{blue}2'} \\ {\color{blue}1} \\ {\color{blue}1} \end{matrix} \begin{bmatrix} \alpha & 0 \\ 0 & \beta \end{bmatrix}$$

となる．ただし，α, β は任意の定数である．ここで，C で変換後の電圧，電流は

$$\begin{bmatrix} v'_1 \\ v'_2 \end{bmatrix} = C^t \boldsymbol{v} = \begin{bmatrix} \alpha v_1 \\ 0 \end{bmatrix}, \quad \begin{bmatrix} i'_1 \\ i'_2 \end{bmatrix} = C^t \boldsymbol{i} = \begin{bmatrix} \alpha i_1 \\ \beta i_2 \end{bmatrix}$$

で表すことができる．したがってインピーダンス行列 Z は

$$\boldsymbol{v}' = C^t \boldsymbol{v} = \underline{C^t Z \boldsymbol{i}} = \underline{C^t Z C \boldsymbol{i}'} = Z' \boldsymbol{i}'$$

より

$$Z' = C_t Z C = \begin{bmatrix} \alpha^2(r_1 + PL_1) & -\alpha\beta PM \\ -\alpha\beta PM & \beta^2(r_2 + PL_2 + Z_L) \end{bmatrix}$$

の Z' に変換される．

したがって変換後の電圧電流方程式は

$$\begin{bmatrix} \alpha v_1 \\ 0 \end{bmatrix} = \begin{bmatrix} \alpha^2(r_1 + PL_1) & -\alpha\beta PM \\ -\alpha\beta PM & \beta^2(r_2 + PL_2 + Z_L) \end{bmatrix} \begin{bmatrix} i'_1 \\ i'_2 \end{bmatrix}$$

となる．この式を等価回路で示すと 図3.5 になる．

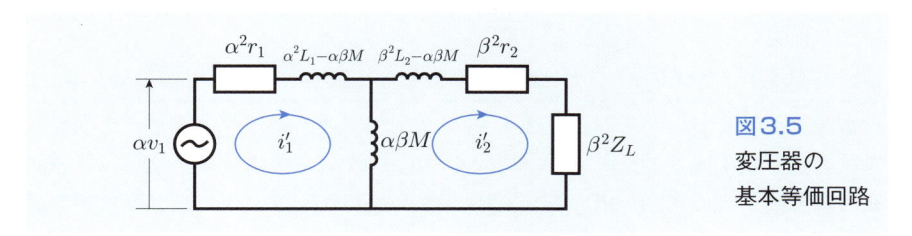

図3.5 変圧器の基本等価回路

図に示す基本等価回路は，α, β の選定によって数多く作り得るが，実用的には次の 3 種類が考えられる．そこで，α, β は任意の数を選べるので変圧器の巻数比 $a \left(= \frac{N_1}{N_2}\right)$ を基準とする．

(1) 1次側に換算した等価回路 ($\alpha = 1$, $\beta = \frac{N_1}{N_2} = a$)

電源側の電圧，電流を計算するときに便利な図3.6に示す等価回路は，2次を1次に換算した回路で，最もよく用いられる．

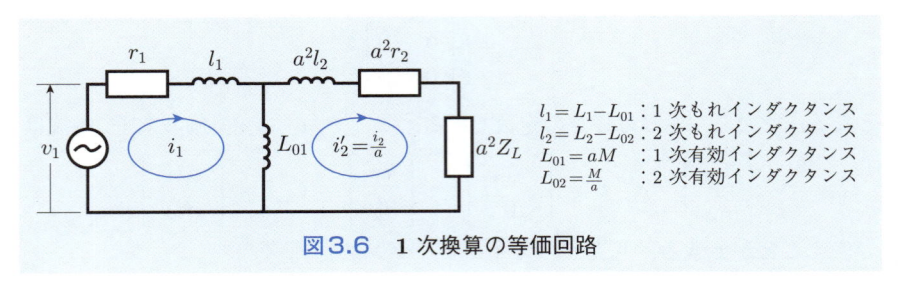

図3.6　1次換算の等価回路

$l_1 = L_1 - L_{01}$：1次もれインダクタンス
$l_2 = L_2 - L_{02}$：2次もれインダクタンス
$L_{01} = aM$：1次有効インダクタンス
$L_{02} = \frac{M}{a}$：2次有効インダクタンス

(2) 2次側に換算した等価回路 ($\alpha = \frac{N_2}{N_1} = \frac{1}{a}$, $\beta = 1$)

負荷側の電圧，電流を計算するときに便利な図3.7に示す等価回路は，1次を2次に換算した回路である．

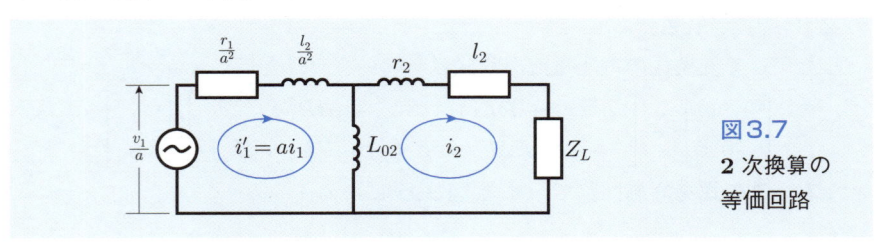

図3.7　2次換算の等価回路

(3) 1次もれインダクタンスだけを2次換算した等価回路 ($\alpha = 1$, $\beta = \frac{L_1}{M} \equiv k$)

電源周波数が低い場合は1次もれインダクタンスによる電圧降下が1次巻線抵抗による電圧降下に比べて少ないので，図3.8に示すように1次側に巻線抵抗のみを残す等価回路が用いられることが多い．図3.8において，次式の関係がある．

$$\sigma = \frac{L_1 L_2 - M^2}{L_1 L_2}$$

$$\alpha^2 L_1 - \alpha\beta M = L_1 - \frac{L_1}{M} M = 0$$

$$\beta^2 L_2 - \beta M = L_2 \left(\frac{L_1}{M}\right)^2 - \left(\frac{L_1}{M}\right) M = L_1 \left(\frac{L_1 L_2}{M^2} - 1\right)$$

$$= L_1 \frac{L_1 L_2}{M^2} \left(\frac{L_1 L_2 - M^2}{L_1 L_2}\right) = aL_1 \frac{1}{1-\alpha} = aL_1'$$

図3.8 1次もれインダクタンスを2次換算した等価回路

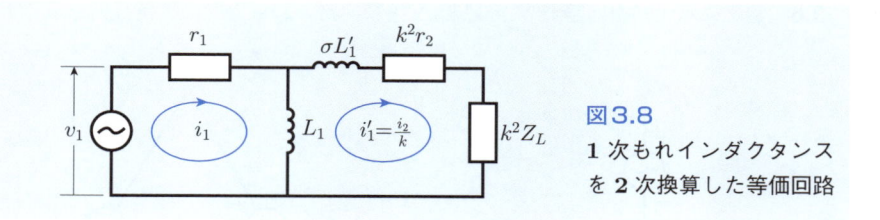

3章の問題

3.1 次の行列の和，差および積を求めよ．

(1) $\begin{bmatrix} 1 & 2 \\ 3 & 4 \end{bmatrix} \pm \begin{bmatrix} 3 & 4 \\ 5 & 6 \end{bmatrix}$ (2) $\begin{bmatrix} 1 & 2 \\ 3 & 4 \end{bmatrix} \begin{bmatrix} 3 & 2 \\ 1 & 0 \end{bmatrix}$

3.2 次の行列の逆行列を求めよ．

(1) $A = \begin{bmatrix} 2 & 4 \\ 1 & 3 \end{bmatrix}$ (2) $B = \begin{bmatrix} 1 & 1 & 1 \\ 1 & \alpha^2 & \alpha \\ 1 & \alpha & \alpha^2 \end{bmatrix}$

ただし，
$$\alpha = e^{j\frac{2}{3}\pi}, \quad \alpha^2 = e^{j\frac{4}{3}\pi} = e^{-j\frac{2}{3}\pi} = \alpha^{-1}, \quad \alpha^3 = 1, \quad \alpha^4 = \alpha$$

3.3 次の行列式の値を簡易的に求める方法（サラスの方法）により求めよ．

(1) $|A| = \begin{vmatrix} a_{11} & a_{12} \\ a_{21} & a_{22} \end{vmatrix}$ (2) $|B| = \begin{vmatrix} a_{11} & a_{12} & a_{13} \\ a_{21} & a_{22} & a_{23} \\ a_{21} & a_{32} & a_{33} \end{vmatrix}$

3.4 次の方程式をクラメールの方法を用いて解け．

(1) $\begin{cases} x + y = 5 \\ y + z = 6 \\ x - 5z = -9 \end{cases}$ (2) $\begin{cases} 5x - 4y + 6z = 11 \\ 4x - 2y + 8z = 14 \\ 3x + 2y - 2z = 17 \end{cases}$

3.5 次の行列を用いて，$(AB)^{-1} = B^{-1}A^{-1}$ を確かめよ．

$$A = \begin{bmatrix} 1 & 1 \\ 2 & 1 \end{bmatrix}, \quad B = \begin{bmatrix} 1 & 2 \\ 3 & 4 \end{bmatrix}$$

☐ **3.6** 図1に示す三相回路でY接続とΔ接続回路の起電力間の変換行列を求めよ．

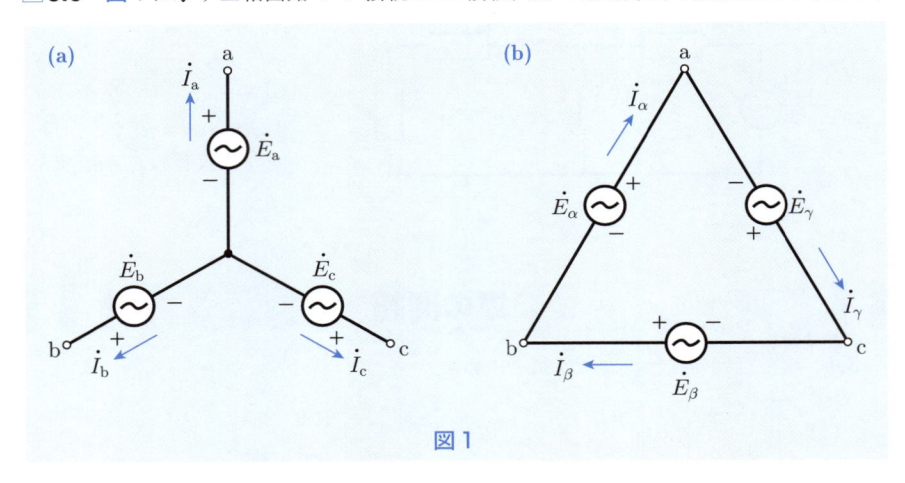

図1

☐ **3.7** [問題 3.6] で電流間の変換行列を求めよ．
☐ **3.8** [問題 3.6] の図 **(a), (b)** の電源の供給電力の関係を求めよ．

第4章

論 理 数 学

　大型と小型にかかわらず高速で大量の数値計算や制御演算用に使用されているディジタルコンピュータ（単にコンピュータ）はディジタル回路で構成されている．このディジタル回路設計の理論的基礎は論理回路によって与えられ，その数学的根拠となるのが，0と1の二つの値を扱う論理（代）数学である．

　この章では，まず論理回路に用いる論理記号と基本回路を紹介し，数体系と符号化の考え方を述べる．次に論理代数の論理式，公式および基本性質を解説し，論理回路の応用について紹介する．

4.1 論理代数の基礎

4.1.1 論理代数

論理代数で扱う数は，"1" と "0" の2種類である．いま，"1" を真値とすると "0" は虚の値となる．図4.1 に示すスイッチ (X_1, X_2) とランプ (Y) を組み合わせた回路を用いて情報が "1" と "0" で表現される意味を説明する．ここでスイッチが閉じている状態を "1"，開いている状態を "0" と名付ける．同様に出力であるランプについても，点灯している状態を "1"，点灯していない状態を "0" とする．このようにするとこのスイッチ回路のすべての状態は "1" と "0" で表現できる．

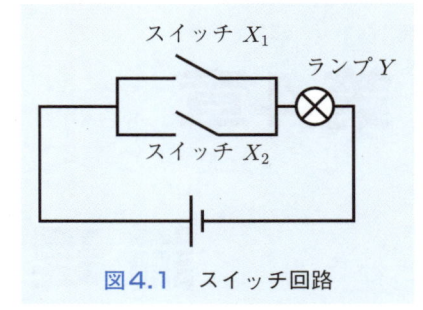

図4.1 スイッチ回路

ここで，2つのスイッチの状態を X_1, X_2 で表し入力情報と考え，ランプの状態を Y で表し出力情報とすると，この回路のすべての状態は "1" と "0" で表現される．このようなディジタル情報回路を **2値論理回路** と呼んでいる．出力情報 Y は入力情報 X_1, X_2 の関数であるので **論理関数** と呼び，この回路では "1" と "0" しか取りえないので **2値論理関数** といっている．

論理代数は，基本的には2値論理関数の代数で "論理和"，"論理積"，および "論理否定" の3つの論理演算を基本として用いた代数である．この論理代数のもとは1847年にイギリス人ブール（George Boole）が発表した論文にもとづいており，**ブール代数** とも呼ばれている．

4.1.2 論理記号と論理式

論理代数の基本演算記号を 図4.2 に示す．図 **(a)** は論理和，**(b)** は論理積，そして **(c)** は論理否定である．ここで，A, B, C を **入力情報**，Y を **出力情報** とする．それぞれの論理演算は入力と出力の間に次の関係を定義する．

(a) **論理和：OR**
いずれかの入力が1であれば出力は1である．そうでなければ0となる．

(b) **論理積：AND**
すべての入力が1であれば出力は1である．そうでなければ0となる．

(c) **論理否定：NOT**
入力が0であれば出力は1である．そうでなければ0となる．

4.1 論理代数の基礎

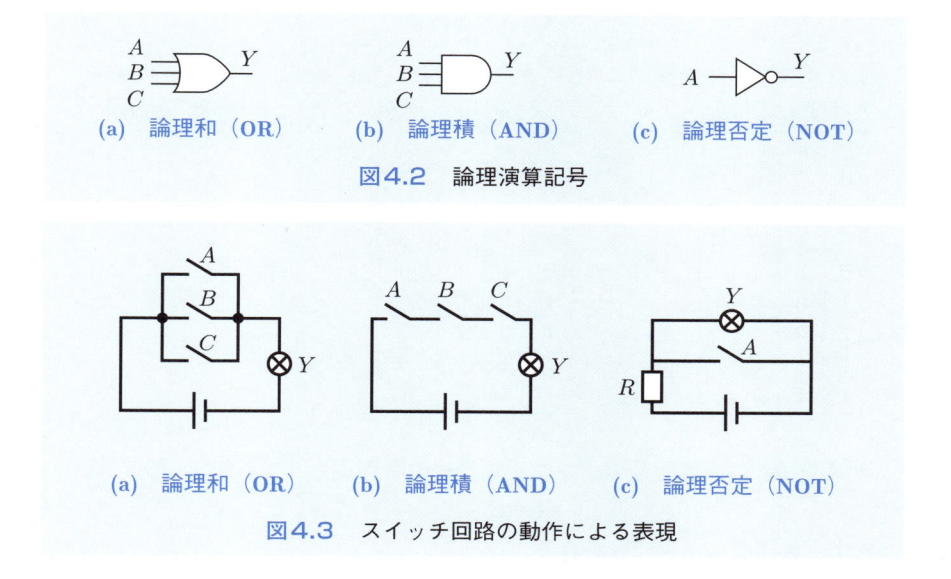

(a) 論理和（OR）　**(b) 論理積（AND）**　**(c) 論理否定（NOT）**

図4.2　論理演算記号

(a) 論理和（OR）　**(b) 論理積（AND）**　**(c) 論理否定（NOT）**

図4.3　スイッチ回路の動作による表現

(1) **論理和**　演算記号の + は四則演算の単なる + ではなく "or" か "または" の意味である．例えば，図4.2 (a) は図4.3 (a) のスイッチ回路で表され，スイッチの A, B, C のいずれか，A または B または C が ON すなわち "1" のとき，ランプは点灯し，Y は 1 となる．そうでないときは点灯しなくて Y は 0 となる．

図4.2 (a) の演算記号で示される論理和の論理式を
$$A + B + C = Y$$
で表す．具体的には次式で表される．

$1 + 1 + 1 = 1$, $\quad 1 + 1 + 0 = 1$, $\quad 1 + 0 + 0 = 1$, $\quad 0 + 1 + 1 = 1$,
$0 + 0 + 1 = 1$, $\quad 1 + 0 + 1 = 1$, $\quad 0 + 1 + 0 = 1$, $\quad 0 + 0 + 0 = 0$

以上をまとめると OR 回路の動作を**表4.1 (a)** のように表示できる．このような表を**真理値表**といっている．

(2) **論理積**　演算記号の・は四則演算の積ではなく "and" か "かつ" の意味である．例えば，図4.2 (b) は図4.3 (b) のスイッチ回路で表され，スイッチの A, B, C のすべて，A かつ B かつ C が ON すなわち "1" のとき，ランプは点灯し，Y は 1 となる．そうでないときは点灯しなくて Y は 0 となる．

表4.1　真理値表

(a) 3入力 OR 回路

入力			出力
A	B	C	Y
0	0	0	0
0	0	1	1
0	1	0	1
0	1	1	1
1	0	0	1
1	0	1	1
1	1	0	1
1	1	1	1

(b) 3入力 AND 回路

入力			出力
A	B	C	Y
0	0	0	0
0	0	1	0
0	1	0	0
0	1	1	0
1	0	0	0
1	0	1	0
1	1	0	0
1	1	1	1

(c) NOT 回路

入力	出力
A	Y
0	1
1	0

図4.2 (b) の演算記号で示される論理積の論理式を
$$A \cdot B \cdot C = Y$$
で表す．具体的には次で表される．

$0 \cdot 0 \cdot 0 = 0, \quad 0 \cdot 0 \cdot 1 = 0, \quad 0 \cdot 1 \cdot 0 = 0, \quad 0 \cdot 1 \cdot 1 = 0,$

$1 \cdot 0 \cdot 0 = 0, \quad 1 \cdot 0 \cdot 1 = 0, \quad 1 \cdot 1 \cdot 0 = 0, \quad 1 \cdot 1 \cdot 1 = 1$

以上をまとめるとAND回路の動作を表4.1 (b) のような真理値表に表示できる．また，混乱がおきない限り，ANDを表す記号・を省略することがある．

(3) **論理否定**　論理否定の演算記号は ̄で示し，ある変数 A を入力すると，A でない値が出ることを意味して反転とも呼ばれている．例えば，図4.2 (c) の論理否定演算は図4.3 (c) のスイッチ回路で表され，スイッチの A がONすなわち "1" のとき，ランプは点灯しないで，Y は0となる．そうでないときは点灯して Y は1となる．

図4.2 (c) の記号で示される論理否定の論理式を
$$\overline{A} = Y$$
で表す．具体的には次で表される．
$$\overline{0} = 1, \quad \overline{1} = 0$$

以上をまとめるとNOT回路の動作を表4.1 (c) のような真理値表に表示できる．

例題 4.1

図 4.4 に示すスイッチング回路の出力と真理値表を求めよ.

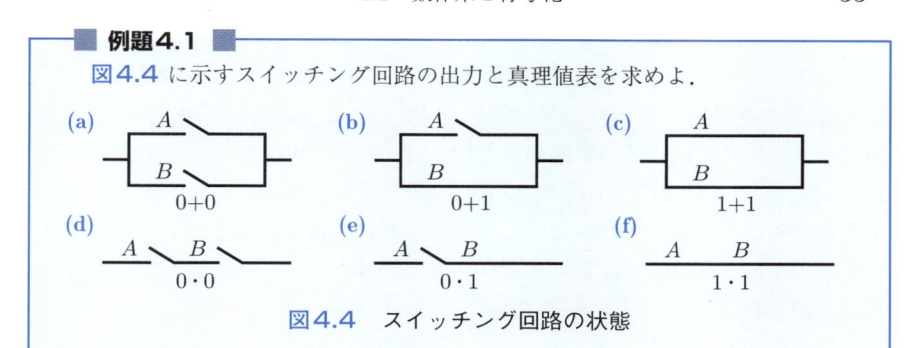

図 4.4 スイッチング回路の状態

【解答】

図 4.5 出力の状態

各回路のスイッチが ON の場合は 1 で，OFF の場合は 0 である．スイッチが並列に接続されていると論理和，直列に接続されていると論理積になる．したがって，出力は図 4.5，真理値表は表 4.2 になる．

表 4.2 真理値表

		入力		出力
		A	B	Y
論理和	(a)	0	0	0
	(b)	0	1	1
	(c)	1	1	1
論理積	(d)	0	0	0
	(e)	0	1	0
	(f)	1	1	1

4.2 数体系と符号化

4.2.1 10 進数，2 進数と数体系

日常的に用いられている数体系は，10 進数である．0 から 9 までの 10 種類の文字によって数を表現し，9 まで進むと 1 桁繰り上がり 10 となる．同様に 99 まで進むと 100 となって順次桁上げされる．

2 進数の数体系では，0, 1 の次に 2 になることなく桁上がりをするので 0 と

1 の 2 文字だけで表現できる．

このような考えると 3 進数，4 進数，5 進数や 8 進数など多くの数体系が考えられる．10 進数以上もあり，例えばよく用いられる 16 進数は 16 個の数字が必要になり，0〜9 の 10 個の数字のほかに，$10 \rightarrow A$，$11 \rightarrow B$，$12 \rightarrow C$，$13 \rightarrow D$，$14 \rightarrow E$，$15 \rightarrow F$ とおき，10 個の数字と 6 個の記号を用いて表す．そこで，数体系を表示要素の表現効率から比較して効率が高い数体系が望ましいことになる．

そこで，任意の b 進 m 桁の数について考えよう．その総数 K は

$$K = b^m \quad (4.1)$$

である．これをすべて表現するために必要な数字および数字に相当する素子の総数 N は

$$N = bm \quad (4.2)$$

式 (4.1) および式 (4.2) から N は

$$N = b(\log_b K) = b\frac{\log_{10} K}{\log_{10} b}$$
$$= \frac{b}{\log_{10} b} \log_{10} K = M \log_{10} K$$

と表される．ただし $M = \frac{b}{\log_{10} b}$ である．総数 K が等しいときにはその係数 $\frac{b}{\log_{10} b}$ の値が少ないほど**表現効率**が高いといえる．この値を進数について計算すると**表4.3**になり，3 進数が最もよく，2 進数，4 進数と続く．

表4.3 表現係数（M）と進数（b）

b	M
2	6.64
3	6.29
4	6.64
5	7.15
6	7.71
7	8.28
8	8.85
9	9.43
10	10.00
11	10.56
12	11.12

したがって，2 進数の数体系は表現効率の良さと回路設計構成の容易さからディジタル信号の**基本数体系**となっていることがわかる．

4.2.2　重みと基数

10 進数では，各桁には下位の桁から 1 桁目は $10^0 (= 1)$，2 桁目は $10^1 (= 10)$，3 桁目は $10^2 (= 100)$，4 桁目は $10^3 (= 1000)$，… の重み付けがされている．小数点以下では上位の桁から $10^{-1} (= 0.1)$，$10^{-2} (= 0.01)$，$10^{-3} (= 0.001)$，$10^{-4} (= 0.0001)$，… の重みがあるといえる．

2 進数では各桁の最下位は重み $1 (= 2^0)$，2 桁目は重み $2 (= 2^1)$，3 桁目は重み $4 (= 2^2)$，4 桁目は重み $8 (= 2^3)$，… となり，小数点以下では順に $2^{-1} (= 0.5)$，$2^{-2} (= 0.25)$，$2^{-3} (= 0.125)$，$2^{-4} (= 0.0625)$，… の重みがある．

このように，10 進数の各桁の重みは 10 のべき乗で，2 進数の重みは 2 のべき

乗であることがわかる．ここで10進数の10を基数という．2進数では2が基数である．また，2進数表現の1桁をビット（bit）という．

一般に，b進数の数 $K_{(b)}$ は，整数部を m 桁，小数部を n 桁とすると
$$(d_{m-1}\cdots d_1 d_0 . d_{-1} d_{-2} d_{-3} \cdots d_{-n})_b \tag{4.3}$$
のように表現される．その値の $K_{(b)}$ は
$$K_{(b)} = d_{m-1}b^{m-1} + \cdots + d_1 b^1 + d_0 b^0 + d_{-1} b^{-1} + d_{-2} b^{-2} + \cdots$$
ここで，b は基数である．

4.2.3　2進数の表現

2進数を式(4.3)に従って表した数が例えば $(1101)_2$ とする．これは4ビットである．この値を10進数（値）で表すと
$$(1101)_2 = 1 \times 2^3 + 1 \times 2^2 + 0 \times 2^1 + 1 \times 2^0 = 8 + 4 + 0 + 1 = (13)_{10}$$

次に，例えば整数部が6桁，6ビットで，小数部が3桁，3ビットの合計9ビットの2進数が次式のときその10進数表現（値）は次のようになる．
$$(101011.101)_2 = 1 \times 2^5 + 0 \times 2^4 + 1 \times 2^3 + 0 \times 2^2 + 1 \times 2^1 + 1 \times 2^0$$
$$+ 1 \times 2^{-1} + 0 \times 2^{-2} + 1 \times 2^{-3}$$
$$= 32 + 0 + 8 + 0 + 2 + 1 + 1 \times 0.5 + 0 \times 0.25 + 1 \times 0.125$$
$$= (43.625)_{10}$$

4.2.4　数体系の相互変換

b 進数 m 桁の整数 $K_{(b)}$ の式 (4.3) を b で割ると
$$\frac{K_{(b)}}{b} = d_{m-1}b^{m-2} + d_{m-2}b^{m-3} + \cdots + d_1 \qquad 剰余\ d_0$$
となる．剰余 d_0 を除いてさらに b で割ると
$$\frac{K_{(b)} - d_0}{b^2} = d_{m-1}b^{m-3} + d_{m-2}b^{m-4} + \cdots + d_2 \qquad 剰余\ d_1$$
となり，剰余として下位2桁の数字 d_1 がでる．さらに，剰余 d_1 を除いて b で割る．順次この演算を続けるとすべての桁の数字が $d_0, d_1, d_2, \cdots, d_{m-1}$ の順に得られる．

したがって，10進数の $K_{(10)}$ を b 進数の整数 $K_{(b)}$ に変換するためには，前述の徐算を繰り返し，得られた剰余の数字を順に最下位桁から最上位桁に並べれば求められる．10進数を2進数に変換する方法は，10進数を繰り返し2で割っていけばよい．

例えば，10進数の50を2進数に変換する場合は，まず50を2で割り剰余を取り出して，順次演算すると次のように得られる．

```
2) 50
2) 25   …剰余 0
2) 12   …剰余 1
2)  6   …剰余 0     ⟹   (50)_{10} = (110010)_2
2)  3   …剰余 0
2)  1   …剰余 1
    0   …剰余 1
```

一方，b 進数 m 桁の整数 $K_{(b)}$ を 10 進数の整数 $K_{(10)}$ に変換するには
$$K_{(10)} = d_{m-1}b^{m-1} + d_{m-2}b^{m-2} + \cdots + d_1 b^1 + d_0$$
の値を求めればよい．

次に，小数に関する数体系の変換は次のようになる．b 進数の小数 $K_{(b)}$ ($0.d_{-1}d_{-2}d_{-3}\cdots$) に b を掛けると
$$bK_{(b)} = d_{-1} + d_{-2}b^{-1} + d_{-3}b^{-2} + \cdots$$
となって小数第 1 位の数字 d_{-1} が取り出される．これを除いて残りの小数部に b を乗ずると次が得られる．
$$b(bK_{(b)} - d_{-1}) = d_{-2} + d_{-3}b^{-1} + d_{-4}b^{-2} + \cdots$$

以下，この演算を繰り返せば順次下位の桁が得られる．したがって，整数部に 1 桁ずつ取り出される数字を小数第 1 位から下位に向かって順に並べればよい．例えば，10 進数の 0.5625 を 2 進数に変換する場合は，まず次に示すように 2 を乗じて整数部を取り出してゆく演算を繰り返す．

```
     0.5625
 ×)       2
     1.1250    (−1) 整数部 1
 ×)       2
     0.2500    ……………0    ⟹   (0.5625)_{10} = (0.1001)_2
 ×)       2
     0.5000    ……………0
 ×)       2
     1.0000    (−1)        1
```

一方，b 進数の小数 $K_{(b)}$ を 10 進数の小数 $K_{(10)}$ に変換すると
$$K_{(10)} = d_{-1}b^{-1} + d_{-2}b^{-2} + d_{-3}b^{-3} + \cdots$$

以上の変換方法は一般に有効であるので 8 進数や 16 進数の変換にも適用可能である．2 進数と 8 進数，2 進数と 16 進数の相互変換は，$2^3 = 8$, $2^4 = 16$ の関係から 2 進数を下位から 3 ビット，または 4 ビットごとに区切り，それらを 1 桁の数字で表記すればそれぞれ 8 進数または 16 進数となる．また逆に，8 進

数または 16 進数の各 1 桁の数字を，それぞれ 3 ビットまたは 4 ビットで表現すると 2 進数となる．

> ■ **例題4.2** ■
> 次の 2 進数の値を 8 進数に，8 進数を 2 進数に表せ．
> (1)　$(11101010)_2$　　(2)　$(26)_8$

【解答】　(1)　2 進数 → 8 進数変換

$\underbrace{011}_{3} \underbrace{101}_{5} \underbrace{010}_{2}$ 　…下位から 3 桁ずつ区切り，8 進数に変換する
　　　　　　　　…変換された 8 進数

答　$(11101010)_2 = (352)_8$

(2)　8 進数 → 2 進数変換

$\underbrace{010}_{2} \underbrace{101}_{6}$ 　…桁ごとに 3 桁の 2 進数に変換する
　　　　　…変換された 2 進数

答　$(26)_8 = (010110)_2$

4.3　2 進数の四則計算

4.3.1　2 進数の四則計算

2 進数の四則計算は，10 進数と同様に行うことができるが数字は 0 と 1 の 2 進表現の数体系で行うことになる．

(1)　**加算**　2 進数の加算は 1 ビットについては次の 4 通りである．
$1 + 1$ は桁上げして 10 となる．

$$\begin{array}{r}0\\+)\ 0\\\hline 0\end{array} \qquad \begin{array}{r}0\\+)\ 1\\\hline 1\end{array} \qquad \begin{array}{r}1\\+)\ 0\\\hline 1\end{array} \qquad \begin{array}{r}1\\+)\ 1\\\hline 10\end{array}$$

桁上げ（carry）

(2)　**減算**　以下に示す 4 通りである．$0 - 1$ の減算は 0 から 1 は引けないので，上位のビットから 1 を借りて，その桁を $1 + 1 = 2$ と見なして減算する．

$$\begin{array}{r}0\\-)\ 0\\\hline 0\end{array} \qquad \begin{array}{r}0\\-)\ 1\\\hline 11\end{array} \qquad \begin{array}{r}1\\-)\ 0\\\hline 1\end{array} \qquad \begin{array}{r}1\\-)\ 1\\\hline 0\end{array}$$

桁借り（borrow）

(3) **乗算** 10進数と同様，以下の4通りである．

$$\begin{array}{r} 0 \\ \times)\ 0 \\ \hline 0 \end{array} \qquad \begin{array}{r} 0 \\ \times)\ 1 \\ \hline 0 \end{array} \qquad \begin{array}{r} 1 \\ \times)\ 0 \\ \hline 0 \end{array} \qquad \begin{array}{r} 1 \\ \times)\ 1 \\ \hline 1 \end{array}$$

(4) **徐算** 4通り考えられるが，$\frac{0}{0}, \frac{1}{0}$ は計算不能であり，次の2通りである．

$$\begin{array}{r} 0 \\ \div)\ 1 \\ \hline 0 \end{array} \qquad \begin{array}{r} 1 \\ \div)\ 1 \\ \hline 1 \end{array}$$

四則計算の計算例を以下に示す．

(1) 加算
```
    1010
+)  0011
   -----
    1101
```
答 $(1101)_2$

(2) 減算
```
    1010
-)  0011
   -----
    0111
```
答 $(0111)_2$

(3) 乗算
```
      10
×)    11
   -----
      10
     10
   -----
     110
```
答 $(110)_2$

(4) 除算
```
       101
  10)1010
      10
     ----
       10
       10
      ----
        0
```
答 $(101)_2$

■ **例題4.3** ■

次の2進数の計算をせよ．
(1) $1011 + 1010$ (2) $1010 - 0101$
(3) 1010×0101 (4) $1010 \div 100$

【解答】

(1)
```
    1011
+)  1010
   -----
   10101
```
答 $(10101)_2$

(2)
```
    1010
-)  0101
   -----
    0101
```
答 $(0101)_2$

(3)
```
        1010
×)      1010
      ------
        0000
       1010
      0000
     1010
     --------
     0110010
```
答 $(110010)_2$

(4)
```
         10.1
  100)1010
      100
     ----
       100
       100
      ----
         0
```
答 $(10.1)_2$

4.3.2　2進数の負数表現

10進数 $(-101)_{10}$ とは異なり，$(-101)_2$ のような表し方ができないので，補数を用いて表す．補数には「1の補数」と「2の補数」がある．1の補数は，ある2進数の各桁の0と1を入れ換えたものである．また，2の補数は，ある2進数の1の補数に1を加えたものである．数値データに正と負を表す符号桁を付加し，符号桁が "0" であれば正，"1" であれば負とする．符号桁は最上位桁としている．

例えば，$(101)_2$ に対する1の補数は $(010)_2$ となり，$(101)_2$ に対する2の補数は $(011)_2$ となる．

■ **例題4.4** ■

次の計算を1の補数を用いて行え．
(1)　$10111 - 01101 : (23)_{10} - (13)_{10}$
(2)　$01101 - 10111 : (13)_{10} - (23)_{10}$

【解答】　(1)　01101の1の補数は10010

したがって

```
        10111
    +)  10010        1の補数
       101001        桁上げがあるから正符号
    +)      1        循環桁上げ
        01010   ⟶   (10)₁₀
```

答　$(01010)_2,\ (10)_{10}$

(2)　10111の1の補数は01000

したがって

```
        01101
    +)  01000
        10101        桁上げがないから答は負 (-10)₁₀ の1の補数
        ↓↓↓↓↓        1の補数をとって負符号
       -01010   ⟶   (-10)₁₀
```

答　$(-01010)_2,\ (-10)_{10}$

4.3.3 2進符号

2進化10進数（**BCD-Binary Coded Decimal** コード）は，10進数を2進数的に表現する符号である．4ビットの2進数により $2^4 = 16$ 個の数を表せるが，このうち 0〜9 に相当する10個のみ符号として用いて，残りの6個の数を使用禁止する．これにより10進数の1桁と4ビットの符号を1対1に対応させることができる．

例えば，10進数の 826 を BCD 符号で表記すると

$$\underbrace{8}_{1000} \quad \underbrace{2}_{0010} \quad \underbrace{6}_{0110} \quad \cdots 10\text{進数} \\ \cdots \text{BCD 符号}$$

したがって $(826)_{10} = (1000\ 0010\ 0110)_{BCD}$

■ **例題4.5** ■

BCD 符号で表記された $(10010101)_{BCD}$ を10進数で表せ．

【解答】 BCD 符号で表記された数を4ビットずつ区切り，それぞれを10進数の1桁に対応させる．

$$\underbrace{1001}_{9} \quad \underbrace{0101}_{5} \quad \cdots \text{BCD 符号} \\ \cdots 10\text{進数}$$

答　$(10010101)_{BCD} = (95)_{10}$

4.4　論　理　代　数

4.4.1　論理代数の公式

基本論理演算の組合せなど論理演算を行うとき，演算の適用順序を明確にするために算術演算と同様に括弧を用いる．しかし，一般に論理否定は他の演算より優先し，論理積が続き次に論理和として演算の括弧を省略する．また，一般の代数と異なって通分や移項などの演算はできない．括弧を用いた場合は，括弧内の演算を優先的にまとめて行う．

表4.4 に論理代数の3項目の基本論理演算の公理とその演算から導かれる重要な基本定理を示す．表中の A, B, C は1または0の値をとる論理変数である．

この表の基本定理の証明は，変数 A に 0 と 1 を代入して基本論理演算から導くことができ，また複数の変数 A, B, C が含まれるときは各変数に 0 と 1 を代入して，すべての場合の真理値表を作成して証明できる．

表4.4 主な公理と基本定理

①	$\overline{1}=0,\ \overline{0}=1$	(公理1)
②	$A \cdot 0 = 0,\ A+1=1$	(公理2)
③	$A \cdot 1 = A,\ A+0=A$	(単位元則)
④	$A \cdot \overline{A} = 0,\ A+\overline{A}=1$	(補元則または排中則)
⑤	$\overline{\overline{A}}=A$	(対合則)
⑥	$A \cdot A \cdots A = A$ $A+A+\cdots+A=A$	(べき則)
⑦	$A \cdot B = B \cdot A$ $A+B=B+A$	(交換則)
⑧	$(A \cdot B) \cdot C = A \cdot (B \cdot C)$ $(A+B)+C=A+(B+C)$	(結合則)
⑨	$A \cdot (B+C) = A \cdot B + A \cdot C$ $A+B \cdot C = (A+B) \cdot (A+C)$	(分配則)
⑩	$A \cdot (A+B) = A$ $A+A \cdot B = A$ $A+\overline{A} \cdot B = A+B$ $\overline{A}+A \cdot B = \overline{A}+B$	(吸収則)
⑪	$\overline{A \cdot B} = \overline{A} + \overline{B}$ $\overline{A+B} = \overline{A} \cdot \overline{B}$	(ド・モルガンの定理)

4.4.2 基本性質

論理代数の重要な基本性質にド・モルガンの定理および双対の定理がある．表4.4の⑪の上の式はド・モルガンの積の定理であり，下の式はド・モルガンの和の定理である．

ド・モルガンの定理とは，否定に関する重要な定理であり，表4.4から，ある論理式全体を否定することは各変数を否定し，論理和と論理積を相互に入れ換えたものに等しいことをいう．この定理は3変数以上にも適用できる．

ド・モルガンの定理から双対の定理が導かれる．双対の定理は，ある一つの論理等式があるとき，その等式で0と1を相互に入れ換え，同時に論理和と論理積を相互に入れ換えて得られる新しい等式が成立することである．

例題4.6

A と B の 2 変数についての論理和，論理積，論理否定の 3 基本論理演算を行え．

【解答】 (a) 論理和：次の 4 つの場合のみである．
$$0+0=0, \quad 0+1=1, \quad 1+0=1, \quad 1+1=1$$
(b) 論理積：次の 4 つの場合のみである．
$$0 \cdot 0=0, \quad 0 \cdot 1=0, \quad 1 \cdot 0=0, \quad 1 \cdot 1=1$$
(c) 論理否定：次の 2 つの場合のみである．
$$\overline{0}=1, \quad \overline{1}=0$$

例題4.7

表4.4 に示す⑩の吸収則の 4 式を証明せよ．

【解答】

$$A \cdot (A+B) = \underset{\text{分配則}}{A \cdot A + A \cdot B} = \underset{\text{べき等則}}{A + A \cdot B}$$

$$= \underset{\text{分配則}}{A \cdot (1+B)} = \underset{\text{変換則}}{A \cdot (B+1)}$$

$$= \underset{\text{公理 2}}{A \cdot 1} = \underset{\text{単位元則}}{A}$$

$$A + A \cdot B = \underset{\text{単位元則}}{A \cdot 1 + A \cdot B}$$

$$= \underset{\text{分配則}}{A \cdot (1+B)} = \underset{\text{交換則}}{A \cdot (B+1)}$$

$$= \underset{\text{公理 2}}{A \cdot 1} = \underset{\text{単位元則}}{A}$$

$$A + \overline{A} \cdot B = A \cdot (1+B) + \overline{A} \cdot B$$

$$= A + A \cdot B + \overline{A} \cdot B$$

$$= A + B \cdot (A + \overline{A}) = A + B$$

$$\overline{A} + A \cdot B = \overline{A} \cdot (1+B) + A \cdot B$$

$$= \overline{A} + \overline{A} \cdot B + A \cdot B$$

$$= \overline{A} + B \cdot (\overline{A} + A) = \overline{A} + B$$

4.4 論理代数

■ **例題4.8** ■
表4.4 に示す⑪のド・モルガンの定理の2式を証明せよ．

【解答】 変数 A, B に0と1を与えて真理値表を作成すると 表4.5 となる．

表4.5 ド・モルガンの定理の真理値表

A	B	$\overline{A}$	$\overline{B}$	$A+B$	$\overline{A+B}$	$\overline{A}\cdot\overline{B}$	$A\cdot B$	$\overline{A\cdot B}$	$\overline{A}+\overline{B}$
0	0	1	1	0	1	1	0	1	1
0	1	1	0	1	0	0	0	1	1
1	0	0	1	1	0	0	0	1	1
1	1	0	0	1	0	0	1	0	0

（下式：左辺 $\overline{A+B}$，右辺 $\overline{A}\cdot\overline{B}$／上式：左辺 $\overline{A\cdot B}$，右辺 $\overline{A}+\overline{B}$）

■ **例題4.9** ■
次式の双対な関係の式を求めよ．
(1) $A \cdot 1 = A$ (2) $A + A \cdot B = A$

【解答】
(1)
$$A \cdot 1 = A$$
$$\downarrow \quad \downarrow$$
$$A + 0 = A$$

表4.4 の③は互いに双対であることを示す．

(2)
$$A + A \cdot B = A$$
$$\downarrow \quad \downarrow$$
$$A \cdot (A+B) = A$$

表4.4 の⑩の上2式が互いに双対であることを示す．

4.5 拡大した基本論理回路

論理回路は基本的には AND, OR, NOT であるが，実際の論理回路を構成する場合，たびたび使われる論理回路を基本演算回路の組合せで新たな論理式と論理記号として表現する．その主な論理式と論理記号を紹介する．

4.5.1 NAND（否定論理積）

AND の否定を行う回路を **NAND 回路**という．AND 回路に NOT 回路を接続した AND-NOT 回路で構成され，図4.6 (a) に演算記号を示す．この演算は，論理積を否定することから，$Y = \overline{A \cdot B}$ と表し，その真理値表を図4.6 (b) に示す．

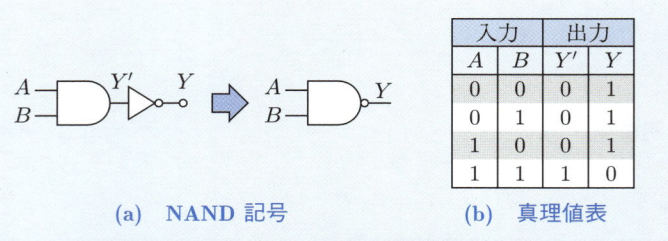

入力		出力	
A	B	Y'	Y
0	0	0	1
0	1	0	1
1	0	0	1
1	1	1	0

(a) NAND 記号　　(b) 真理値表

図4.6　NAND 回路の論理演算記号と真理値表

4.5.2 NOR（否定論理和）

OR の否定を行う回路を **NOR 回路**という．OR 回路に NOT 回路を接続した OR-NOT 回路で構成され，図4.7 (a) に演算記号を示す．この演算は，論理和を否定することから，$Y = \overline{A + B}$ と表し，その真理値表を図4.7 (b) に示す．

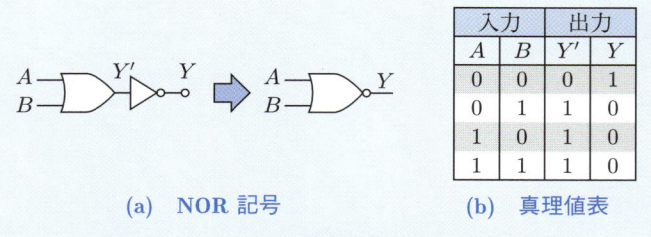

入力		出力	
A	B	Y'	Y
0	0	0	1
0	1	1	0
1	0	1	0
1	1	1	0

(a) NOR 記号　　(b) 真理値表

図4.7　NOR 回路の論理演算記号と真理値表

4.5.3 EX-OR（排他的論理和）

図4.8 の真理値表に示すように，2つの入力 A, B が異なったとき出力が1となる回路で排他的論理和（Exclusive OR：**EX-OR**）回路または不一致回路という．真理値表から論理式は $Y = \overline{A} \cdot B + A \cdot \overline{B}$ になり，新たな演算記号を使って $Y = A \oplus B\ (= \overline{A} \cdot B + A \cdot \overline{B})$ と示す．図4.8 **(a)** に EX-OR 演算記号を，**(b)** に真理値表を，**(c)** に NOT-AND-OR 回路による構成を示す．

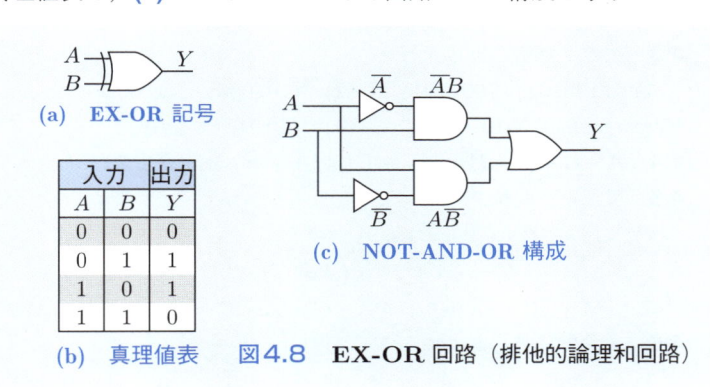

(a) **EX-OR 記号**

入力		出力
A	B	Y
0	0	0
0	1	1
1	0	1
1	1	0

(b) 真理値表

(c) NOT-AND-OR 構成

図4.8　**EX-OR** 回路（排他的論理和回路）

4.5.4 EX-NOR（一致回路）

図4.9 **(b)** の真理値表に示すように，2つの入力 A, B が一致したとき出力が1となる回路で一致回路（Exclusive NOR：**EX-NOR** 回路）という．真理値表から論理式は $Y = A \cdot B + \overline{A} \cdot \overline{B} = \overline{A \oplus B}$ になる．図4.9 **(a)** に EX-NOR 演算記号を，**(b)** に真理値表を，**(c)** に NOT-AND-OR 回路による構成を示す．

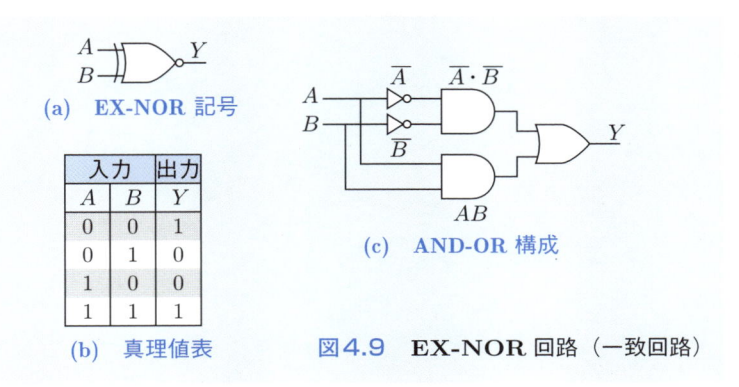

(a) **EX-NOR 記号**

入力		出力
A	B	Y
0	0	1
0	1	0
1	0	0
1	1	1

(b) 真理値表

(c) AND-OR 構成

図4.9　**EX-NOR** 回路（一致回路）

4章の問題

4.1 次の値を求めよ．
(1) $0 \cdot 1$ (2) $1+1$ (3) $0+0$
(4) $1 \cdot 0$ (5) $1+0$

4.2 次の10進数を2進数に，2進数を10進数に変換せよ．
(1) 23 (2) 23.625 (3) $(101101)_2$ (4) $(101101.1101)_2$

4.3 次の2進数の計算を行え．
(1) $(100101)+(001101)$ (2) $(101000)-(10001)$
(3) $(1.100) \times (0.101)$ (4) $(1010) \div (100)$

4.4 $A \cdot \overline{B} + \overline{A} \cdot B = (A+B) \cdot (\overline{A} + \overline{B})$ を証明せよ．

4.5 次式を証明せよ．
(1) $(A+B) \cdot (A+\overline{B}) = A$
(2) $A + B \cdot C = (A+B) \cdot (A+C)$
(3) $(A+B) \cdot (\overline{A}+C) = A \cdot C + \overline{A} \cdot B$

4.6 次式を証明せよ．
(1) $A \oplus B = B \oplus A$ (2) $A \oplus 1 = \overline{A}$ (3) $A \oplus 0 = A$

4.7 次の論理式を簡単化せよ．
(1) $A \cdot B + A \cdot \overline{B} + \overline{A} \cdot \overline{B}$
(2) $(A+B) \cdot (A+\overline{B}) \cdot (\overline{A}+B)$
(3) $A \cdot B + A \cdot \overline{B} + C + C \cdot D$

4.8 $A \cdot (B+C) = A \cdot B + A \cdot C$ に双対な論理式を求めよ．

第5章

微分と積分

　様々な電気系科目を受講するためには，高校で学んだ初等数学が必要であり，その知識のもとに講義が行われる．特に低学年で学ぶ「電気磁気学」や「電気回路」で用いられる数学のほとんどは，高校で学んだ微分・積分であり，その復習をかねていく例かを示す．

5.1 極限と微分

5.1.1 角度

第2章でも述べたように，**角度**（degree）は感覚的にはイメージしやすい表現であるが，数学や物理（電気も含む）の中で用いる角度は**ラジアン**（radian）または**ステラジアン**（steradian）である．例えば，円周を $2\pi r$ とは書くが，$2 \times 180° \times r$ では円周の長さが求まらない．つまり，図5.1 に示すように，ラジアンという単位を用いると，半径 r の円の円弧は $r\theta$ で与えられるが，このときの θ は当然ラジアンである．また，1ラジアンとは半径 r の円の円弧が r のときの角度である．したがって，ラジアン単位の角度は長さに直結した単位であり，数式などに含まれる角度は必ず「ラジアンまたはステラジアン」を用いる．

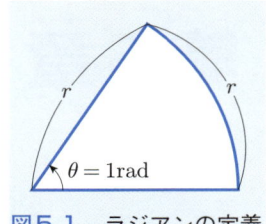

図5.1 ラジアンの定義

なお，degree や radian という単位で知られる角度は**平面角度**であり，**立体的角度**（**立体角**という）は steradian という単位を用いる（**SI 単位系**）．また，平面角での degree に相当する立体角の単位は定義されていない．

数式として radian 単位が使われる一例を示す．テレビとアンテナを接続する同軸ケーブルは高い周波数で使用され，低い周波数での導線の役割とは異なる．例えば，図5.2 に示すような同軸ケーブルの一端を短絡し，長さ l の点から見た入力インピーダンス Z_i（オームの単位で知られる抵抗値をより一般化した物理量）は

$$Z_i = jR_c \tan kl \tag{5.1}$$

で与えられる．ただし，R_c は同軸ケーブルの**特性インピーダンス**といい，日本では $75\,\Omega$ を用いている．また，j は虚数単位 $j = \sqrt{-1}$，k は**伝搬定数**といい，$k = \frac{2\pi}{\lambda}$ で与えられる．ここに，λ は波長であり，光速を c，周波数を f とすると，$\lambda = \frac{c}{f}$ の関係がある．

以上より，式 (5.1) の $\tan kl$ に含まれる kl はラジアン単位である．したがって，関数電卓を用いて $\tan kl$ を求める場合，三角関数のモードを degree mode ではなく，radian mode に変更して数値を求めなければならない．

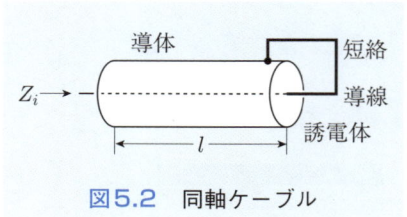

図5.2 同軸ケーブル

5.1.2 極限（$\frac{\infty}{\infty}$ または $\frac{0}{0}$ の不定形の場合）

極限を求める場合，級数の収束性など数学的にはかなり厳密に対応しなければならないが，ここでは簡易的な対処法を示しておく．まず

$$\lim_{x \to \infty} \frac{1}{x} = \frac{1}{\infty} = 0 \tag{5.2}$$

であり，次に

$$\lim_{x \to \infty} e^{-x} = \lim_{x \to \infty} \frac{1}{e^x} = \frac{1}{e^\infty} = \frac{1}{\infty} = 0 \tag{5.3}$$

となる．また，指数関数は無限級数に展開できて（1.1 節参照）

$$e^x = 1 + x + \frac{1}{2!}x^2 + \frac{1}{3!}x^3 + \frac{1}{4!}x^4 + \cdots$$

したがって，この級数を用いると，式 (5.3) は式 (5.2) より

$$\lim_{x \to \infty} e^{-x} = \lim_{x \to \infty} \frac{1}{e^x} = \lim_{x \to \infty} \frac{1}{1 + x + \frac{1}{2!}x^2 + \frac{1}{3!}x^3 + \frac{1}{4!}x^4 + \cdots} = \frac{1}{\infty} = 0$$

同様にして

$$\lim_{x \to \infty} xe^{-x} = \lim_{x \to \infty} \frac{x}{e^x} = \lim_{x \to \infty} \frac{x}{1 + x + \frac{1}{2!}x^2 + \frac{1}{3!}x^3 + \frac{1}{4!}x^4 + \cdots}$$

$$= \lim_{x \to \infty} \frac{x}{x\left(\frac{1}{x} + 1 + \frac{1}{2!}x + \frac{1}{3!}x^2 + \frac{1}{4!}x^3 + \cdots\right)} = 0$$

$$\lim_{x \to \infty} x^2 e^{-x} = \lim_{x \to \infty} \frac{x^2}{e^x} = \lim_{x \to \infty} \frac{x^2}{1 + x + \frac{1}{2!}x^2 + \frac{1}{3!}x^3 + \frac{1}{4!}x^4 + \cdots}$$

$$= \lim_{x \to \infty} \frac{x^2}{x^2\left(\frac{1}{x^2} + \frac{1}{x} + \frac{1}{2!} + \frac{1}{3!}x + \frac{1}{4!}x^2 + \cdots\right)} = 0$$

不定形 $\frac{0}{0}$ の一例として $\lim_{x \to 0} \frac{\sin x}{x}$ または $\lim_{x \to 0} \frac{x}{\sin x}$ の場合，$\sin x$ は無限級数

$$\sin x = x - \frac{x^3}{3!} + \frac{x^5}{5!} - \frac{x^7}{7!} + \cdots \tag{5.4}$$

で表すことができ，結局

$$\lim_{x \to 0} \frac{\sin x}{x} = \lim_{x \to 0} \frac{x}{\sin x} = 1$$

また，証明は省略するが，数値を代入して不定となる場合，有理式（分数で表される多項式）の場合，分子と分母をそれぞれ微分して極限を求めてみる．その結果が有限の値に収まる，あるいは無限大（発散）になれば，そこで終了．もし，まだ $\frac{\infty}{\infty}$ または $\frac{0}{0}$ の不定形であれば，再度分子分母を微分して調べれば，かなりの確率で極限が求まる．これを**ロピタルの定理**という．

例えば

$$\lim_{x \to \infty} \frac{x^2}{e^x} = \lim_{x \to \infty} \frac{2x}{e^x} = \lim_{x \to \infty} \frac{2}{e^x} = 0$$

$$\lim_{x \to 0} \frac{\sin x}{x} = \lim_{x \to 0} \frac{\cos x}{1} = 1$$

また，次の例については分子分母を微分しながら調べてもよいが，次に示すように，効率的には式の変形から容易に求めることができる．

$$\lim_{x \to \infty} \frac{x^2 - x^{-2}}{x^2 + x^{-2}} = \lim_{x \to \infty} \frac{x^2 - \frac{1}{x^2}}{x^2 + \frac{1}{x^2}} = \lim_{x \to \infty} \frac{1 - \frac{1}{x^4}}{1 + \frac{1}{x^4}} = 1$$

$$\lim_{x \to 0} \frac{x^2 - x^{-2}}{x^2 + x^{-2}} = \lim_{x \to 0} \frac{x^2 - \frac{1}{x^2}}{x^2 + \frac{1}{x^2}} = \lim_{x \to 0} \frac{x^4 - 1}{x^4 + 1} = -1$$

5.1.3 無限大積分

関数 $f(x)$ の**定積分**の特別な場合として，下に示す無限大積分

$$\int_{-\infty}^{\infty} f(x)dx \quad \text{または} \quad \int_{0}^{\infty} f(x)dx$$

を求めなければならないことがある．ただし，これらの積分値が発散しないという場合に限る．

その一例として，図5.3 に示す回路で時刻 $t = 0$ にスイッチ S を ON したとすると，この回路を流れる電流 $i(t)$ は

$$i(t) = \frac{E}{R} e^{-t/CR} \tag{5.5}$$

で与えられる．ただし，E は直流電圧，R は抵抗，C はコンデンサの容量である．時刻

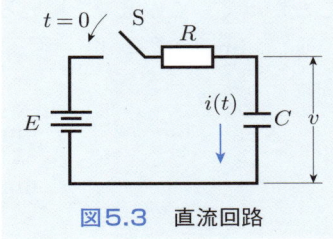

図5.3 直流回路

$t = 0$ から $t = \infty$ までコンデンサの充電を行うと，コンデンサの電圧 v は

$$v = \frac{1}{C} \int_{0}^{\infty} i(t)dt \tag{5.6}$$

と書ける．この無限大積分を行い，電圧 v を求めてみる．式 (5.6), (5.5) より

$$v = \frac{E}{CR} \int_{0}^{\infty} e^{-t/CR} dt = \frac{E}{CR} \left[-CRe^{-t/CR} \right]_{0}^{\infty} = -E \left[e^{-t/CR} \right]_{0}^{\infty}$$

となるが，$t = \infty$ での指数関数は式 (5.3) より 0 となることから，式 (5.6) の積分値は

$$v = \frac{1}{C} \int_{0}^{\infty} i(t)dt = E$$

と求まる．以上より，長時間経過した時点でコンデンサ端子間には電圧 E が現れることになり，電荷 $Q \, (= CE)$ が帯電する．

5.1.4 部 分 積 分

関数 $f(x), g(x)$ の積の微分は

$$\{f(x)g(x)\}' = f'(x)g(x) + f(x)g'(x) \tag{5.7}$$

であり，したがって

$$f'(x)g(x) = \{f(x)g(x)\}' - f(x)g'(x)$$

と変形し，上式を積分すると

$$\int f'(x)g(x)dx = f(x)g(x) - \int f(x)g(x)'dx$$

が得られる．これが**部分積分の公式**である．

部分積分は常に現れる積分ではないが，フーリエ変換の計算過程などで使われる．その一例として

$$F(f) = \int_{-\infty}^{\infty} f(t)\cos 2\pi ft\, dt \quad (5.8)$$

を求めてみる．ただし，$f(t)$ は

$$f(t) = \begin{cases} -\frac{A}{T}(t-T) & (0 \leq t \leq T) \\ \frac{A}{T}(t+T) & (-T \leq t \leq 0) \end{cases} \quad (5.9)$$

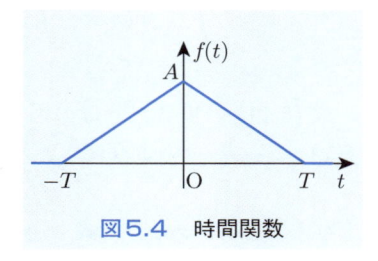

である．なお，上記の領域以外では $f(t) = 0$ とする（図5.4）．

図5.4 時間関数

この積分は $-T$ から T までの積分であり，しかも関数 $f(t)$ は偶関数であることから，式 (5.8) は

$$F(f) = -\frac{2A}{T}\int_0^T (t-T)\cos 2\pi ft\, dt$$
$$= -\frac{2A}{T}\int_0^T t\cos 2\pi ft\, dt + 2A\int_0^T \cos 2\pi ft\, dt$$

と2つの積分に分解でき，1項目の積分は部分積分で求めることになる．この過程を示すと

$$F(f) = -\frac{2A}{T}\left[\frac{t\sin 2\pi ft}{2\pi f}\right]_0^T + \frac{2A}{T}\int_0^T \frac{\sin 2\pi ft}{2\pi f}dt + 2A\left[\frac{\sin 2\pi ft}{2\pi f}\right]_0^T$$
$$= \frac{2A}{T}\int_0^T \frac{\sin 2\pi ft}{2\pi f}dt = \frac{2A}{T}\left[-\frac{\cos 2\pi ft}{(2\pi f)^2}\right]_0^T = \frac{2A}{T(2\pi f)^2}(1-\cos 2\pi fT)$$
$$= \frac{2A}{T(2\pi f)^2}2\sin^2 \pi fT = AT\left(\frac{\sin \pi fT}{\pi fT}\right)^2 \quad (5.10)$$

である．この結果の詳細は省略するが，式 (5.9) で与えた時間波形を周波数軸の波形に変換すると，式 (5.10) となるという意味である（第11章フーリエ変換参照）．

5.1.5 部分分数と積分

関数 $f(x)$ が

$$f(x) = -\frac{1}{(x+1)(x-2)} \quad (5.11)$$

であるとき，この不定積分を求める場合には，まず**部分分数**に展開して $f(x) = \frac{A}{x+1} + \frac{B}{x-2}$ と与えて通分し，分子を比較することで

$$f(x) = \tfrac{1}{3}\left(\tfrac{1}{x+1} - \tfrac{1}{x-2}\right)$$

となる．そこで，関数 $f(x)$ の積分は次のように容易に求まる．

$$\int f(x)dx = -\int \tfrac{dx}{(x+1)(x-2)} = \int \tfrac{1}{3}\left(\tfrac{1}{x+1} - \tfrac{1}{x-2}\right)dx$$

$$= \tfrac{1}{3}\log_e\left|\tfrac{x+1}{x-2}\right| \equiv \tfrac{1}{3}\ln\left|\tfrac{x+1}{x-2}\right|$$

式 (5.11) の場合，分母の因数が $x+1$, $x-2$ といずれも 1 次であったが，$f(x) = \tfrac{1}{x^2(x-1)}$ のように，2 次以上の因数を含む場合には，部分分数として

$$f(x) = \tfrac{A}{x^2} + \tfrac{B}{x} + \tfrac{C}{x-1}$$

と与える必要がある．上式も通分して係数比較を行うと，$f(x) = -\tfrac{1}{x^2} - \tfrac{1}{x} + \tfrac{1}{x-1}$ と定まるから，この積分は

$$\int f(x)dx = \int \tfrac{dx}{x^2(x-1)} = -\int \tfrac{dx}{x^2} - \int \tfrac{dx}{x} + \int \tfrac{dx}{x-1}$$

$$= \tfrac{1}{x} + \log_e\left|\tfrac{x-1}{x}\right| = \tfrac{1}{x} + \ln\left|\tfrac{x-1}{x}\right|$$

5.1.6 関数の中に関数のある微分と分数形式の微分

関数の中に関数が含まれる例として，関数 $f(f_1(x))$ の微分は

$$\{f(f_1(x))\}' = f'(f_1(x))f_1'(x)$$

と与えられるが，順次内側の関数を微分すればよい．例えば

$(\sin(x^2))' = (\cos(x^2))2x = 2x\cos(x^2)$

$(\cos^2(x^2))' = 2\cos(x^2)(-\sin(x^2))2x = -4x\cos(x^2)\sin(x^2) = -2x\sin(2x^2)$

次に，式 (5.7) に示した積の微分で $g(x) \to \tfrac{1}{g(x)}$ とおくと

$$\left(\tfrac{f(x)}{g(x)}\right)' = \tfrac{f'(x)}{g(x)} + f(x)(-g^{-2}(x))g'(x) = \tfrac{f'(x)g(x) - f(x)g'(x)}{g^2(x)}$$

例えば $(\tan x)' = \left(\tfrac{\sin x}{\cos x}\right)' = \tfrac{\cos^2 x + \sin^2 x}{\cos^2 x} = \tfrac{1}{\cos^2 x} \equiv \sec^2 x$

注：三角関数の定義 $(\cos x, \sin x, \tan x$ の逆数$)$

$$\sec x \equiv \tfrac{1}{\cos x}, \quad \mathrm{cosec}\, x \equiv \tfrac{1}{\sin x}, \quad \cot x \equiv \tfrac{1}{\tan x}$$

5.1.7 関数のグラフ化

与えられた関数や導出した数式をグラフ化することで，そのふるまいや現象を把握することが容易になる．高校では関数を微分して極値を求め，関数の増減表を作成してグラフ化のトレーニングを積んだはずであり，この操作は大切である．

あらためて要約すると，関数 $f(x)$ のグラフ化は

(1) 導関数 $f'(x)$ を計算し，$f'(x) = 0$ から極値を求め，グラフの増減を調べる

(2) $x=0$ での関数値 $f(0)$ を求める（できれば，関数値が 0 となる点も）

(3) $\lim_{x\to\infty} f(x)$ または $\lim_{x\to -\infty} f(x)$ を調べる（先に述べた極限の問題である）の作業を行うことで，グラフの概形は描ける．

「電気磁気学」に現れる電界の式のグラフ化を試みる．図5.5 に示すように，半径 a の円形の細い導線に電荷 Q が一様に分布しているとき，その中心 O から中心軸上の距離 x での点 P における電界 E_x は

$$E_x = \frac{Qx}{4\pi\varepsilon_0 (a^2+x^2)^{3/2}}$$

で与えられる．ただし，ε_0 は空気の**誘電率**である．上式を微分すると

$$\frac{dE_x}{dx} = \frac{Q}{4\pi\varepsilon_0} \frac{(a^2+x^2)^{3/2} - x\left(\frac{3}{2}\right)\sqrt{a^2+x^2}\,2x}{(a^2+x^2)^3} = \frac{Q}{4\pi\varepsilon_0} \frac{a^2+x^2-3x^2}{(a^2+x^2)^{5/2}}$$

$$= \frac{Q}{4\pi\varepsilon_0} \frac{(a-\sqrt{2}\,x)(a+\sqrt{2}\,x)}{(a^2+x^2)^{5/2}}$$

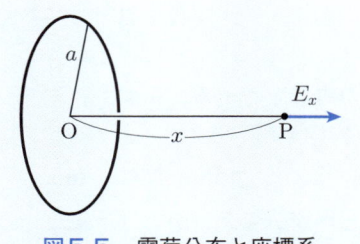

図5.5　電荷分布と座標系

であり，極値は $x = \pm\frac{a}{\sqrt{2}}$ と求まる．ここで，E_x の増減表を下に示す．

また，$\lim_{x\to\pm\infty} E_x = 0$ である．したがって，$x = \frac{a}{\sqrt{2}}$ で最大となり，そのグラフを図5.6 に示す．

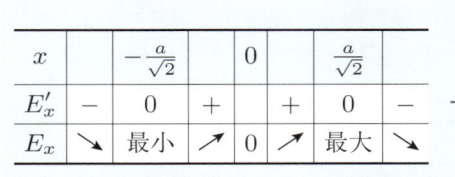

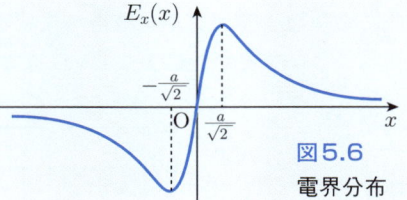

x		$-\frac{a}{\sqrt{2}}$		0		$\frac{a}{\sqrt{2}}$	
E_x'	$-$	0	$+$		$+$	0	$-$
E_x	↘	最小	↗	0	↗	最大	↘

図5.6　電界分布

なお，電界の最大値は $x = \frac{a}{\sqrt{2}}$ で最大となり

$$E_x|_{\max} = E_x|_{x=\frac{a}{\sqrt{2}}} = \frac{Q}{4\pi\varepsilon_0} \frac{\frac{a}{\sqrt{2}}}{\left(a^2+\frac{a^2}{2}\right)^{3/2}}$$

$$= \frac{Q}{4\pi\varepsilon_0} \frac{2}{3\sqrt{3}\,a^2}$$

また，電界の最小値は $x = -\frac{a}{\sqrt{2}}$ で最小となり

$$E_x|_{\min} = E_x|_{x=-\frac{a}{\sqrt{2}}} = \frac{Q}{4\pi\varepsilon_0} \frac{-\frac{a}{\sqrt{2}}}{\left(a^2+\frac{a^2}{2}\right)^{3/2}} = \frac{-Q}{4\pi\varepsilon_0} \frac{2}{3\sqrt{3}\,a^2}$$

注：円形導線からの電位は $V = \frac{Q}{4\pi\varepsilon_0 \sqrt{a^2+x^2}}$ で与えられるが，この勾配が電界，つまり

$$E_x \equiv -\frac{dV}{dx} = \frac{Qx}{4\pi\varepsilon_0(a^2+x^2)^{3/2}}$$

であり，ちょうど V の変曲点を過ぎたあたりで勾配が最大になる．これが電界の最小を与えることになり，図5.6 のグラフとなる．■

　もう一つ，関数を引用しておく．つまり，関数
$$f(x) = \frac{\sin x}{x}$$
の概形を考える．まず，$f(x) = f(-x)$ の関係より，$f(x)$ は偶関数である．式 (5.4) を用いると
$$\lim_{x \to 0} \frac{\sin x}{x} = \lim_{x \to 0} \frac{x - \frac{x^3}{6} + \cdots}{x} = \lim_{x \to 0}\left(1 - \frac{x^2}{6} + \cdots\right) = 1$$
したがって，$f(0) = 1$．また，$\sin(\pm n\pi) = 0$ $(n = 1, 2, \cdots)$ より
$$f(\pm n\pi) = 0$$
である．次に
$$f'(x) = \frac{x\cos x - \sin x}{x^2}$$
より $f'(x) = 0$ を与える極値（$x = 0$ は除く）の近似値は $x \approx \pm\left(n\pi + \frac{\pi}{2}\right)$ であり，また
$$\lim_{x \to \pm\infty} |f(x)| \leq \lim_{x \to \pm\infty} \frac{1}{|x|} = 0$$
である．これらを考慮して $f(x)$ をグラフ化すると 図5.7 となる．

　この関数はディジタル技術で重要な関数であり，**標本化関数**という．いずれ学ぶことになるが，CD や DVD などでも欠かすことのできない関数である．

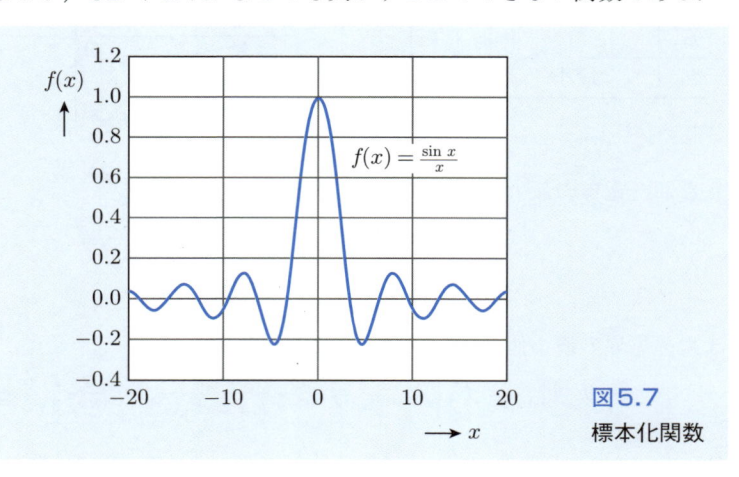

図5.7　標本化関数

5.2 微小量の総和と積分

「積分は面積」を求める道具との印象をもとうが，ここでは「積分とは微小量の総和」と積分の意義を拡大して考えることにする．

図5.8 は

$$y = \frac{ax}{h} \tag{5.12}$$

の直線式である．この直線の $0 \leq x \leq h$ での直線の長さ L は

$$L = \sqrt{h^2 + a^2} \tag{5.13}$$

であるが，微小な長さ（**線素**，**線要素**）ΔL の総和

$$L = \sum_i \Delta L_i$$

から求めてみる．ただし，図に示したように ΔL は x, y の微小区間 $\Delta x, \Delta y$ より

$$\Delta L = \sqrt{\Delta x^2 + \Delta y^2}$$

で与えられる．ここでは $\sum_i$ と ΔL_i の添字 i は省略している．したがって

$$L = \sum \Delta L = \sum \sqrt{\Delta x^2 + \Delta y^2} = \sum \sqrt{1 + \left(\frac{\Delta y}{\Delta x}\right)^2} \Delta x$$

と書ける．ここで，$\Delta x \to 0$ とすると，上式は

$$L = \lim_{\Delta x \to 0} \sum \sqrt{1 + \left(\frac{\Delta y}{\Delta x}\right)^2} \Delta x = \int \sqrt{1 + \left(\frac{dy}{dx}\right)^2} dx \tag{5.14}$$

の積分表示に変換できる．なお，積分記号 $\int$ は英文字 S を縦長に伸ばした記号である，つまり summation（総和）の意味である．

式 (5.14), (5.12) より

$$L = \int_0^h \sqrt{1 + \left(\frac{a}{h}\right)^2} dx = \sqrt{h^2 + a^2}$$

となり，式 (5.13) に一致する．

以上，式 (5.14) は関数 $y = f(x)$ の有限領域での線分の長さ L を与える公式である．

ここで具体的な関数 $y = f(x)$ の数例に対して線分の長さ L を求めてみる．

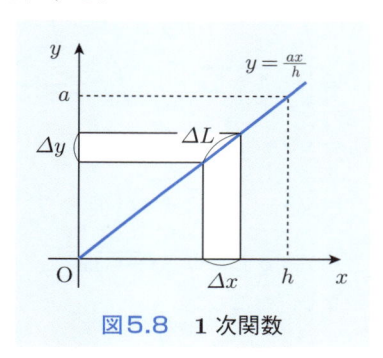

図5.8　1 次関数

■ 例題5.1 ■

図5.9 に示す放物線 $y = x^2$ の $0 \leq x \leq 1$ での線分の長さ L を求めよ.

【解答】 式 (5.14) より

$$L = \int_0^1 \sqrt{1 + \{(x^2)'\}^2}\,dx = \int_0^1 \sqrt{1 + 4x^2}\,dx$$

$$= \left[x\sqrt{1+4x^2}\right]_0^1 - \int_0^1 x \frac{8x}{2\sqrt{1+4x^2}}\,dx$$

$$= \sqrt{5} - \int_0^1 \frac{1+4x^2-1}{\sqrt{1+4x^2}}\,dx$$

$$= \sqrt{5} - \int_0^1 \sqrt{1+4x^2}\,dx + \int_0^1 \frac{dx}{\sqrt{1+4x^2}}$$

したがって $L = \int_0^1 \sqrt{1+4x^2}\,dx = \frac{\sqrt{5}}{2} + \frac{1}{2}I$
となる. ただし

$$I = \int_0^1 \frac{dx}{\sqrt{1+4x^2}} \qquad (5.15)$$

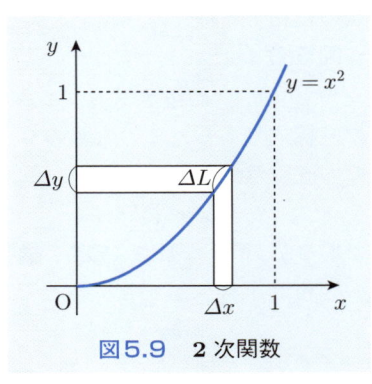

図5.9 2次関数

ここで, 上の積分に変数変換 $t = 2x + \sqrt{1+4x^2}$ を施すと

$$\frac{dt}{dx} = 2 + \frac{4x}{\sqrt{1+4x^2}} = \frac{2(\sqrt{1+4x^2}+2x)}{\sqrt{1+4x^2}} = \frac{2t}{\sqrt{1+4x^2}}$$

であり, $\frac{dx}{\sqrt{1+4x^2}} = \frac{dt}{2t}$ の関係が得られるから

$$I = \int_1^{2+\sqrt{5}} \frac{dt}{2t} = \frac{1}{2}\left[\ln|t|\right]_1^{2+\sqrt{5}} = \frac{1}{2}\ln(2+\sqrt{5})$$

以上より $L = \int_0^1 \sqrt{1+4x^2}\,dx = \frac{1}{2}\{\sqrt{5} + \frac{1}{2}\ln(2+\sqrt{5})\} \approx 1.4789 \qquad (5.16)$

■ 例題5.2 ■

半径 a の円周の長さ L を求めよ.

【解答】 半径 $r = a$ とすると, 円周の長さ $L = 2\pi a$ であるが, これを式 (5.14) から求めてみる. 図5.10 の円の方程式は

$$x^2 + y^2 = a^2 \quad (0 \leq x \leq a)$$

であり, したがって $\frac{dy}{dx} = -\frac{x}{y}$ より

$$\frac{L}{4} = \int_0^a \sqrt{1 + \left(\frac{x}{y}\right)^2}\,dx = \int_0^a \frac{a\,dx}{\sqrt{a^2 - x^2}}$$

となり, ここで $x = a\cos\theta$ と変数変換を行うと
$dx = -a\sin\theta\,d\theta$ より

$$L = 4\int_{\pi/2}^0 \frac{-a^2\sin\theta\,d\theta}{a\sin\theta} = 2\pi a$$

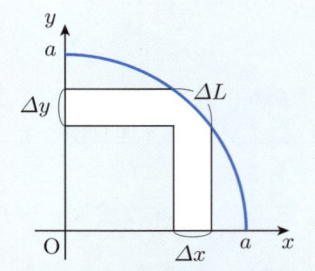

図5.10 円の直交座標表示

例題 5.3

図 5.11 を用いて半径 a の円周の長さ L を求めよ.

【解答】 図 5.11 のように,半径 a,微小角 $\Delta\theta$ からなる円弧は $a\Delta\theta$ であり,その総和から円周の長さ L は

$$L = \lim_{\Delta\theta \to 0} \sum a\Delta\theta$$
$$= \int_0^{2\pi} a d\theta$$
$$= 2\pi a$$

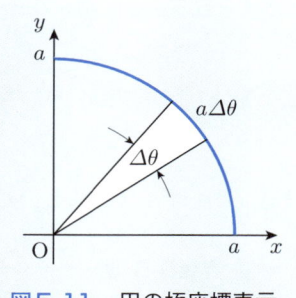

図 5.11 円の極座標表示

先に示した図 5.8 の直線 $y = \frac{ax}{h}$ を x 軸を軸として回転させると,$0 \leq x \leq h$ が作る立体は円錐である.この円錐体の底面を除く側面の表面積を求めてみる.線素 ΔL ($= \sqrt{\Delta x^2 + \Delta y^2}$) が回転して作る面積は $2\pi y \Delta L$ であり,その総和である表面積 S は

$$S = \lim_{\Delta x \to 0} \sum 2\pi y \Delta L = \int_0^h 2\pi y \sqrt{1 + \left(\frac{dy}{dx}\right)^2} dx$$
$$= \frac{2\pi a}{h} \int_0^h x \sqrt{1 + \left(\frac{a}{h}\right)^2} dx = \pi a \sqrt{h^2 + a^2}$$

例題 5.4

図 5.9 の放物線を x 軸で回転させた場合の表面積を求めよ.

【解答】 区間 $0 \leq x \leq 1$ の回転体の表面積 S は

$$S = \lim_{\Delta x \to 0} \sum 2\pi y \Delta L = \int_0^1 2\pi y \sqrt{1 + \left(\frac{dy}{dx}\right)^2} dx = 2\pi \int_0^1 x^2 \sqrt{1 + 4x^2} dx$$

であるが,ここで以下の不定積分 I を考える.ただし,不定積分 I は以下の通り.

$$I = \tfrac{1}{4} \int 4x^2 \sqrt{1+4x^2} dx = \tfrac{1}{4} \int \left(1 + 4x^2 - 1\right) \sqrt{1+4x^2} dx$$
$$= \tfrac{1}{4} \int \left(1+4x^2\right)^{3/2} dx - \tfrac{1}{4} \int \sqrt{1+4x^2} dx$$
$$= \tfrac{1}{4} x \left(1+4x^2\right)^{3/2} - \tfrac{1}{4} \int x \tfrac{3}{2} \sqrt{1+4x^2} \, 8x dx - \tfrac{1}{4} \int \sqrt{1+4x^2} dx$$
$$= \tfrac{1}{4} x \left(1+4x^2\right)^{3/2} - 3 \int x^2 \sqrt{1+4x^2} dx - \tfrac{1}{4} \int \sqrt{1+4x^2} dx$$

したがって,$4I = \tfrac{1}{4} x \left(1+4x^2\right)^{3/2} - \tfrac{1}{4} \int \sqrt{1+4x^2} dx$ となり,不定積分 I は

$$I = \tfrac{1}{16} x \left(1+4x^2\right)^{3/2} - \tfrac{1}{16} \int \sqrt{1+4x^2} dx$$

で与えられるから区間 $0 \leq x \leq 1$ の積分値は
$$\left[I\right]_0^1 = \frac{5\sqrt{5}}{16} - \frac{1}{16}\int_0^1 \sqrt{1+4x^2}\,dx$$
となるが，上式右辺第 2 項の積分は式 (5.16) の積分値 L で置き換えると
$$\left[I\right]_0^1 = \frac{5\sqrt{5}}{16} - \frac{L}{16}$$
結局，表面積 S は $S = 2\pi \left[I\right]_0^1 = \frac{5\sqrt{5}\,\pi}{8} - \frac{\pi L}{8}$ ■

■ 例題5.5 ■
半径 a の球の表面積 S を求めよ．

【解答】 半径 a の球の表面積 S は
$$S = \lim_{\Delta x \to 0}\sum 2\pi y \Delta L = \int_{-a}^{a} 2\pi y \sqrt{1+\left(\frac{x}{y}\right)^2}\,dx$$
$$= \int_{-a}^{a} 2\pi y \frac{a}{y}\,dx = 2\pi a \int_{-a}^{a} dx = 4\pi a^2$$
■

次に 図5.8 を x 軸で回転させて得られる回転体の体積を考える．微小区間 Δx が作る微小体積 ΔV は $\pi y^2 \Delta x$ であり，その総和である回転体の体積 V は
$$V = \lim_{\Delta x \to 0}\sum \pi y^2 \Delta x = \int_0^h \pi y^2\,dx$$
$$= \pi \left(\frac{a}{h}\right)^2 \int_0^h x^2\,dx = \tfrac{1}{3}\pi a^2 h$$
と求まり，これはよく知られた円錐の体積である．

■ 例題5.6 ■
区間 $0 \leq x \leq 1$ での放物線 $y = x^2$ が作る回転体の体積 V を求めよ．

【解答】 $V = \lim_{\Delta x \to 0}\sum \pi y^2 \Delta x = \int_0^1 \pi x^4\,dx = \frac{\pi}{5}$ ■

■ 例題5.7 ■
半径 $r = a$ の球の体積 V を求めよ．

【解答】 $V = \lim_{\Delta x \to 0}\sum \pi y^2 \Delta x$
$$= \int_{-a}^{a} \pi(a^2 - x^2)dx = 2\pi a^3 - \tfrac{\pi}{3}2a^3 = \tfrac{4\pi a^3}{3}$$
■

5.3 座 標 系

5.3.1 極 座 標

図5.12 に示すように，(x,y) 座標を (r,θ) 座標に変換すると便利なことがある．x, y と r, θ との関係は
$$x = r\cos\theta, \quad y = r\sin\theta$$
であり，これを**極座標**という．

半径 r，微小角 $\Delta\theta$ での円弧は $r\Delta\theta$ であり，半径 r の円周 L は微小円弧要素 $r\Delta\theta$ の総和より

図5.12 極座標

$$L = \lim_{\Delta\theta \to 0} \sum r\Delta\theta = \int_0^{2\pi} r d\theta = 2\pi r$$

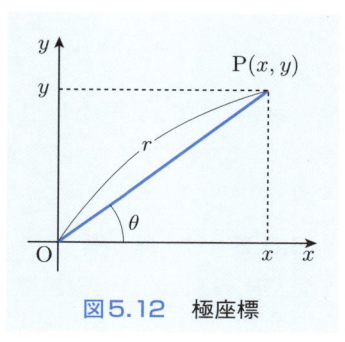

また，円弧要素 $r\Delta\theta$ と微小半径 Δr とからなる面積要素 $r\Delta\theta\Delta r$ を採用すると，円の面積 S は

$$S = \lim_{\Delta\theta, \Delta r \to 0} \sum_r \sum_\theta r\Delta\theta\Delta r = \int_0^r r dr \int_0^{2\pi} d\theta = \pi r^2$$

5.3.2 円筒座標（円柱座標）

極座標 (r,θ) に高さ方向の座標を加えた (r,θ,z) 座標を**円筒座標**といい，3次元空間を表す (x,y,z) 座標との関係は
$$x = r\cos\theta, \quad y = r\sin\theta, \quad z = z$$
である．図5.13 から明らかなように，$r\Delta\theta$ と Δz が作る面素は $r\Delta\theta\Delta z$ であ

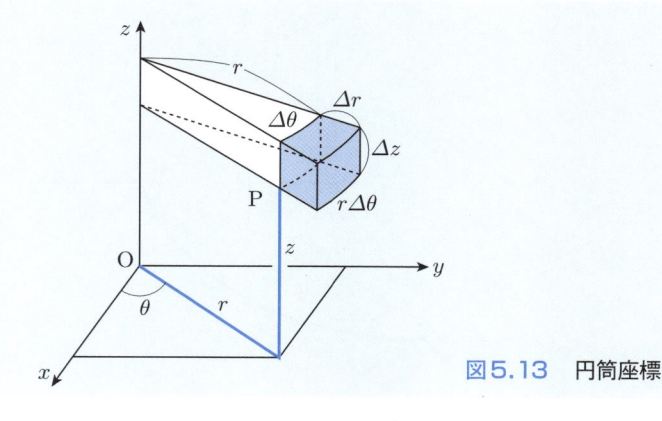

図5.13 円筒座標

り，半径 r，高さ z での円筒面の表面積 S は
$$S = \lim_{\Delta\theta, \Delta z \to 0} \sum_\theta \sum_z r\Delta\theta\Delta z = \int_0^{2\pi} r d\theta \int_0^z dz = 2\pi r z$$
また，$r\Delta\theta\Delta z$ に Δr を乗じた体積要素は $r\Delta r\Delta\theta\Delta z$ であり，全体積 V は
$$V = \int_0^r r dr \int_0^{2\pi} d\theta \int_0^z dz = \pi r^2 z$$

注：右手系 図5.13 には正方向の x, y, z 軸を示してある．x から y 軸方向に右回りに回転させたとき右ねじの法則にしたがって xy 面に垂直な軸を z 軸と定めることを**右手系**という．通常は右手系座標を採用する．

5.3.3 球座標

直交座標 (x, y, z) と**球座標** (r, θ, φ) の関係は 図5.14 より
$$x = r\sin\theta\cos\varphi, \quad y = r\sin\theta\sin\varphi, \quad z = r\cos\theta$$
である．$r\Delta\theta$ と $r\sin\theta\Delta\varphi$ の円弧からなる面素 ΔS は
$$\Delta S = r^2 \sin\theta \Delta\theta \Delta\varphi$$
で与えられる．さらに，この面素を作る3次元の角度（これを**立体角**という）を定義すると，この立体角 $\Delta\omega$ は
$$\Delta\omega = \tfrac{\Delta S}{r^2} = \sin\theta \Delta\theta \Delta\varphi \tag{5.17}$$
と得られる．また，ΔS に微小長さ Δr を乗じた体積要素 ΔV は
$$\Delta V = r^2 \Delta r \sin\theta \Delta\theta \Delta\varphi$$

図5.14　球座標

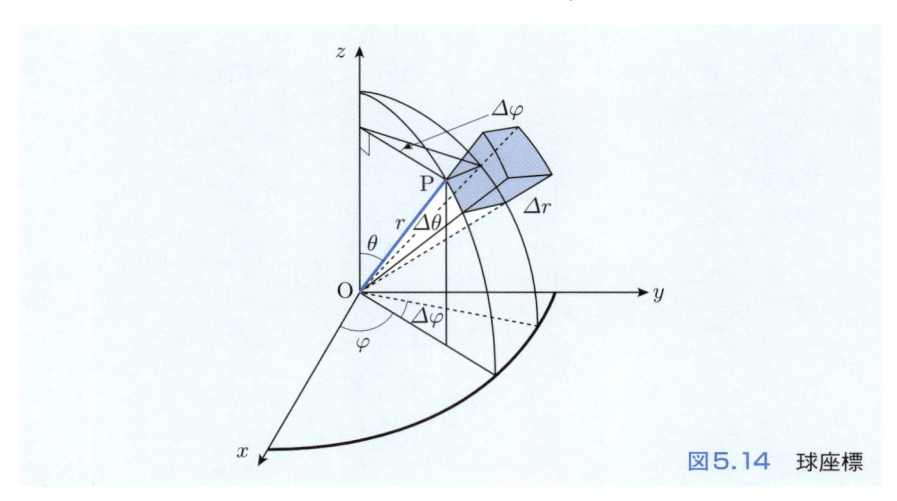

以上より，球の表面積 S は
$$S = \lim_{\Delta\theta, \Delta\varphi \to 0} \sum \Delta S = r^2 \int_0^\pi \sin\theta d\theta \int_0^{2\pi} d\varphi = 4\pi r^2$$
であり，球の立体角 ω は 4π となる．

また，球の体積 V は次のように求まる．
$$V = \int dV = \int dS \int dr = \int_0^r r^2 dr \int_0^\pi \sin\theta d\theta \int_0^{2\pi} d\varphi = \frac{4\pi r^3}{3}$$

■ 例題 5.8 ■

半径 a の円板が張る（作るの意味）立体角 ω を求めよ．

【解答】 半径 a の円板の中心 O から垂直な軸上に 1 点 P をとり，この距離を $\overline{\mathrm{OP}} = x$ とすると，点 P から見た円面が作る立体角 ω を求めることに帰着する．図 5.15 に示すように，半径 a の円板が半径 R の球から切り取る球面の表面積を S とすると，式 (5.17) より立体角 ω は
$$\omega = \frac{S}{R^2}$$
で与えられる．図 5.16 (a) は半径 R の球体の中心に垂直な半径 a の円板で切断したときの断面図であり，同図 5.16 (b) は半径 $R\sin\theta$，幅 $Rd\theta$ が作る円環の微小面積 dS
$$dS = 2\pi R \sin\theta R d\theta$$
である．したがって，面積 S は
$$\begin{aligned} S &= \int dS = 2\pi R^2 \int_0^\alpha \sin\theta d\theta, \quad \alpha = \tan^{-1}\left(\frac{a}{x}\right) \\ &= 2\pi R^2 (1 - \cos\alpha) \\ &= 2\pi R^2 \left(1 - \frac{x}{R}\right) = 2\pi R^2 \left(1 - \frac{x}{\sqrt{a^2 + x^2}}\right) \end{aligned}$$
となるから，立体角は

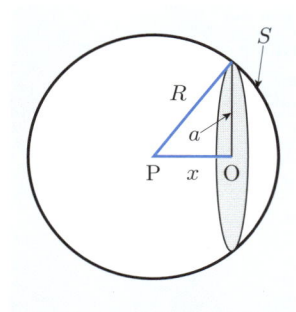

図 5.15 球断面の立体角

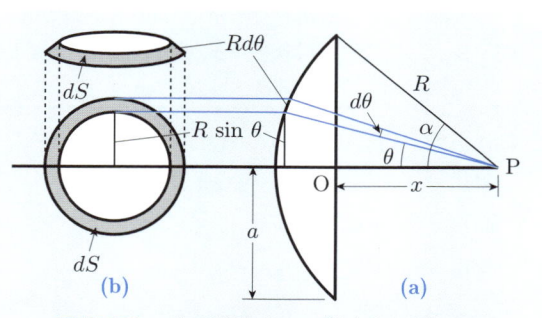

図 5.16 球の断面 (a)，微小表面積 (b)

$$\omega = 2\pi\left(1 - \frac{x}{R}\right) = 2\pi\left(1 - \frac{x}{\sqrt{a^2+x^2}}\right)$$

となる．なお，$x = 0$ の場合は半球の立体角に相当する．また，$x = R$ のとき $\omega = 0$，$x = -R$ のとき球の立体角 $\omega = 4\pi$ となる．

5.3.4 電気への応用例

樹脂棒を毛皮でこすり，この棒を毛皮に近づけると毛皮は逆立つ．これは樹脂棒に電荷が帯電したことによる．電荷は正電荷と負電荷があるが，この棒に帯電した電荷は負電荷である．

ところで，**電荷** Q が存在すると，その付近には**電圧** V が生じ，またその勾配を**電界** E という．電荷，電圧，電界という物理量の詳細は「電磁気学」にゆずることにし，電荷が一様に分布している場合，発生する電圧 V や電界 E の求め方について例示する．

点電荷 Q [C] があり，その点から距離 r 離れた点での電圧 V は

$$V = \frac{Q}{4\pi\varepsilon_0 r} \text{ [V]}$$

で与えられる．なお，ε_0 $(= \frac{10^{-9}}{36\pi}$ [F/m]$)$ は**誘電率**という．その勾配から得られる電界 E は

$$E = -\frac{dV}{dr} = \frac{Q}{4\pi\varepsilon_0 r^2} \text{ [V/m]} \tag{5.18}$$

である．逆に，上式から次のようにも書ける．

$$V = -\int_\infty^r E\,dr \tag{5.19}$$

ただし，積分領域の下限を $r = \infty$ としたのは無限遠点を電圧の基準に選んでいることによる．

ここで電荷が一様に分布している状態によって以下のように分類する．

	電荷密度	微小要素	点電荷 Q
線状分布	λ [C/m]	ds [m]	λds [C]
面積分布	σ [C/m^2]	dS [m^2]	σdS [C]
体積分布	ρ [C/m^3]	dv [m^3]	ρdv [C]

これらの点電荷 Q から得られる微小電圧 dV は

線状分布の場合：$dV = \frac{Q}{4\pi\varepsilon_0 r} = \frac{\lambda ds}{4\pi\varepsilon_0 r}$

面積分布の場合：$dV = \frac{Q}{4\pi\varepsilon_0 r} = \frac{\sigma dS}{4\pi\varepsilon_0 r}$

体積分布の場合：$dV = \frac{Q}{4\pi\varepsilon_0 r} = \frac{\rho dv}{4\pi\varepsilon_0 r}$

となるから，分布全域から得られる電圧 V はそれぞれ

線状分布の場合：$V = \frac{1}{4\pi\varepsilon_0}\int \frac{\lambda ds}{r}$

面積分布の場合：$V = \frac{1}{4\pi\varepsilon_0}\iint \frac{\sigma dS}{r}$

体積分布の場合：$V = \frac{1}{4\pi\varepsilon_0}\iiint \frac{\rho dv}{r}$

で与えられることになる．

例題5.9

図5.17 に示すような z 軸上長さ $2l$ の直線状導線に一様に分布する点電荷が存在するときの距離 r での点 P における電界と電圧を求めよ．

【解答】 電界 dE は式 (5.18) より

$$dE = \frac{\lambda dz}{4\pi\varepsilon_0 r_0^2}, \quad r_0 = \sqrt{z^2+r^2}$$

で与えられる．ただし，図5.17 からわかるように，この電界は距離 r_0 の方向であり，r 方向成分と z 方向成分に分けることができる．しかし，dE_z 成分は軸対称であり，$z \gtrless 0$ で互いに相殺されるから dE_r だけを考えればよい．つまり

$$dE_r = \frac{\lambda dz}{4\pi\varepsilon_0 r_0^2}\frac{r}{r_0} = \frac{\lambda r dz}{4\pi\varepsilon_0 r_0^3}$$

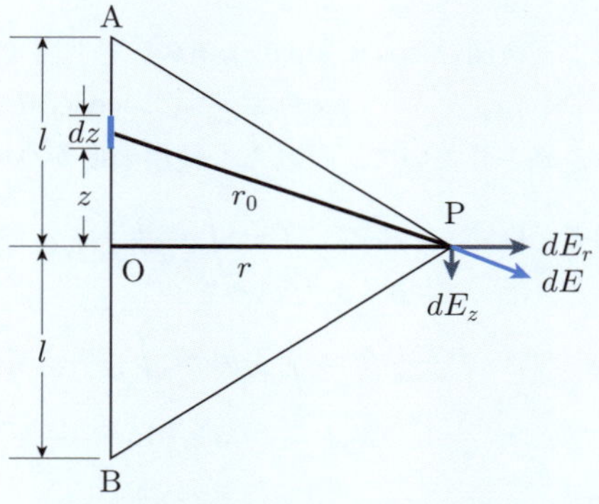

図5.17　電荷分布と座標系

となる．この電界 dE_r の総和

$$\begin{aligned} E_r &= \frac{\lambda r}{4\pi\varepsilon_0}\int_{-l}^{l}\frac{dz}{(z^2+r^2)^{3/2}} \\ &= \frac{\lambda r}{2\pi\varepsilon_0}\int_0^l \frac{dz}{(z^2+r^2)^{3/2}} = \frac{\lambda r}{2\pi\varepsilon_0}\left[\frac{z}{r^2(z^2+r^2)^{1/2}}\right]_0^l \\ &= \frac{\lambda l}{2\pi\varepsilon_0 r\sqrt{l^2+r^2}} \quad (*) \end{aligned} \tag{5.20}$$

が長さ $2l$ から得られる全電界 E_r となる．

式 (5.19) より電圧 V は

$$V = -\int_\infty^r E dr = -\frac{\lambda l}{2\pi\varepsilon_0}\int_\infty^r \frac{dr}{r\sqrt{l^2+r^2}} = \frac{\lambda}{2\pi\varepsilon_0}\ln\left(\frac{\sqrt{l^2+r^2}+l}{r}\right) \quad (**) \tag{5.21}$$

と求まる．

備考 (∗) について：

$$\int \frac{dx}{\sqrt{x^2+a^2}} = \frac{x}{\sqrt{x^2+a^2}} - \int x \frac{d}{dx}\left(\frac{1}{\sqrt{x^2+a^2}}\right) dx$$

$$= \frac{x}{\sqrt{x^2+a^2}} + \int \frac{x^2}{(x^2+a^2)^{3/2}} dx = \frac{x}{\sqrt{x^2+a^2}} + \int \frac{x^2+a^2-a^2}{(x^2+a^2)^{3/2}} dx$$

$$= \frac{x}{\sqrt{x^2+a^2}} + \int \frac{dx}{\sqrt{x^2+a^2}} - a^2 \int \frac{1}{(x^2+a^2)^{3/2}} dx$$

したがって $\int \frac{1}{(x^2+a^2)^{3/2}} dx = \frac{x}{a^2\sqrt{x^2+a^2}}$ あるいは $\tan\theta = \frac{x}{a}$ とおくと

$$a^2 + x^2 = a^2(1+\tan^2\theta) = a^2\sec^2\theta, \quad \frac{dx}{d\theta} = a\sec^2\theta$$

であり，次のように求まる．

$$\int \frac{1}{(x^2+a^2)^{3/2}} dx = \int \frac{a\sec^2\theta d\theta}{a^3\sec^3\theta} = \frac{1}{a^2} \int \cos\theta d\theta = \frac{1}{a^2}\sin\theta = \frac{x}{a^2\sqrt{x^2+a^2}}$$

注：三角関数 $\cos\theta, \sin\theta, \tan\theta$ に対してその逆数で与える

$$\sec\theta \equiv \frac{1}{\cos\theta}, \quad \mathrm{cosec}\,\theta \equiv \frac{1}{\sin\theta}, \quad \cot\theta \equiv \frac{1}{\tan\theta}$$

が定義されていて，これらも使用頻度が高い．

備考 (∗∗) について：$I = \int \frac{dx}{x\sqrt{x^2+a^2}}$ とおく．ここで，$t = \sqrt{x^2+a^2}$ と変数変換すると，$dx = \frac{t}{x}dt$．したがって，

$$I = \int \frac{1}{xt}\frac{t}{x}dt = \int \frac{1}{x^2}dt = \int \frac{dt}{t^2-a^2} = \frac{1}{2a}\int \left(\frac{1}{t-a} - \frac{1}{t+a}\right)dt = \frac{1}{2a}\ln\left|\frac{t-a}{t+a}\right|$$

$$= \frac{1}{2a}\ln\frac{\sqrt{x^2+a^2}-a}{\sqrt{x^2+a^2}+a} = \frac{1}{2a}\ln\frac{x^2}{(\sqrt{x^2+a^2}+a)^2} = \frac{1}{a}\ln\frac{x}{\sqrt{x^2+a^2}+a}$$

式 (5.20), (5.21) で得られた電界 E_r と電圧 V を **図5.18** に示した．なお，この図は導体線の周りに対称な分布図であり，正しくは円筒座標系での図ということになる．

また，距離 $r = 0$ で電界 E_r も電圧 V も発散することになり，このような点を数学的には**特異点**という．携帯電話などに多用されている線状アンテナなどもこの特異性が現れる．

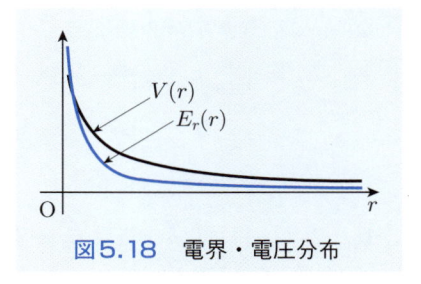

図5.18　電界・電圧分布

【例題 5.9 の別解法】　ここでは電圧 V を先に求めた後，電界 E_r を導出する．点電荷 λds からの微小電圧 dV は

$$dV = \frac{\lambda dz}{4\pi\varepsilon_0 r_0} = \frac{\lambda dz}{4\pi\varepsilon_0 \sqrt{z^2+r^2}}$$

であり，全電圧 V は

$$V = \frac{\lambda}{4\pi\varepsilon_0}\int_{-l}^{l}\frac{dz}{\sqrt{z^2+r^2}} = \frac{\lambda}{2\pi\varepsilon_0}\int_{0}^{l}\frac{dz}{\sqrt{z^2+r^2}} \tag{5.22}$$

となる．上式の積分は式 (5.15) と同形であり

$$t = z + \sqrt{z^2+r^2}$$

と変数を変換すると，式 (5.22) は

$$V = \frac{\lambda}{2\pi\varepsilon_0}\int_{r}^{l+\sqrt{l^2+r^2}}\frac{dt}{t} = \frac{\lambda}{2\pi\varepsilon_0}\ln\left(\frac{\sqrt{l^2+r^2}+l}{r}\right)$$

となる．したがって，電界 E_r は

$$E_r = -\frac{dV}{dr} = -\frac{\lambda}{2\pi\varepsilon_0}\left(\frac{1}{l+\sqrt{l^2+r^2}}\frac{r}{\sqrt{l^2+r^2}} - \frac{1}{r}\right) = \frac{\lambda l}{2\pi\varepsilon_0 r\sqrt{l^2+r^2}}$$ ■

■ 例題5.10 ■

図5.19 に示すように，半径 a の円形の細い導線に電荷 Q が一様に分布しているとき，その中心 O から中心軸上で距離 x での電圧と電界を求めよ．

【解答】 線電荷密度 λ は $\lambda = \frac{Q}{2\pi a}$ であるから，線素 ds からの電圧 dV は

$$dV = \frac{Qds}{2\pi a}\frac{1}{4\pi\varepsilon_0 r}, \quad r = \sqrt{a^2+x^2}$$

したがって，電圧 V は

$$V = \frac{Q}{2\pi a}\frac{1}{4\pi\varepsilon_0 r}\int_{0}^{2\pi a}ds$$

$$= \frac{Q}{2\pi a}\frac{2\pi a}{4\pi\varepsilon_0 r} = \frac{Q}{4\pi\varepsilon_0\sqrt{a^2+x^2}} \tag{5.23}$$

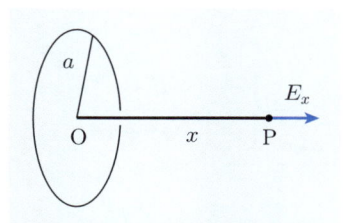

図5.19 電荷分布と座標系

となる．また，電界 E_x は

$$E_x = -\frac{dV}{dx} = \frac{Qx}{4\pi\varepsilon_0(a^2+x^2)^{3/2}} \tag{5.24}$$

と得られる．

ここで，電圧 V と電界 E_x をグラフ化する．まず，式 (5.23) より電圧 V は $x=0$ で最大になり，また式 (5.24) を微分すると

$$\frac{dE_x}{dx} = \frac{Q}{4\pi\varepsilon_0}\frac{(a^2+x^2)^{3/2} - x\left(\frac{3}{2}\right)\sqrt{a^2+x^2}\,2x}{(a^2+x^2)^3}$$

$$= \frac{Q}{4\pi\varepsilon_0}\frac{a^2+x^2-3x^2}{(a^2+x^2)^{5/2}}$$

$$= \frac{Q}{4\pi\varepsilon_0}\frac{(a-\sqrt{2}\,x)(a+\sqrt{2}\,x)}{(a^2+x^2)^{5/2}}$$

であり，この電界は $x = \frac{a}{\sqrt{2}}$ で最大となり，$x = -\frac{a}{\sqrt{2}}$ で最小値をとる．これらの結果を 図5.20 に示す．

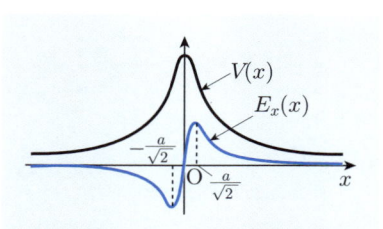

図5.20 電界・電圧分布

電圧 V は左右対称であり，距離 x が大きくなると，ほぼ $\frac{1}{x}$ で減衰していく．また，電圧 V は $x=0$ をわずかに越えるとその勾配が急激となる．一方，電界 E_x は式(5.24)より電圧 V の勾配で与えられ，$x>0$ で最大，$x<0$ で最小となる．これは x の正負で電圧 V の勾配が異なることによる．

■ 例題5.11 ■

図5.21に示すように，半径 a の薄い円板上に面密度 σ [C/m^2] の電荷が一様に分布しているとき，中心軸上の中心から距離 x だけ離れた地点 P での電圧 V と電界 E を求めよ．

【解答】 図5.21 より電圧 dV は
$$dV = \frac{\sigma 2\pi \rho d\rho}{4\pi\varepsilon_0 r} = \frac{\sigma 2\pi \rho d\rho}{4\pi\varepsilon_0 \sqrt{\rho^2+x^2}}$$
したがって
$$V = \frac{\sigma 2\pi}{4\pi\varepsilon_0} \int_0^a \frac{\rho d\rho}{\sqrt{\rho^2+x^2}}$$
$$= \frac{\sigma}{2\varepsilon_0} \left[\sqrt{\rho^2+x^2} \right]_0^a$$
$$= \begin{cases} \frac{\sigma}{2\varepsilon_0} \left(\sqrt{a^2+x^2} - x \right) & (x>0) \\ \frac{\sigma}{2\varepsilon_0} \left(\sqrt{a^2+x^2} + x \right) & (x<0) \end{cases}$$

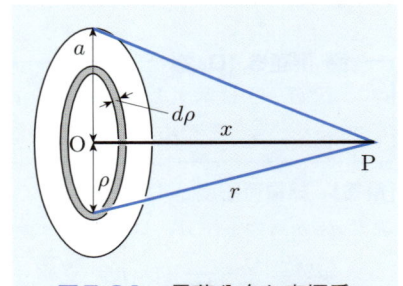

図5.21 電荷分布と座標系

となる．また，電界 E_x は $x>0$ では
$$E_x = -\frac{dV}{dx} = \frac{\sigma}{2\varepsilon_0} \left(1 - \frac{x}{\sqrt{a^2+x^2}} \right) \quad (x>0)$$
であり，$x<0$ では
$$E_x = -\frac{dV}{dx} = -\frac{\sigma}{2\varepsilon_0} \left(1 + \frac{x}{\sqrt{a^2+x^2}} \right) \quad (x<0)$$
となる．ここで円板に近接した地点 $x=0\pm 0$ での電圧，電界を調べてみる．
$$V|_{x=0+0} = V|_{x=0-0} = \frac{\sigma a}{2\varepsilon_0}$$
であり，円板の両面で同電位である．一方，電界は
$$E_x|_{x=0+0} = \frac{\sigma}{2\varepsilon_0}, \quad E_x|_{x=0-0} = -\frac{\sigma}{2\varepsilon_0}$$
つまり
$$E_x|_{x=0+0} - E_x|_{x=0-0} = \frac{\sigma}{\varepsilon_0}$$

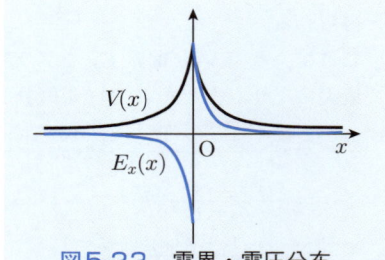

図5.22 電界・電圧分布

となり，円板の両面で電界 E_x は不連続となる．

なお，$x=0+0$ とは $x>0$ 側から $x=0$ に近づけることを意味し，同様に，$x=0-0$ とは $x<0$ 側から $x=0$ に近づけることを意味する．

以上の結果を 図5.22 に示した．

5章の問題

5.1 2直線が交叉して作る角度を計りたい．コンパス，定規，細ひもを用いて，角度算出の手順を示せ．

5.2 筆算で小数点以下第1位まで求めよ．
$$\frac{1}{\sqrt{2}} + \frac{1}{\sqrt{3}} \quad (ただし \sqrt{2} = 1.414, \sqrt{3} = 1.732)$$

5.3 分母を有理化し，数値を整理せよ．
(1) $\frac{1}{\sqrt{2}+\sqrt{3}}$ (2) $\frac{\sqrt{2}+\sqrt{3}}{\sqrt{2}-\sqrt{3}}$

5.4 $\frac{5\pi}{12}$ は何度か．また，次の値はいくらか．電卓を用いないで求めよ．
(1) $\sin\frac{5\pi}{12}$ (2) $\cos\frac{5\pi}{12}$

5.5 対数の値を求めよ．
(1) $\log_{10} 100$ (2) $\log_{10} 0.1$ (3) $\log_e e$ (4) $\log_e 1$

5.6 極限値を求めよ．
(1) $\lim_{x \to 0} \frac{x^2 - 2x^{-2}}{3x^2 + x^{-2}}$ (2) $\lim_{x \to \infty} \frac{x^2 - 2x^{-2}}{3x^2 + x^{-2}}$ (3) $\lim_{x \to 0} \frac{\sin^2 x}{x^2}$
(4) $\lim_{x \to \infty} \frac{100 x^2}{e^x}$ (5) $\lim_{\Delta x \to 0} \frac{\sin(x + \Delta x) - \sin x}{\Delta x}$

5.7 定積分を求めよ（不定積分を微分して正否をチェック）．
(1) $\int_1^e \frac{2dx}{x}$ (2) $\int_1^e \frac{2dx}{x^2}$
(3) $\int_0^\infty x e^{-x} dx$ (4) $\int_0^\pi x \sin x \, dx$

5.8 次の関数をグラフ化せよ．ただし，ε_0, a, Q はいずれも正の定数とする．
$$V(x) = \frac{Q}{4\pi\varepsilon_0 \sqrt{a^2 + x^2}}$$

5.9 曲線 $y = \sqrt{x}$ における区間 $[0, 1]$ の長さを求めよ（$x = t^2$ と置換してみよ）．

5.10 曲線 $y = e^x$ における x の区間 $[0, 1]$ の長さを具体的な数値で求めよ．また，この長さは点 $(0, 1)$ と点 $(1, e)$ の直線距離より長いことを計算より確認せよ．

5.11 図1のような半径 a の球の中心から距離 $b (< a)$ 離れた点を P とし，直線 $\overline{OP}$ に垂直な平面で球を切断したときの体積 V を求めよ．

5.12 図2に示すように半径 $\overline{OP} = R$ と断面の半径 r からなるドーナツ状円管の表面積と体積を求めよ．なお，図中の小円は中心 O から放射方向にドーナツ状円管をカットしたときの断面図である（ヒント：極座標で考えよ）．

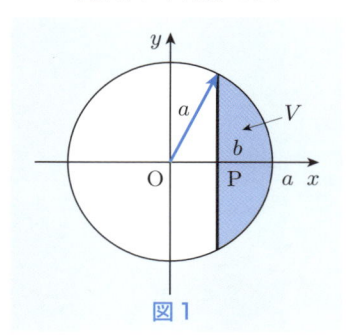

図1

図2　断面図

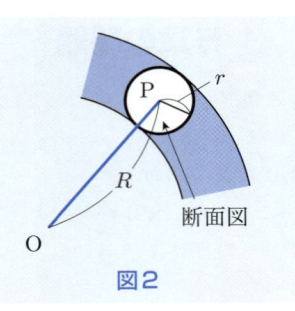

☐ **5.13** 円環状の薄板（厚さ 0）が張る（作る）立体角を求めよ．ただし，円環の外半径，内半径はそれぞれ R_1, R_2 とする．なお，円環状の薄板とは中抜きされた円板のこと．また，立体角はこの薄板の中心から垂直に距離 x だけ離れた点から見た立体角とする．

次に，得られた結果から，$x=1, R_1 = \sqrt{3}, R_2 = \frac{1}{\sqrt{3}}$ での立体角を計算せよ．また，この物体のおよその形状についても記せ．

☐ **5.14** 半径 R の球の両サイドを平面でカットしてできた断面（円形）の半径をそれぞれ R_1, R_2，また球の中心から断面までの距離を x_1, x_2 とする．このとき，切り取られた球体の中心から見た立体角はいくらか．

第6章

ベクトル演算

電気磁気学には電界・磁界や電圧・磁束など多くの物理量が現れる．これらの物理量のうち，特にベクトル量に対する演算を中心に解説する．

6.1 ベクトルとスカラー

6.1.1 ベクトルとスカラー

物理学や化学に現れる量の多くはある単位とこれを用いて測った数値で表示できる．例えば，質量は何グラム，温度は何度，また電気関連では電荷は何クーロン，電圧は何ボルトなどである．このような量を**スカラー量**という．

これに対して方向をもっている量がある．これは単位と数値だけでは完全に表すことができず，必ずその方向を示さなければならない．このような量を**ベクトル量**という．例えば，力，電界，磁界はベクトル量であり，方向も含めた表示方法が必要になる．

図6.1に示すように，点 O から点 P に向かってベクトルの大きさに等しい長さの線分 $\overline{\mathrm{OP}}$ を引き，その先端 P に矢印を与えてベクトルは $\overrightarrow{\mathrm{OP}}$ で表す．

この場合，点 O を**始点**，点 P を**終点**という．$\overrightarrow{\mathrm{OP}}$ を1つの文字で表すには $\boldsymbol{A}$，$\boldsymbol{r}$ などのボールド体を用いる．ベクトル $\overrightarrow{\mathrm{OP}} = \boldsymbol{A}$ の大きさ $\overline{\mathrm{OP}}$ をその**絶対値**といい，$|\boldsymbol{A}|$ あるいは A で表す．

なお，ベクトルの大きさが1であるベクトルを**単位ベクトル**といい，これを $\boldsymbol{u}$ で表す．$\boldsymbol{A}$ と $\boldsymbol{u}$ とが同一方向のベクトルとすれば

$$\boldsymbol{A} = |\boldsymbol{A}|\boldsymbol{u} = A\boldsymbol{u}$$

と表すことができる．

図6.1 ベクトル表示

ここで電気に関係するベクトル量を数例示し，同時に電気量のいくつかを説明する．図6.2 は電圧 V [V] に**静電容量** C [F] をもつコンデンサを接続した直流回路である．コンデンサの電極板には電荷 Q [C] が充電され，また電極間には電界 $\boldsymbol{E}$ が発生する．電極間隔を d とすると，電界 $\boldsymbol{E}$ はほぼ

$$\boldsymbol{E} \approx -\frac{V}{d}\boldsymbol{u} \tag{6.1}$$

であり，電界は電極にほぼ垂直な向き（単位ベクトル $\boldsymbol{u}$）をもつベクトル量である．ただし，電極の両端での電界の向きは電極板の外側にふくらみをもつ．なお，電荷 Q は

$$Q = CV$$

の関係があり，またコンデンサの電極板の面積を S，電極内に**誘電率** ε をもつ誘電体を挿入すると

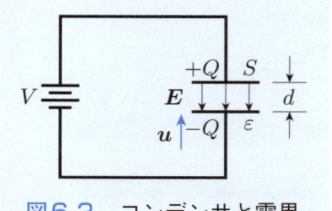

図6.2 コンデンサと電界

$$C = \frac{\varepsilon S}{d} \tag{6.2}$$

で与えられる．なお，真空中の**誘電率** ε_0 $(= \frac{10^{-9}}{36\pi}$ [F/m]$)$ を用いると，誘電率 ε は

$$\varepsilon = \varepsilon_r \varepsilon_0$$

の関係がある．ここに ε_r を**比誘電率**という．具体的な例としてポリエチレンなら $\varepsilon_r \approx 2.3$ である．

材料の電気的性質を表す量としては誘電率 ε の他に磁性材料などに関係する透磁率 μ があり，真空中の**透磁率** μ_0 $(= 4\pi \times 10^{-7}$ [H/m]$)$ を用いると

$$\mu = \mu_r \mu_0$$

の関係がある．ここに μ_r は**比透磁率**という．なお，フェライトなどの磁性材料を除くほとんどの媒質は $\mu_r = 1$ である．

電気的性質を表すもう一つは**導電率** σ であり，金属などの場合，σ [S/m] は大きな値をもち，導電性の高い媒質ということになり，逆に電気を通さない絶縁材料では $\sigma \approx 0$ ということになる．

なお，真空中の誘電率 ε_0 と透磁率 μ_0 を用いると，**光速** c は

$$c = \frac{1}{\sqrt{\varepsilon_0 \mu_0}} = 3 \times 10^8 \text{ [m/s]}$$

で与えられ，また

$$\sqrt{\frac{\mu_0}{\varepsilon_0}} = 120\pi \approx 377 \text{ [\Omega]}$$

は真空（空気）の**固有インピーダンス**を表す．

図6.3 に示すように，点電荷 Q から生ずる電界 $\boldsymbol{E}$ [V/m] は

$$\boldsymbol{E} = \frac{Q\boldsymbol{r}}{4\pi\varepsilon_0 r^3} \text{ [V/m]} \tag{6.3}$$

で与えられる．ただし，ベクトル $\boldsymbol{r}$ は $\overrightarrow{\mathrm{OP}}$ を表す．したがって，$\boldsymbol{E}$ の大きさ $|\boldsymbol{E}|$ は

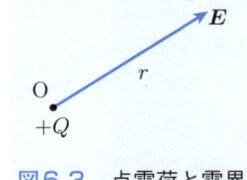

図6.3 点電荷と電界

$$|\boldsymbol{E}| = \frac{Q}{4\pi\varepsilon_0 r^2}$$

である．なお，ベクトル $\boldsymbol{r}$ を単位ベクトルとして電界 $\boldsymbol{E}$ を

$$\boldsymbol{E} = \frac{Q\boldsymbol{r}}{4\pi\varepsilon_0 r^2} \text{ [V/m]} \tag{6.4}$$

と表すこともある．ここでの座標系は球座標 (r, θ, φ) であり，$\boldsymbol{E}$ は r だけに依存し，θ, φ には無関係である．

電界 $\boldsymbol{E}$ が誘電率 ε の媒質内に存在するとき，両者の積

$$\boldsymbol{D} = \varepsilon \boldsymbol{E} \tag{6.5}$$

もベクトル量であり，$\boldsymbol{D}$ は**電束密度** [C/m^2] という．

参考 1：質量 1000 g を 1 kg，FM 放送の周波数を 80 MHz など k（キロ）や M（メガ）の呼称を用いることが多い．ここでは多用される呼称を下に示しておく．

ピコ	ナノ	マイクロ	ミリ	キロ	メガ	ギガ	テラ
p	n	μ	m	k	M	G	T
10^{-12}	10^{-9}	10^{-6}	10^{-3}	10^3	10^6	10^9	10^{12}

参考 2：周波数 f と波長 λ との間には

$$c = f\lambda$$

の関係がある．ただし，c は光速である．この周波数も使用周波数帯域ごとに呼び方がある．これを下に示しておく．

周波数 (Hz)	3 k	30 k	300 k	3 M	30 M	300 M	3 G	30 G	300 G
呼　称		VLF	LF	MF	HF	VHF	UHF	SHF	EHF
利用例				ラジオ		TV	携帯	BS, CS	
波　長	100 km	10 km	1 km	100 m	10 m	1 m	10 cm	1 cm	1 mm

VLF：Very Low Frequency,　　LF：Low Frequency,
MF：Medium Frequency,　　HF：High Frequency,
VHF：Very High Frequency,　　UHF：Ultra High Frequency,
SHF：Super High Frequency,　　EHF：Extremely High Frequency

図 6.4 に示すように，電流 I が流れることによってその周りに磁界 $\boldsymbol{H}$ を生じ，円筒座標 (r, θ, z) の θ 方向の単位ベクトルを $\boldsymbol{e}_\theta$ とすると，磁界 $\boldsymbol{H}$ は

$$\boldsymbol{H} = \frac{I}{2\pi r}\boldsymbol{e}_\theta \ [\text{A/m}]$$

で与えられる．ただし，図 6.4 に描いた円は針金に垂直であり，$\boldsymbol{e}_\theta$ はこの円に接した単位ベクトルである．

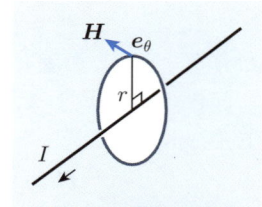

図 6.4　電流と磁界

磁界 $\boldsymbol{H}$ が透磁率 μ の媒質内に存在するとき，両者の積

$$\boldsymbol{B} = \mu \boldsymbol{H}$$

もベクトル量であり，$\boldsymbol{B}$ は**磁束密度** [Wb/m^2], [T：Tesla] という．

6.1.2　ベクトルの直交座標表示

図 6.5 に示すように，ベクトル $\overrightarrow{\text{OP}} = \boldsymbol{A}$ において直交座標で x, y, z 軸上への投影 $\overline{\text{OP}}_x = A_x$, $\overline{\text{OP}}_y = A_y$, $\overline{\text{OP}}_z = A_z$ を $\boldsymbol{A}$ の x, y, z **成分**という．これらの成分を用いて

$$\boldsymbol{A} = A_x \boldsymbol{i} + A_y \boldsymbol{j} + A_z \boldsymbol{k}$$

と表すことができる．ただし，i, j, k は x, y, z の方向の**単位ベクトル**である．

また，$\boldsymbol{A}$ が x, y, z 軸となす角 α, β, γ の方向余弦 l, m, n はそれぞれ

$$l = \cos\alpha = \frac{A_x}{A}, \quad m = \cos\beta = \frac{A_y}{A},$$

$$n = \cos\gamma = \frac{A_z}{A}$$

であり次の関係がある．

$$l^2 + m^2 + n^2 = 1$$

点 P の座標を (x, y, z) としたとき

$$\overrightarrow{\mathrm{OP}} = \boldsymbol{r} = x\boldsymbol{i} + y\boldsymbol{j} + z\boldsymbol{k}$$

を位置ベクトルという．

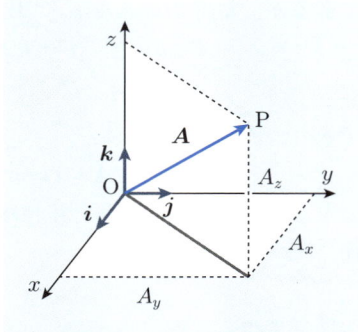

図6.5 ベクトルの直交表示

6.1.3 ベクトルの性質

(1) <u>ベクトルの和と差</u> 2つのベクトルの和と差は

$$\boldsymbol{A} \pm \boldsymbol{B} = (A_x \pm B_x)\boldsymbol{i} + (A_y \pm B_y)\boldsymbol{j} + (A_z \pm B_z)\boldsymbol{k}$$

であり，図6.6 より平行四辺形を用いて求めることもできる．

(2) <u>ベクトルの内積（スカラー積）</u> 図6.7 に示すようにベクトル $\boldsymbol{A}$ と $\boldsymbol{B}$ とのなす角が α のとき，$AB\cos\alpha$ を**内積（スカラー積）**といい「・」記号を用いて

$$\boldsymbol{A} \cdot \boldsymbol{B} = AB\cos\alpha \tag{6.6}$$

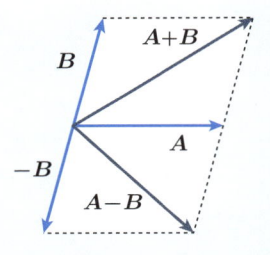

と表す．$\boldsymbol{A} \cdot \boldsymbol{B}$ を直交座標表示した場合の内積は

$$\begin{aligned}\boldsymbol{A} \cdot \boldsymbol{B} &= (A_x\boldsymbol{i} + A_y\boldsymbol{j} + A_z\boldsymbol{k}) \cdot (B_x\boldsymbol{i} + B_y\boldsymbol{j} + B_z\boldsymbol{k}) \\ &= A_xB_x(\boldsymbol{i}\cdot\boldsymbol{i}) + A_xB_y(\boldsymbol{i}\cdot\boldsymbol{j}) + A_xB_z(\boldsymbol{i}\cdot\boldsymbol{k}) \\ &\quad + A_yB_x(\boldsymbol{j}\cdot\boldsymbol{i}) + A_yB_y(\boldsymbol{j}\cdot\boldsymbol{j}) + A_yB_z(\boldsymbol{j}\cdot\boldsymbol{k}) \\ &\quad + A_zB_x(\boldsymbol{k}\cdot\boldsymbol{i}) + A_zB_y(\boldsymbol{k}\cdot\boldsymbol{j}) + A_zB_z(\boldsymbol{k}\cdot\boldsymbol{k})\end{aligned}$$

図6.6 ベクトルの和と差

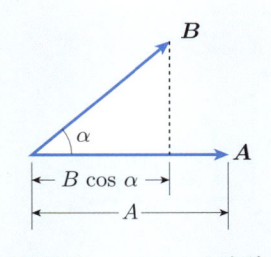

図6.7 ベクトルの内積

であるが，単位ベクトル i, j, k は互いに直交することから
$$i \cdot i = j \cdot j = k \cdot k = 1$$
$$i \cdot j = i \cdot k = j \cdot i = j \cdot k = k \cdot i = k \cdot j = 0$$
であり，内積 $A \cdot B$ は
$$A \cdot B = A_x B_x + A_y B_y + A_z B_z \tag{6.7}$$
となる．したがって，同一方向の成分をもたない内積は0となる．なお，式(6.6)，(6.7) より
$$\cos \alpha = \frac{A_x B_x + A_y B_y + A_z B_z}{AB}$$
の関係も得られる．

(3) ベクトルの外積（ベクトル積） 図6.8 に示すように，ベクトル A と B とのなす角が α のとき，A と B とが作る面に垂直な方向をもつベクトルを「×」記号を用いて $A \times B$ で表示すると
$$|A \times B| = AB \sin \alpha$$
である．このベクトルを A と B との**外積**（ベクトル積）という．$A \times B$ の大きさは A と B とが作る平行四辺形の面積 $AB \sin \alpha$ と同じである．ただし，$A \times B$ の向きは A から B に対して右ねじの法則にしたがうものとすると，$B \times A$ は逆向きのベクトルとなり
$$B \times A = -(A \times B)$$
の関係が得られる．

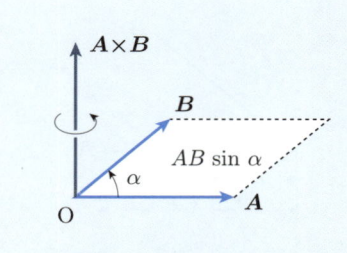

直交座標系での外積は
$$\begin{aligned} A \times B &= (A_x i + A_y j + A_z k) \times (B_x i + B_y j + B_z k) \\ &= A_x B_x (i \times i) + A_x B_y (i \times j) + A_x B_z (i \times k) \\ &\quad + A_y B_x (j \times i) + A_y B_y (j \times j) + A_y B_z (j \times k) \\ &\quad + A_z B_x (k \times i) + A_z B_y (k \times j) + A_z B_z (k \times k) \end{aligned}$$

図6.8　ベクトルの外積

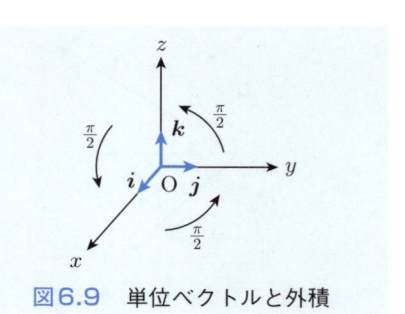

図6.9　単位ベクトルと外積

となるが，外積は同一方向のベクトルは存在せず
$$\boldsymbol{i} \times \boldsymbol{i} = \boldsymbol{j} \times \boldsymbol{j} = \boldsymbol{k} \times \boldsymbol{k} = 0$$
また
$$\boldsymbol{i} \times \boldsymbol{j} = -(\boldsymbol{j} \times \boldsymbol{i}) = \boldsymbol{k}$$
$$\boldsymbol{j} \times \boldsymbol{k} = -(\boldsymbol{k} \times \boldsymbol{j}) = \boldsymbol{i}$$
$$\boldsymbol{k} \times \boldsymbol{i} = -(\boldsymbol{i} \times \boldsymbol{k}) = \boldsymbol{j}$$
であり（図6.9 参照），
$$\boldsymbol{A} \times \boldsymbol{B} = (A_y B_z - A_z B_y)\boldsymbol{i} + (A_z B_x - A_x B_z)\boldsymbol{j} + (A_x B_y - A_y B_x)\boldsymbol{k} \quad (6.8)$$
となる．上式を行列式表示すると
$$\boldsymbol{A} \times \boldsymbol{B} = \begin{vmatrix} \boldsymbol{i} & \boldsymbol{j} & \boldsymbol{k} \\ A_x & A_y & A_z \\ B_x & B_y & B_z \end{vmatrix}$$
となる．なお，3行3列の行列式の詳細については下の付録と第3章を参照のこと．

■ 例題6.1 ■

携帯電話から発射された電波の電界は $\boldsymbol{E} = E_x \boldsymbol{i}$，磁界は $\boldsymbol{H} = H_y \boldsymbol{j}$ だけとする．このとき空間を伝送する送信電力は $\frac{1}{2}(\boldsymbol{E} \times \boldsymbol{H})$ で与えられる．このとき送信電力を計算せよ．

【解答】 この外積を求めてみると
$$\frac{1}{2}(\boldsymbol{E} \times \boldsymbol{H}) = \frac{1}{2} \begin{vmatrix} \boldsymbol{i} & \boldsymbol{j} & \boldsymbol{k} \\ E_x & 0 & 0 \\ 0 & H_y & 0 \end{vmatrix} = \frac{E_x H_y}{2} \boldsymbol{k}$$
となり，伝送エネルギーは z 方向だけであることがわかる．また，電界・磁界の単位はそれぞれ [V/m], [A/m] であり，この電力は単位面積あたりのエネルギーである．したがって，面積の広いアンテナで受信すると効率がよいことがわかる． ■

付録：3行3列の行列式の演算 行列（3行3列）の逆行列などに用いられる**行列式**（determinant） D は
$$D = \begin{vmatrix} a_1 & a_2 & a_3 \\ b_1 & b_2 & b_3 \\ c_1 & c_2 & c_3 \end{vmatrix}$$
で与えられる．この値は

$$D = a_1(b_2c_3 - b_3c_2) + a_2(b_3c_1 - b_1c_3) + a_3(b_1c_2 - b_2c_1)$$

である．ただし，上式右辺は行列式の第 1 行目の要素 a_1, a_2, a_3 で展開したものである．

この演算方法（**サラスの方法**という）は**図6.10**に示すように，右下がり（水色の線）の 3 要素の積は正に，また左下がり（灰色の線）の積は負としてその和を求めればよい．

ベクトル $\boldsymbol{A} = A_x\boldsymbol{i} + A_y\boldsymbol{j} + A_z\boldsymbol{k}$, $\boldsymbol{B} = B_x\boldsymbol{i} + B_y\boldsymbol{j} + B_z\boldsymbol{k}$ の外積は行列式を用いると

$$\boldsymbol{A} \times \boldsymbol{B} = \begin{vmatrix} \boldsymbol{i} & \boldsymbol{j} & \boldsymbol{k} \\ A_x & A_y & A_z \\ B_x & B_y & B_z \end{vmatrix}$$

で与えられるが，この演算も上で述べた方法で求めることができ

$$\boldsymbol{A} \times \boldsymbol{B} = \begin{vmatrix} \boldsymbol{i} & \boldsymbol{j} & \boldsymbol{k} \\ A_x & A_y & A_z \\ B_x & B_y & B_z \end{vmatrix}$$

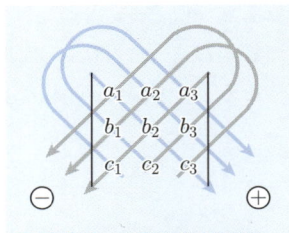

図6.10 行列式の演算（サラスの方法）

$$= (A_yB_z - A_zB_y)\boldsymbol{i} + (A_zB_x - A_xB_z)\boldsymbol{j} + (A_xB_y - A_yB_x)\boldsymbol{k}$$

となる．また，6.2.2 項に示す**ハミルトン演算子**は

$$\nabla = \frac{\partial}{\partial x}\boldsymbol{i} + \frac{\partial}{\partial y}\boldsymbol{j} + \frac{\partial}{\partial z}\boldsymbol{k}$$

であり，ベクトル $\boldsymbol{A}$ の**回転**（6.2.4 項参照）$\nabla \times \boldsymbol{A}$ は，外積の書式にしたがえば

$$\nabla \times \boldsymbol{A} = \begin{vmatrix} \boldsymbol{i} & \boldsymbol{j} & \boldsymbol{k} \\ \frac{\partial}{\partial x} & \frac{\partial}{\partial y} & \frac{\partial}{\partial z} \\ A_x & A_y & A_z \end{vmatrix}$$

$$= \left(\frac{\partial A_z}{\partial y} - \frac{\partial A_y}{\partial z}\right)\boldsymbol{i} + \left(\frac{\partial A_x}{\partial z} - \frac{\partial A_z}{\partial x}\right)\boldsymbol{j} + \left(\frac{\partial A_y}{\partial x} - \frac{\partial A_x}{\partial y}\right)\boldsymbol{k}$$

となる．ここに，ベクトル $\boldsymbol{A}$ の各成分が z だけの関数である場合には，ハミルトン演算子を

$$\frac{\partial}{\partial x} = \frac{\partial}{\partial y} = 0$$

とおけばよく，したがって，このときの回転 $\nabla \times \boldsymbol{A}$ は次のようになる．

$$\nabla \times \boldsymbol{A} = \begin{vmatrix} \boldsymbol{i} & \boldsymbol{j} & \boldsymbol{k} \\ 0 & 0 & \frac{\partial}{\partial z} \\ A_x & A_y & A_z \end{vmatrix} = \left(-\frac{\partial A_y}{\partial z}\right)\boldsymbol{i} + \left(\frac{\partial A_x}{\partial z}\right)\boldsymbol{j} \quad ■$$

6.2 ベクトルの微分

6.2.1 ベクトルの微分

ベクトル $\boldsymbol{A}$ が変数 ζ の関数 $\boldsymbol{A}(\zeta)$ であるとき，通常の導関数の定義にしたがって

$$\frac{d\boldsymbol{A}}{d\zeta} = \lim_{\Delta\zeta \to 0} \frac{\boldsymbol{A}(\zeta+\Delta\zeta) - \boldsymbol{A}(\zeta)}{(\zeta+\Delta\zeta)-\zeta} = \lim_{\Delta\zeta \to 0} \frac{\boldsymbol{A}(\zeta+\Delta\zeta) - \boldsymbol{A}(\zeta)}{\Delta\zeta}$$

$$= \lim_{\Delta\zeta \to 0} \frac{\Delta \boldsymbol{A}}{\Delta\zeta}$$

さらに，$\boldsymbol{A}$ が直交座標表示の場合は

$$\frac{d\boldsymbol{A}}{d\zeta} = \lim_{\Delta\zeta \to 0} \left(\frac{\Delta A_x}{\Delta\zeta}\boldsymbol{i} + \frac{\Delta A_y}{\Delta\zeta}\boldsymbol{j} + \frac{\Delta A_z}{\Delta\zeta}\boldsymbol{k} \right)$$

$$= \frac{dA_x}{d\zeta}\boldsymbol{i} + \frac{dA_y}{d\zeta}\boldsymbol{j} + \frac{dA_z}{d\zeta}\boldsymbol{k}$$

同様にして 2 次導関数も

$$\frac{d^2\boldsymbol{A}}{d\zeta^2} = \frac{d^2 A_x}{d\zeta^2}\boldsymbol{i} + \frac{d^2 A_y}{d\zeta^2}\boldsymbol{j} + \frac{d^2 A_z}{d\zeta^2}\boldsymbol{k}$$

と表せる．

なお，変数として任意な ζ を採用したが，$\zeta = x$ の場合もあり，あるいは $\zeta = y$ や $\zeta = z$ の場合も考えられる．また，空間座標 x, y, z のいずれでもなく，$\zeta = t$ と時間が変数にもなりうる．さらに，ベクトル $\boldsymbol{A}$ が円筒座標であれば r, θ, z が，球座標であれば r, θ, φ が変数にもなりうる．

こう考えてくると，ベクトル $\boldsymbol{A}$ に限らずスカラー A も 1 変数だけに支配されるとは限らない．例えば，$\boldsymbol{A}(x,y,z,t)$, $A(x,y,z,t)$, $A_x(x,y,z,t)$, $A_y(x,y,z,t)$, $A_z(x,y,z,t)$ のように関数は空間座標 x, y, z や時刻 t に依存することも考えられる．このような多変数からなる関数を**多変数関数**といい，1 変数に対して導関数を微分というように，多変数関数の導関数を**偏微分**（あるいは**偏導関数**）という．

$f(x)$ の微分を $\frac{df}{dx}$ と表示するのに対し，$f(x,y)$ の x での偏微分は $\frac{\partial f}{\partial x}$，$y$ での偏微分は $\frac{\partial f}{\partial y}$ で表す．「∂」記号は "ラウンド" と呼ぶ．また，$\frac{\partial^2 f}{\partial y \partial x}$ は $\frac{\partial}{\partial y}\left(\frac{\partial f}{\partial x}\right)$ の意味であり，$\frac{\partial^2 f}{\partial y \partial x}$ と $\frac{\partial^2 f}{\partial x \partial y}$ は一致する関数が多いが，場合によっては異なる場合もある．

■ 例題 6.2 ■

$f(x,y) = e^{x+jy}$（ただし $j = \sqrt{-1}$）の偏微分を求めよ．

【解答】

$$\frac{\partial f}{\partial x} = \frac{\partial}{\partial x}(e^x)e^{jy} = e^{x+jy} = f(x,y)$$

$$\frac{\partial f}{\partial y} = e^x \frac{\partial}{\partial y}(e^{jy}) = je^{x+jy} = jf(x,y)$$

■ 例題6.3 ■

$f(x, y) = \sin(x - y)$ の偏微分を求めよ．

【解答】 $f(x, y) = \sin x \cos y - \cos x \sin y$ であり

$$\frac{\partial f}{\partial x} = \cos x \cos y + \sin x \sin y = \cos(x - y)$$

$$\frac{\partial f}{\partial y} = \sin x (-\sin y) - \cos x \cos y = -\cos(x - y)$$

となり，$\sin(x - y)$ を直接偏微分しても上と同じ結果が得られる． ■

ベクトルの和や積あるいはスカラーとベクトルとの積の微分など以下の関係も成立する．

$$\frac{d(\bm{A} \pm \bm{B})}{d\zeta} = \frac{d\bm{A}}{d\zeta} \pm \frac{d\bm{B}}{d\zeta}$$

$$\frac{d(A\bm{B})}{d\zeta} = \frac{dA}{d\zeta}\bm{B} + A\frac{d\bm{B}}{d\zeta}$$

$$\frac{d(\bm{A} \cdot \bm{B})}{d\zeta} = \frac{d\bm{A}}{d\zeta} \cdot \bm{B} + \bm{A} \cdot \frac{d\bm{B}}{d\zeta}$$

$$\frac{d(\bm{A} \times \bm{B})}{d\zeta} = \frac{d\bm{A}}{d\zeta} \times \bm{B} + \bm{A} \times \frac{d\bm{B}}{d\zeta}$$

なお，ベクトル $\bm{A}$ や $\bm{B}$ も多変数関数となる．特に，空間座標 x, y, z や r, θ, z からなる多変数関数である場合も多く，空間座標に支配されるベクトルは**ベクトル界（空間ベクトル）**という．

また，ベクトル界において，その方向を追って描いた曲線を**力線**という．電界 $\bm{E}$ に示される電気力線や磁界 $\bm{H}$ での磁力線がその一例である．なお，力線上の1点においてそれに垂直な単位面積を通る力線数，すなわち力線の面密度はその点のベクトル $\bm{A}$ の大きさに等しく描くものと規約する．

ベクトル界同様，**スカラー界** ψ も多変数関数 $\psi(x, y, z)$ である場合が多い．$\psi(x, y, z) = $ 一定 である点の軌跡は一般に曲面を表す．この曲面を**等ポテンシャル面**と称し，例えば等電位面などがこれに相当する．

x, y, z の微小な変化を $\Delta x, \Delta y, \Delta z$ とし，そのときの $\bm{A}$ の変化を $\Delta \bm{A}$ とすれば，近似的に

$$\Delta \bm{A} = \frac{\partial \bm{A}}{\partial x}\Delta x + \frac{\partial \bm{A}}{\partial y}\Delta y + \frac{\partial \bm{A}}{\partial z}\Delta z$$

である．つまり，$\Delta x, \Delta y, \Delta z$ による $\bm{A}$ の増分が $\Delta \bm{A}$ である．また，$\Delta x, \Delta y, \Delta z$ のかわりに dx, dy, dz とおき

$$d\bm{A} = \frac{\partial \bm{A}}{\partial x}dx + \frac{\partial \bm{A}}{\partial y}dy + \frac{\partial \bm{A}}{\partial z}dz$$

を $\bm{A}$ の**全微分**という．

さらに，x, y, z が他の変数 s の関数であるとき

$$\frac{d\boldsymbol{A}}{ds} = \frac{\partial \boldsymbol{A}}{\partial x}\frac{dx}{ds} + \frac{\partial \boldsymbol{A}}{\partial y}\frac{dy}{ds} + \frac{\partial \boldsymbol{A}}{\partial z}\frac{dz}{ds}$$

また x, y, z が変数 s, t の関数であるとき

$$\frac{d\boldsymbol{A}}{ds} = \frac{\partial \boldsymbol{A}}{\partial x}\frac{dx}{ds} + \frac{\partial \boldsymbol{A}}{\partial y}\frac{dy}{ds} + \frac{\partial \boldsymbol{A}}{\partial z}\frac{dz}{ds}, \quad \frac{d\boldsymbol{A}}{dt} = \frac{\partial \boldsymbol{A}}{\partial x}\frac{dx}{dt} + \frac{\partial \boldsymbol{A}}{\partial y}\frac{dy}{dt} + \frac{\partial \boldsymbol{A}}{\partial z}\frac{dz}{dt}$$

である．これらはスカラー A にも適用できる．

6.2.2 スカラーの勾配

コンデンサ C の電極間隔を d とすると，その電極間に発生する電界 $\boldsymbol{E}$ は式 (6.2) で示したが，これをスカラー表示すると

$$E = -\frac{V}{d}$$

と書ける．つまり，電界 $\boldsymbol{E}$ は電圧 V の勾配で与えられる．

電圧 V はスカラーであり，多変数関数 $V(x, y, z)$ であるとすると，x, y, z 方向に勾配をもちそれぞれ

$$\frac{\partial V}{\partial x}, \quad \frac{\partial V}{\partial y}, \quad \frac{\partial V}{\partial z}$$

である．このようにスカラー関数 $\psi(x, y, z)$ の偏微分係数

$$\frac{\partial \psi}{\partial x}, \quad \frac{\partial \psi}{\partial y}, \quad \frac{\partial \psi}{\partial z}$$

を x, y, z 成分とするベクトル

$$\frac{\partial \psi}{\partial x}\boldsymbol{i} + \frac{\partial \psi}{\partial y}\boldsymbol{j} + \frac{\partial \psi}{\partial z}\boldsymbol{k}$$

を $\psi(x, y, z)$ の**勾配**といい，

$$\nabla \psi \equiv \operatorname{grad} \psi \equiv \frac{\partial \psi}{\partial x}\boldsymbol{i} + \frac{\partial \psi}{\partial y}\boldsymbol{j} + \frac{\partial \psi}{\partial z}\boldsymbol{k}$$

で表す．なお，∇ は

$$\nabla = \frac{\partial}{\partial x}\boldsymbol{i} + \frac{\partial}{\partial y}\boldsymbol{j} + \frac{\partial}{\partial z}\boldsymbol{k}$$

であり，これを**ハミルトン演算子**といい，∇ を**ナブラ**（nabla，ヘブライ語で竪琴の意味）と読む．

したがって，電圧 V と電界 $\boldsymbol{E}$ との間には

$$\boldsymbol{E} = -\nabla V = -\left(\frac{\partial V}{\partial x}\boldsymbol{i} + \frac{\partial V}{\partial y}\boldsymbol{j} + \frac{\partial V}{\partial z}\boldsymbol{k}\right) \tag{6.9}$$

が成立する．なお，負符号としたのは無限遠点での電位を 0 としていることによる．

■ 例題6.4 ■
点電荷 Q による距離 r での電界 $\boldsymbol{E}$ ならびに電圧 V を求めよ．

【解答】 電界 $\boldsymbol{E}$ は式 (6.4) で与えた．したがって

$$\boldsymbol{E} = -\nabla V = -\boldsymbol{r}\frac{\partial V}{\partial r}$$

より

$$V = -\int_\infty^r \frac{Q}{4\pi\varepsilon_0 r^2} dr = \left[\frac{Q}{4\pi\varepsilon_0 r}\right]_\infty^r = \frac{Q}{4\pi\varepsilon_0 r}$$

となる．ただし，r は r 方向の単位ベクトルである．

参考 3：円筒座標 (r, θ, z) におけるスカラー関数 ψ の勾配

$$\mathrm{grad}_r \psi = \nabla_r \psi = \frac{\partial \psi}{\partial r}$$
$$\mathrm{grad}_\theta \psi = \nabla_\theta \psi = \frac{1}{r}\frac{\partial \psi}{\partial \theta}$$
$$\mathrm{grad}_z \psi = \nabla_z \psi = \frac{\partial \psi}{\partial z}$$

参考 4：球座標 (r, θ, φ) におけるスカラー関数 ψ の勾配

$$\mathrm{grad}_r \psi = \nabla_r \psi = \frac{\partial \psi}{\partial r}$$
$$\mathrm{grad}_\theta \psi = \nabla_\theta \psi = \frac{1}{r}\frac{\partial \psi}{\partial \theta}$$
$$\mathrm{grad}_\varphi \psi = \nabla_\varphi \psi = \frac{1}{r\sin\theta}\frac{\partial \psi}{\partial \varphi}$$

6.2.3 ベクトルの発散とその物理的意味

ベクトル $\boldsymbol{A}(x, y, z)$ に対して

$$\frac{\partial A_x}{\partial x} + \frac{\partial A_y}{\partial y} + \frac{\partial A_z}{\partial z}$$

を $\boldsymbol{A}$ の発散といい

$$\mathrm{div}\,\boldsymbol{A}$$

で表す．この物理量はスカラーである．また，この発散はハミルトン演算子を用いると

$$\nabla \cdot \boldsymbol{A} = \left(\frac{\partial}{\partial x}\boldsymbol{i} + \frac{\partial}{\partial y}\boldsymbol{j} + \frac{\partial}{\partial z}\boldsymbol{k}\right) \cdot (A_x\boldsymbol{i} + A_y\boldsymbol{j} + A_z\boldsymbol{k})$$
$$= \frac{\partial A_x}{\partial x} + \frac{\partial A_y}{\partial y} + \frac{\partial A_z}{\partial z}$$

と書ける．電気に関する発散の式は

$$\nabla \cdot \boldsymbol{D} = \rho \tag{6.10}$$

$$\nabla \cdot \boldsymbol{B} = 0 \tag{6.11}$$

である．ここに，$\boldsymbol{D}$ は電束密度 [C/m^2]，$\boldsymbol{B}$ は磁束密度 [T]，ρ は電荷密度 [C/m^3] である．

ところで，「式 (6.10) は電束密度の発散は ρ，式 (6.11) は磁束密度の発散は 0」と読める．そこで，これらの物理的意味を調べてみる．**図6.11** に示すように，点 P(x, y, z) から座標軸の方向に微小な線分 Δx，Δy，Δz をとり，それらを三辺とする直六面体を作って，この直六面体に出入する電束密度の本数を求める．x 軸に垂直な側面 PRS から直六面体の中に入る電束密度の数は，点 P における $\boldsymbol{D}$ の x 成分 D_x と PRS の面積 $\Delta y \Delta z$ の積

図6.11 微小空間

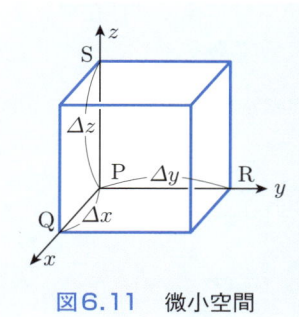

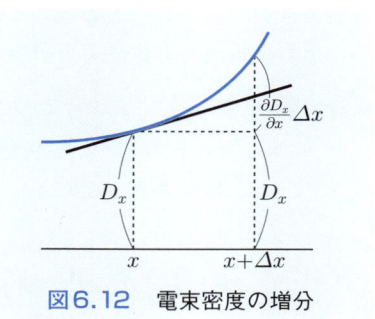

図6.12 電束密度の増分

$$D_x \Delta y \Delta z \tag{6.12}$$

で表される．PRS に相対する側面では，$\boldsymbol{D}$ の x 成分（D_x とその増分）は

$$D_x + \frac{\partial D_x}{\partial x} \Delta x$$

となり（図6.12 参照），したがってその側面から外に出る電気力線の数は

$$\left(D_x + \frac{\partial D_x}{\partial x} \Delta x\right) \Delta y \Delta z \tag{6.13}$$

となる．ゆえに，x 軸に垂直な 2 つの側面から，直六面体の外に出る電気力線の数は，式 (6.13) − (6.12) より

$$\frac{\partial D_x}{\partial x} \Delta x \Delta y \Delta z$$

同様にして，y 軸に垂直な 2 面から外に出る電気力線の本数は

$$\frac{\partial D_y}{\partial y} \Delta x \Delta y \Delta z$$

z 軸に垂直な 2 面から外に出る電気力線の数は

$$\frac{\partial D_z}{\partial z} \Delta x \Delta y \Delta z$$

である．したがって，直六面体の各面を通って外に出る電気力線の数は，以上の 3 式の和，すなわち

$$\nabla \cdot \boldsymbol{D} \Delta x \Delta y \Delta z$$

ところで，直六面体の体積は $\Delta x \Delta y \Delta z$ であるから，上式をこの体積で割って得られる $\nabla \cdot \boldsymbol{D}$ は，単位体積から外に出る電気力線の数を表すことになる．この電束密度の発散が電荷密度に相当する．逆に発散が正符号ということは単体の正電荷が存在することによって生じる．つまり，電荷は正負とも単体で存在できることを意味する．まさに，式 (6.10) はクーロンの法則のベクトル表示であり，正の電荷がある場合は電気力線が外に向かって伸び，また負の電荷があるときは電気力線がその電荷に向かって集まることになる．

次に，式 (6.11) の $\nabla \cdot \boldsymbol{B} = 0$ の物理的意味について考えてみよう．上述同

様「磁力線の出入がない」と読める．つまり磁気は単極では存在できないのである．磁石を折っても折っても磁石であるゆえんである．

参考 5：円筒座標 (r, θ, z) におけるベクトル $\boldsymbol{A}$ の成分と発散

$$A_r = A_x \cos\theta + A_y \sin\theta$$

$$A_\theta = -A_x \sin\theta + A_y \cos\theta$$

$$A_z = A_z$$

$$\mathrm{div}\, \boldsymbol{A} = \nabla \cdot \boldsymbol{A} = \frac{1}{r}\left\{\frac{\partial}{\partial r}(rA_r) + \frac{\partial A_\theta}{\partial \theta} + \frac{\partial}{\partial z}(rA_z)\right\}$$

$$\nabla^2 \psi = \frac{1}{r}\frac{\partial}{\partial r}\left(r\frac{\partial \psi}{\partial r}\right) + \frac{1}{r^2}\frac{\partial^2 \psi}{\partial \theta^2} + \frac{\partial^2 \psi}{\partial z^2} \qquad \blacksquare$$

参考 6：球座標 (r, θ, φ) におけるベクトル $\boldsymbol{A}$ の成分と発散

$$A_r = A_x \sin\theta \cos\varphi + A_y \sin\theta \sin\varphi + A_z \cos\theta$$

$$A_\theta = A_x \cos\theta \cos\varphi + A_y \cos\theta \sin\varphi - A_z \sin\theta$$

$$A_\varphi = -A_x \sin\varphi + A_y \cos\varphi$$

$$\mathrm{div}\, \boldsymbol{A} = \nabla \cdot \boldsymbol{A} = \frac{1}{r^2 \sin\theta}\left\{\frac{\partial}{\partial r}(r^2 \sin\theta A_r) + \frac{\partial}{\partial \theta}(r \sin\theta A_\theta) + \frac{\partial}{\partial \varphi}(rA_\varphi)\right\}$$

$$\nabla^2 \psi = \frac{1}{r^2}\frac{\partial}{\partial r}\left(r^2 \frac{\partial \psi}{\partial r}\right) + \frac{1}{r^2 \sin\theta}\frac{\partial}{\partial \theta}\left(\sin\theta \frac{\partial \psi}{\partial \theta}\right) + \frac{1}{r^2 \sin^2\theta}\frac{\partial^2 \psi}{\partial \varphi^2} \qquad \blacksquare$$

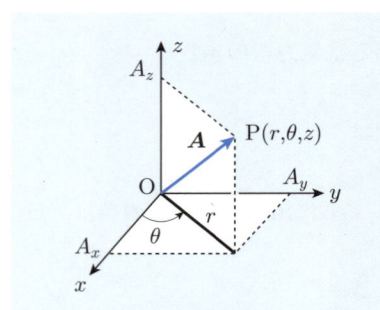

図 6.13　ベクトルの円筒座標表示

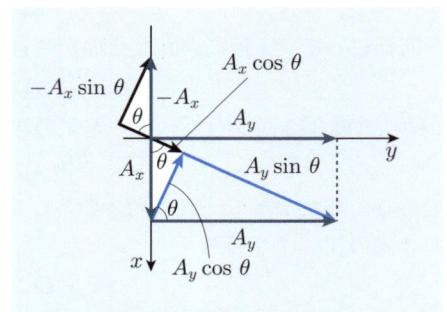

図 6.14　円筒座標におけるベクトル $\boldsymbol{A}$ の $r\theta$ 成分

6.2.4　ベクトルの回転とその物理的意味

ベクトル $\boldsymbol{A}(x, y, z)$ に対して

$$\frac{\partial A_z}{\partial y} - \frac{\partial A_y}{\partial z}, \quad \frac{\partial A_x}{\partial z} - \frac{\partial A_z}{\partial x}, \quad \frac{\partial A_y}{\partial x} - \frac{\partial A_x}{\partial y}$$

を x, y, z 成分とするベクトルを**回転**（rotation または curl）といい

$$\mathrm{rot}\, \boldsymbol{A} \quad \text{あるいは} \quad \mathrm{curl}\, \boldsymbol{A}$$

で表す．したがって
$$\mathrm{rot}\,\boldsymbol{A} = \left(\frac{\partial A_z}{\partial y} - \frac{\partial A_y}{\partial z}\right)\boldsymbol{i} + \left(\frac{\partial A_x}{\partial z} - \frac{\partial A_z}{\partial x}\right)\boldsymbol{j} + \left(\frac{\partial A_y}{\partial x} - \frac{\partial A_x}{\partial y}\right)\boldsymbol{k}$$
であり，ハミルトン演算子とベクトル $\boldsymbol{A}$ の外積
$$\mathrm{rot}\,\boldsymbol{A} = \nabla \times \boldsymbol{A}$$
で与えられる．また，行列式表示もでき
$$\mathrm{rot}\,\boldsymbol{A} = \nabla \times \boldsymbol{A} = \begin{vmatrix} \boldsymbol{i} & \boldsymbol{j} & \boldsymbol{k} \\ \frac{\partial}{\partial x} & \frac{\partial}{\partial y} & \frac{\partial}{\partial z} \\ A_x & A_y & A_z \end{vmatrix}$$

電気に関する回転の式は
$$\nabla \times \boldsymbol{H} = \boldsymbol{J} + \frac{\partial \boldsymbol{D}}{\partial t} \tag{6.14}$$
$$\nabla \times \boldsymbol{E} = -\frac{\partial \boldsymbol{B}}{\partial t} \tag{6.15}$$
である．ここに，$\boldsymbol{J}$ は電流密度 $[A/m^2]$，$\frac{\partial \boldsymbol{D}}{\partial t}$ は電束密度の時間的変化であり，**変位電流**という．なお，$\boldsymbol{J}$ は導体などを流れる導電電流であり，変位電流は大気などを流れる電流に相当する．上式と式 (6.10), (6.11) の 4 式を**マクスウェルの方程式**という．

式 (6.14) から変位電流を除いた
$$\nabla \times \boldsymbol{H} = \boldsymbol{J} \tag{6.16}$$
は**アンペールの法則**であり，式 (6.15) は**ファラデーの法則**などで知られる電磁誘導の式である．

ここで，式 (6.16) のアンペールの法則について考えてみる．式 (6.16) を成分表示すると
$$\nabla \times \boldsymbol{H} = \begin{vmatrix} \boldsymbol{i} & \boldsymbol{j} & \boldsymbol{k} \\ \frac{\partial}{\partial x} & \frac{\partial}{\partial y} & \frac{\partial}{\partial z} \\ H_x & H_y & H_z \end{vmatrix} = j_x\boldsymbol{i} + j_y\boldsymbol{j} + j_z\boldsymbol{k}$$
であるが，話を簡単にするために z 成分だけが存在する場合を考える．つまり
$$\frac{\partial H_y}{\partial x} - \frac{\partial H_x}{\partial y} = j_z \tag{6.17}$$
の物理的意味を考えることにする．

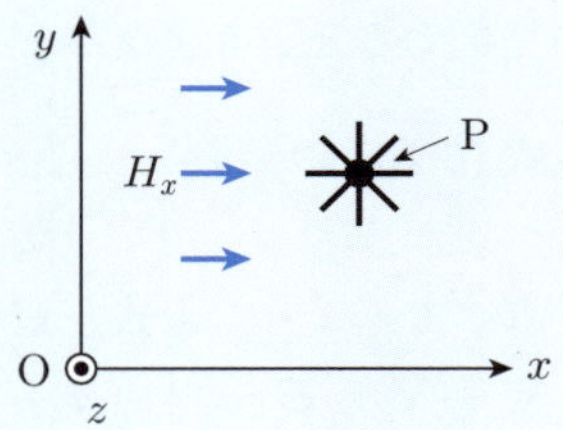

図 6.15 ベクトルの回転

図 6.15 のように，任意の点 z における断面 xy 内の 1 点 P の磁界は H_x だけで $H_y = 0$ とする．いま，点 P に z 軸を中心軸として回転できる小さな風車をおき，磁界 H_x をひとつの流れと考える．磁界 H_x が xy 面内で一様であれば羽根にあたる力が平衡して回転は生じない．しかし，磁界 H_x が一様でなく，

図6.16 ベクトルの回転変化

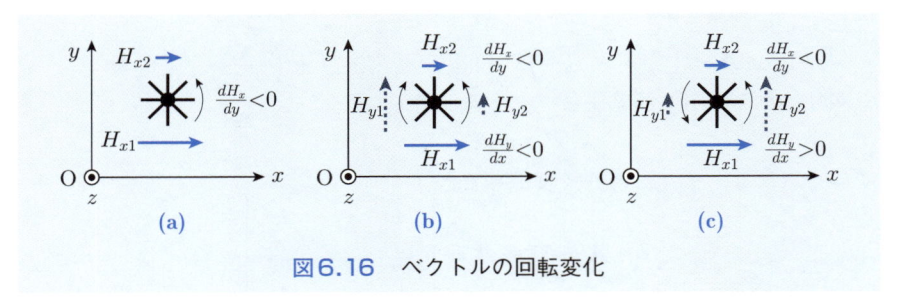

上の方が小さく，下の方が大きければ，図6.16 (a) に示すように平衡が失われて回転する．そしてその向きは反時計回りとなる．すなわち，上式で $\frac{\partial H_x}{\partial y} < 0$ であるから，$J_z > 0$ となり，正方向の回転を意味していると考えられる．

H_x, H_y が存在するときにはそれらの変化の割合の大きさによって，時計回り・反時計回りの回転が生ずる．また右辺が0ということは，H_x と H_y が一様である場合と $\frac{\partial H_y}{\partial x}$ と $\frac{\partial H_x}{\partial y}$ とが等しい場合である．後者の場合には，図6.16 (b) のように両者の回転力が互いに打ち消しあう．また，図6.16 (c) のように大きさが等しく符号が逆の場合には磁界が回転しているような，つまり磁界のうずが存在しているように見える．これが**回転**（rotation または curl）の意味である．

以上，式 (6.17) は z 方向に流れる電流によって右ねじの法則にしたがう磁界が発生するというアンペールの法則が理解できよう．

式 (6.15) の発散

$$\nabla \cdot (\nabla \times \boldsymbol{E}) = \nabla \cdot \left(-\frac{\partial \boldsymbol{B}}{\partial t}\right) \tag{6.18}$$

を調べてみよう．上式左辺は

$$\begin{aligned}
\nabla \cdot (\nabla \times \boldsymbol{E}) &= \left(\frac{\partial}{\partial x}\boldsymbol{i} + \frac{\partial}{\partial y}\boldsymbol{j} + \frac{\partial}{\partial z}\boldsymbol{k}\right) \\
&\quad \cdot \left\{\left(\frac{\partial E_z}{\partial y} - \frac{\partial E_y}{\partial z}\right)\boldsymbol{i} + \left(\frac{\partial E_x}{\partial z} - \frac{\partial E_z}{\partial x}\right)\boldsymbol{j} + \left(\frac{\partial E_y}{\partial x} - \frac{\partial E_x}{\partial y}\right)\boldsymbol{k}\right\} \\
&= \frac{\partial}{\partial x}\left(\frac{\partial E_z}{\partial y} - \frac{\partial E_y}{\partial z}\right) + \frac{\partial}{\partial y}\left(\frac{\partial E_x}{\partial z} - \frac{\partial E_z}{\partial x}\right) + \frac{\partial}{\partial z}\left(\frac{\partial E_y}{\partial x} - \frac{\partial E_x}{\partial y}\right) \\
&= 0
\end{aligned}$$

であり，また右辺は

$$\nabla \cdot \left(-\frac{\partial \boldsymbol{B}}{\partial t}\right) = -\frac{\partial}{\partial t}(\nabla \cdot \boldsymbol{B})$$

と変形できるものとすると，磁束密度の発散は0であり，式 (6.18) は成立する．

なお，一般にベクトル $\boldsymbol{A}$ に対して

$$\nabla \cdot (\nabla \times \boldsymbol{A}) = 0$$

の関係は公式の一つである．

同様にして式 (6.14) の発散をとると

$$\nabla \cdot (\nabla \times \boldsymbol{H}) = 0 = \nabla \cdot \left(\boldsymbol{J} + \frac{\partial \boldsymbol{D}}{\partial t} \right)$$

であり，上式右辺より

$$\boldsymbol{J} + \frac{\partial \boldsymbol{D}}{\partial t} = 0$$

が得られる．したがって，導電電流と変位電流とは連続していることがわかる．これが導体上と空間内での電流の連続性である．

また，式 (6.14), (6.15) についてもう少しふれておく．式 (6.14) より導体上を流れる電流 $\boldsymbol{J}$（例えば，携帯電話のロッドアンテナから流れる電流）によってその周りに磁界 $\boldsymbol{H}$ が発生し，式 (6.15) の右辺は $-\frac{\partial \boldsymbol{B}}{\partial t} = -\mu \frac{\partial \boldsymbol{H}}{\partial t}$ であることから，その磁界の時間変化が電界 $\boldsymbol{E}$ を発生させる．次に，式 (6.14) の右辺第 2 項 $\frac{\partial \boldsymbol{D}}{\partial t} = \varepsilon \frac{\partial \boldsymbol{E}}{\partial t}$ よりその電界 $\boldsymbol{E}$ の時間的変化がまた磁界を発生させる．このように電界と磁界は鎖のように互いに直交しながら伝搬することになる．これが電磁波の空間での伝わり方である．

参考 7：円筒座標 (r, θ, z) における回転

$$\mathrm{rot}_r \, \boldsymbol{A} = \nabla_r \times \boldsymbol{A} = \frac{1}{r} \left\{ \frac{\partial A_z}{\partial \theta} - \frac{\partial}{\partial z}(rA_\theta) \right\}$$

$$\mathrm{rot}_\theta \, \boldsymbol{A} = \nabla_\theta \times \boldsymbol{A} = \frac{\partial A_r}{\partial z} - \frac{\partial A_z}{\partial r}$$

$$\mathrm{rot}_z \, \boldsymbol{A} = \nabla_z \times \boldsymbol{A} = \frac{1}{r} \left\{ \frac{\partial}{\partial r}(rA_\theta) - \frac{\partial A_r}{\partial \theta} \right\}$$

参考 8：球座標 (r, θ, φ) における回転

$$\mathrm{rot}_r \, \boldsymbol{A} = \nabla_r \times \boldsymbol{A} = \frac{1}{r^2 \sin \theta} \left\{ \frac{\partial}{\partial \theta}(r \sin \theta A_\varphi) - \frac{\partial}{\partial \varphi}(rA_\theta) \right\}$$

$$\mathrm{rot}_\theta \, \boldsymbol{A} = \nabla_\theta \times \boldsymbol{A} = \frac{1}{r \sin \theta} \left\{ \frac{\partial A_r}{\partial \varphi} - \frac{\partial}{\partial r}(r \sin \theta A_\varphi) \right\}$$

$$\mathrm{rot}_\varphi \, \boldsymbol{A} = \nabla_\varphi \times \boldsymbol{A} = \frac{1}{r} \left\{ \frac{\partial}{\partial r}(rA_\theta) - \frac{\partial A_r}{\partial \theta} \right\}$$

6.2.5　ラプラスの方程式とポアソンの方程式

式 (6.10), (6.5) より

$$\nabla \cdot \boldsymbol{E} = \frac{\rho}{\varepsilon}$$

であり，上式を式 (6.9) に代入すると

$$(\nabla \cdot \nabla)V = -\frac{\rho}{\varepsilon}$$

が得られる．これを**ポアソンの方程式**という．そして電荷の存在しない自由空間 $\rho = 0$ での方程式

$$(\nabla \cdot \nabla)V = 0$$

をラプラスの方程式という．

ところで，ハミルトンの演算子の内積 $\nabla \cdot \nabla$ を ∇^2 あるいは Δ と書き，すなわち

$$\nabla \cdot \nabla = \nabla^2 = \Delta = \frac{\partial^2}{\partial x^2} + \frac{\partial^2}{\partial y^2} + \frac{\partial^2}{\partial z^2}$$

をラプラシアンという．したがって，ポアソンの方程式は

$$\frac{\partial^2 V}{\partial x^2} + \frac{\partial^2 V}{\partial y^2} + \frac{\partial^2 V}{\partial z^2} = -\frac{\rho}{\varepsilon}$$

また，ラプラスの方程式は

$$\frac{\partial^2 V}{\partial x^2} + \frac{\partial^2 V}{\partial y^2} + \frac{\partial^2 V}{\partial z^2} = 0 \tag{6.19}$$

と書ける．なお，ラプラスの方程式を満足する解を**調和関数**という．

■ **例題6.5** ■

図6.17 に示すように，広い面積 S をもつ 2 枚の電極板があり，その 1 枚の電極の位置を $x = 0$，他方を $x = d$ とし，それぞれの電位は $0, V_0$ とする．このときの静電容量 C を求めよ．

【解答】　ラプラスの方程式は

$$\frac{\partial^2 V}{\partial x^2} = 0$$

であり，上式を 2 回積分すると $V = c_1 x + c_2$ となる．ただし，c_1, c_2 は定数である．ここで，$x = 0$ のとき $V = 0$，$x = d$ のとき $V = V_0$ を適用すると

$$V = \frac{V_0}{d} x$$

が得られる．電位の勾配が電界，つまり $\boldsymbol{E} = -\nabla V$ であり

$$E = -\frac{V_0}{d}$$

したがって，電荷面密度 $\sigma = -\varepsilon E$ より電極の全電荷 Q は

$$Q = \sigma S = \frac{\varepsilon V_0 S}{d}$$

となる．したがって，$Q = CV$ の関係より 図6.18 で構成される静電容量 C は

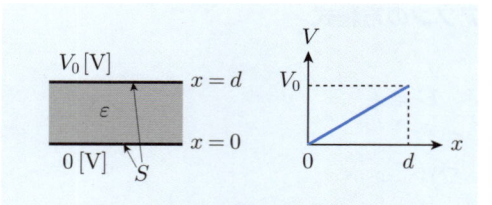

図6.17　電極間の電位分布

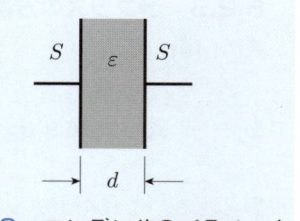

図6.18　コンデンサのパラメータ

と求まり，これは式 (6.2) に一致する．

■ **例題 6.6** ■

点電荷 q から距離 r 離れた点 $\mathrm{P}(x,y,z)$ の電位 V は
$$V = \frac{q}{4\pi\varepsilon r} \tag{6.20}$$
で与えられる．ただし，$r = \sqrt{x^2+y^2+z^2}$ である．このとき，式 (6.20) が式 (6.19) のラプラスの方程式を満たすことを示せ．

【解答】
$$\frac{dV}{dx} = \frac{\partial V}{\partial r}\frac{\partial r}{\partial x} = -\frac{q}{4\pi\varepsilon r^2}\frac{x}{\sqrt{x^2+y^2+z^2}} = -\frac{qx}{4\pi\varepsilon r^3}$$

$$\frac{d^2V}{dx^2} = \frac{\partial}{\partial x}\left(\frac{dV}{dx}\right) = -\frac{q}{4\pi\varepsilon r^3} + \frac{\partial}{\partial r}\left(\frac{dV}{dx}\right)\frac{\partial r}{\partial x}$$
$$= -\frac{q}{4\pi\varepsilon r^3} + \frac{3qx}{4\pi\varepsilon r^4}\frac{x}{\sqrt{x^2+y^2+z^2}} = -\frac{q}{4\pi\varepsilon r^3} + \frac{3qx^2}{4\pi\varepsilon r^5}$$
$$= -\frac{q(r^2-3x^2)}{4\pi\varepsilon r^5}$$

同様にして
$$\frac{d^2V}{dy^2} = -\frac{q(r^2-3y^2)}{4\pi\varepsilon r^5}, \quad \frac{d^2V}{dz^2} = -\frac{q(r^2-3z^2)}{4\pi\varepsilon r^5}$$
であるから
$$\frac{\partial^2 V}{\partial x^2} + \frac{\partial^2 V}{\partial y^2} + \frac{\partial^2 V}{\partial z^2} = -\frac{q}{4\pi\varepsilon r^5}\left\{3r^2 - 3(x^2+y^2+z^2)\right\} = 0$$
■

6.2.6　ベクトルとスカラーに関する公式

(1)　$\nabla(\psi\varphi) = \psi\nabla\varphi + \varphi\nabla\psi$ (6.21)

(2)　$\nabla\cdot(\psi\boldsymbol{A}) = \nabla\psi\cdot\boldsymbol{A} + \psi\nabla\cdot\boldsymbol{A}$ (6.22)

(3)　$\nabla\times(\psi\boldsymbol{A}) = \nabla\psi\times\boldsymbol{A} + \psi\nabla\times\boldsymbol{A}$ (6.23)

(4)　$\nabla\cdot(\boldsymbol{A}\times\boldsymbol{B}) = \boldsymbol{B}\cdot\nabla\times\boldsymbol{A} - \boldsymbol{A}\cdot\nabla\times\boldsymbol{B}$ (6.24)

(5)　$\nabla\times(\boldsymbol{A}\times\boldsymbol{B}) = (\boldsymbol{B}\cdot\nabla)\boldsymbol{A} - (\boldsymbol{A}\cdot\nabla)\boldsymbol{B} + \boldsymbol{A}\nabla\cdot\boldsymbol{B} - \boldsymbol{B}\nabla\cdot\boldsymbol{A}$ (6.25)

(6)　$\nabla(\boldsymbol{A}\cdot\boldsymbol{B}) = (\boldsymbol{A}\cdot\nabla)\boldsymbol{B} + (\boldsymbol{B}\cdot\nabla)\boldsymbol{A} + \boldsymbol{A}\times(\nabla\times\boldsymbol{B}) + \boldsymbol{B}\times(\nabla\times\boldsymbol{A})$ (6.26)

(7)　$\nabla\times\nabla\psi = 0$ (6.27)

(8)　$\nabla\cdot(\nabla\times\boldsymbol{A}) = 0$ (6.28)

(9)　$\nabla\times(\nabla\times\boldsymbol{A}) = \nabla(\nabla\cdot\boldsymbol{A}) - \nabla^2\boldsymbol{A}$ (6.29)

なお，式 (6.29) は直交座標のときだけ成立する．

式 (6.27), (6.28) を用いてベクトルについて解説する．静止した電荷が存在すると式 (6.3) の電界が生じ，電界と電位との間に式 (6.9) が成立する．式 (6.9)

で与えたベクトル $\boldsymbol{E}$ を式 (6.27) に適用すると 0 となり，こうした回転のないベクトル，つまり渦のないベクトルを**スカラーポテンシャル**という．

電子が移動すると逆向きの電流が流れ，導電電流と磁界との間には式 (6.16) が成立する．式 (6.16) で与えたベクトル $\boldsymbol{J}$ は式 (6.28) により発散が 0 のベクトル，つまり湧点のないベクトルであり，このようなベクトルを**ベクトルポテンシャル**という．また回転型ベクトル，ソレノイド状ベクトル，管状ベクトルなどとも呼ばれる．

一般にベクトルはスカラーポテンシャルとベクトルポテンシャルの和，あるいはそれらの一方で与えられる．

6.3 ベクトルの積分

6.3.1 線積分（接線線積分）

図 6.19 に示すように，あるベクトル界（空間ベクトル）に曲線 PQ があるものとする．この曲線上の 1 点における接線ベクトルを $d\boldsymbol{s}$ とし，この点 P を始点にもつベクトル $\boldsymbol{A}$ との内積 $\boldsymbol{A} \cdot d\boldsymbol{s}$ を作る．この積分

$$\int_{PQ} \boldsymbol{A} \cdot d\boldsymbol{s}$$

を**線積分**（正しくは**接線線積分**）という．$\boldsymbol{A} \cdot d\boldsymbol{s}$ は $\boldsymbol{A}$ の接線方向の成分であり，これを $A_t ds$ と書くと

$$\int_{PQ} \boldsymbol{A} \cdot d\boldsymbol{s} = \int_{PQ} A_t ds$$
$$= \int_{PQ} (A_x dx + A_y dy + A_z dz)$$

と書くことができる．ただし

$$d\boldsymbol{s} = dx\boldsymbol{i} + dy\boldsymbol{j} + dz\boldsymbol{k}$$
$$ds = \sqrt{dx^2 + dy^2 + dz^2}$$
$$A_t = |\boldsymbol{A}| \cos\theta$$

とおいてある．

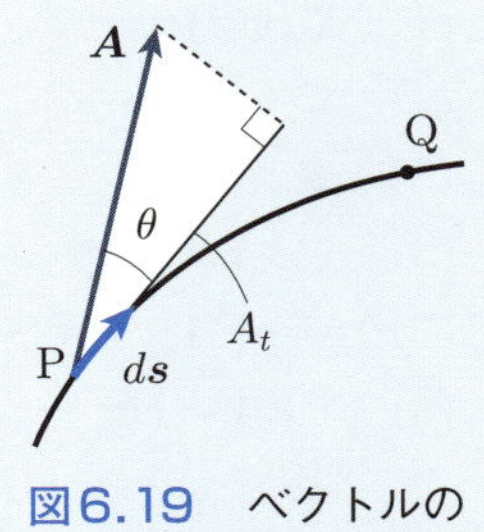

図 6.19 ベクトルの線積分

線積分と電気に関係する一例を述べると，電界 $\boldsymbol{E}$ は各点における単位正電荷に作用する電気力を表す．2 点 PQ 間の電位差は電気力に逆らって単位正電荷を点 Q から点 P まで移動するために必要な仕事である．点 P から点 Q までの電位差を $V_P - V_Q$ とすれば

$$V_{\mathrm{P}} - V_{\mathrm{Q}} = -\int_{\mathrm{QP}} \boldsymbol{E} \cdot d\boldsymbol{s} = \int_{\mathrm{PQ}} \boldsymbol{E} \cdot d\boldsymbol{s}$$

で与えられる．

■ 例題6.7 ■

図6.20 のように，xy 平面上で 4 直線 $x=0, y=0, x=a, y=a\ (a>0)$ に囲まれた正方形の周辺におけるベクトル

$$\boldsymbol{A} = (x^2 - y^2)\boldsymbol{i} + 2xy\boldsymbol{j}$$

の線積分を求めよ．ただし，積分路は反時計回りとする．

【解答】 正方形の各頂点を O(0,0), A(a,0), B(a,a), C(0,a) とすると，線積分は

$$\oint \boldsymbol{A} \cdot d\boldsymbol{s} = \int_{\mathrm{OA}} + \int_{\mathrm{AB}} + \int_{\mathrm{BC}} + \int_{\mathrm{CO}}$$

に分けることができ，それぞれの積分は

$$\int_{\mathrm{OA}} = \int_{\mathrm{OA}} \{(x^2-y^2)\boldsymbol{i} + 2xy\boldsymbol{j}\} \cdot \boldsymbol{i}\, dx$$
$$= \int_0^a x^2 dx = \frac{a^3}{3}$$
$$\int_{\mathrm{AB}} = \int_{\mathrm{AB}} \{(x^2-y^2)\boldsymbol{i} + 2xy\boldsymbol{j}\} \cdot \boldsymbol{j}\, dy$$
$$= \int_0^a 2ay\, dy = a^3$$
$$\int_{\mathrm{BC}} = \int_{\mathrm{BC}} \{(x^2-y^2)\boldsymbol{i} + 2xy\boldsymbol{j}\} \cdot \boldsymbol{i}\, dx$$
$$= \int_a^0 (x^2 - a^2) dx = \frac{2a^3}{3}$$
$$\int_{\mathrm{CO}} = \int_{\mathrm{CO}} \{(x^2-y^2)\boldsymbol{i} + 2xy\boldsymbol{j}\} \cdot \boldsymbol{j}\, dy = 0$$

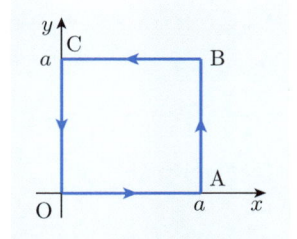

図6.20 線積分の積分路

これらの合計から

$$\oint \boldsymbol{A} \cdot d\boldsymbol{s} = 2a^3$$

なお，$\oint$ は周回積分を表す．　■

■ 例題6.8 ■

図6.21 のように，微小距離 l だけ離れた一対の点電荷 $\pm q$（電気双極子という）があるとき，点 P での電圧を求めよ．

【解答】 距離 r_1, r_2 は

$$r_1 = \sqrt{r^2 + \tfrac{l^2}{4} - 2\tfrac{l}{2}r\cos\theta} \approx \sqrt{r^2 - 2\tfrac{l}{2}r\cos\theta} \approx r - \tfrac{l}{2}\cos\theta$$

$$r_2 = \sqrt{r^2 + \tfrac{l^2}{4} - 2\tfrac{l}{2}r\cos(\pi-\theta)} \approx \sqrt{r^2 + 2\tfrac{l}{2}r\cos\theta} \approx r + \tfrac{l}{2}\cos\theta$$

であり，r_1, r_2 それぞれに平行な単位ベクトルを $\boldsymbol{r}_1, \boldsymbol{r}_2$ とすると，点電荷 $q, -q$ からの電界 $\boldsymbol{E}_1, \boldsymbol{E}_2$ は

$$\boldsymbol{E}_1 = \frac{q\boldsymbol{r}_1}{4\pi\varepsilon r_1^2} = \frac{q\boldsymbol{r}_1}{4\pi\varepsilon\left(r - \tfrac{l}{2}\cos\theta\right)^2}$$

$$\boldsymbol{E}_2 = \frac{-q\boldsymbol{r}_2}{4\pi\varepsilon r_2^2} = \frac{-q\boldsymbol{r}_2}{4\pi\varepsilon\left(r + \tfrac{l}{2}\cos\theta\right)^2}$$

であり，点 P での電位 V_1, V_2 は

$$V_1 = -\int_{\infty}^{r_1} \boldsymbol{E}_1 \cdot d\boldsymbol{r}_1 = \frac{q}{4\pi\varepsilon\left(r - \tfrac{l}{2}\cos\theta\right)}$$

$$V_2 = -\int_{\infty}^{r_2} \boldsymbol{E}_2 \cdot d\boldsymbol{r}_2 = \frac{-q}{4\pi\varepsilon\left(r + \tfrac{l}{2}\cos\theta\right)}$$

で与えられる．そこで，両者の合成電位 V_P は

$$V_\mathrm{P} = V_1 + V_2 = \frac{q}{4\pi\varepsilon}\left(\frac{1}{r - \tfrac{l}{2}\cos\theta} - \frac{1}{r + \tfrac{l}{2}\cos\theta}\right)$$

$$= \frac{q}{4\pi\varepsilon}\frac{l\cos\theta}{r^2 - \tfrac{l^2}{4}\cos^2\theta}$$

$$= \frac{q}{4\pi\varepsilon}\frac{l\cos\theta}{r^2 - \tfrac{l^2}{4}\cos^2\theta}$$

$$\approx \frac{q}{4\pi\varepsilon}\frac{l\cos\theta}{r^2} = \frac{M\cos\theta}{4\pi\varepsilon r^2}$$

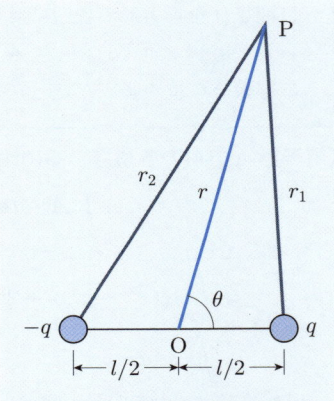

となる．ここに

$$M = ql$$

図6.21 電荷分布と座標系

をダイポールモーメントという．$M\cos\theta$ を一つの電荷とみなすと，式 (6.4) と同形である．

6.3.2 面積分（法線面積分）

図6.22 に示すように，ベクトル界（空間ベクトル）$\boldsymbol{A}$ において曲面 S の単位法線ベクトルを $\boldsymbol{n}$ とするとき，面積分

$$\int_S \boldsymbol{A} \cdot \boldsymbol{n} dS \qquad (6.30)$$

を曲面 S に関するベクトル $\boldsymbol{A}$ の**面積分**（正しくは**法線面積分**）という．$\boldsymbol{A}$ の法線成分を A_n とすれば，式 (6.30) の面積分は次のように書ける．

$$\int_S \boldsymbol{A} \cdot \boldsymbol{n} dS = \int_S A_n dS$$

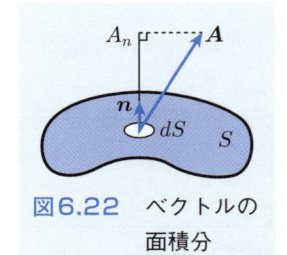

図6.22 ベクトルの面積分

また

$$dS\boldsymbol{n} = d\boldsymbol{S} = dS_x\boldsymbol{i} + dS_y\boldsymbol{j} + dS_z\boldsymbol{k}$$
$$= dydz\boldsymbol{i} + dzdx\boldsymbol{j} + dxdy\boldsymbol{k}$$

とすれば

$$\int_S \boldsymbol{A} \cdot \boldsymbol{n}dS = \int_S (A_x dS_x + A_y dS_y + A_z dS_z)$$
$$= \int_S (A_x dydz + A_y dzdx + A_z dxdy) \tag{6.31}$$

と書くこともできる．

電界 $\boldsymbol{E}$ の場合，$\boldsymbol{E} \cdot \boldsymbol{n}dS$ は面素 dS を通る電気力線の数に相当する．したがって，S に関する面積分は曲面 S を貫く電気力線の総数となる（下のガウスの線束定理参照）．

> ■ **例題6.9** ■
>
> 高さ a の円柱 $x^2 + y^2 = a^2 \, (0 \leq z \leq a)$ がある．その側面の x 軸の正面にある部分を S とするとき，S に関する $\boldsymbol{A} = A\boldsymbol{i} \, (A > 0)$ の面積分を求めよ．ただし，円柱の側面の単位法線ベクトル $\boldsymbol{n}$ はその内部から外部に向かうものとする．

【解答】 式 (6.31) から

$$\int_S \boldsymbol{A} \cdot \boldsymbol{n}dS = \int_S A\boldsymbol{i} \cdot \boldsymbol{n}dS = \int_S Adydz = A\int_{-a}^{a} dy \int_0^a dz = 2Aa^2$$

となる．なお，積分 $\int_{-a}^{a} Ady$ を別の観点から考えてみる．

図6.23 に示すように，円柱の側面 ($x > 0$) での法線方向の $\boldsymbol{A}$ の成分 A_n は

$$A_n = A\cos\theta$$

であり，法線方向に垂直な微小長さは $ad\theta$ と与えられるので

$$\int_{-a}^{a} Ady$$
$$\Rightarrow \int_{-\pi/2}^{\pi/2} A_n ad\theta = \int_{-\pi/2}^{\pi/2} A\cos\theta ad\theta = 2Aa$$

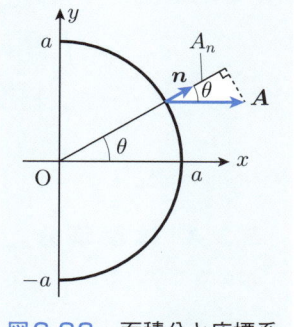

図6.23 面積分と座標系

6.3.3 ガウスの線束定理

点電荷 Q から距離 r だけ離れた点 $P(r, \theta, \varphi)$ での電界 E_r は

$$E_r = \frac{Q}{4\pi\varepsilon r^2} \quad (\boldsymbol{E} = E_r \boldsymbol{r}, \ \boldsymbol{r} は r 方向の単位ベクトル)$$

で与えられる．r 方向に垂直な面を dS（$d\bm{S} = \bm{n}dS$，$\bm{n}$ は dS に垂直な単位ベクトル）とすれば

$$\bm{E} \cdot d\bm{S} = \frac{QdS}{4\pi\varepsilon r^2}$$

であり，dS を立体角 $d\omega = \frac{dS}{r^2}$ で書き換えれば

$$\bm{E} \cdot d\bm{S} = \frac{Qd\omega}{4\pi\varepsilon}$$

となるから，球全体で積分すると

$$\int_S \bm{E} \cdot d\bm{S} = \frac{Q}{4\pi\varepsilon} \int_0^{4\pi} d\omega = \frac{Q}{\varepsilon} \tag{6.32}$$

が得られる．式 (6.32) の最左辺は電気力線の総数である．

このことより

> 任意の閉曲面 S から外に出ていく電気力線の総数はその閉曲面内にある電荷の代数和 Q の $\frac{1}{\varepsilon}$ 倍であり，S の外にある電荷には関係しない

という**ガウスの線束定理**が導かれる．

なお，この定理により上で用いた点電荷のかわりに半径 a の球体でも $r > a$ では式 (6.32) が成り立つ．

ここで，ガウスの線束定理を用いて半径 r の円柱に単位長あたり電荷 Q が帯電しているときの電界 E_r を求めてみる．$d\bm{S} = \bm{n}rd\theta dz$（$dz = 1$）であり

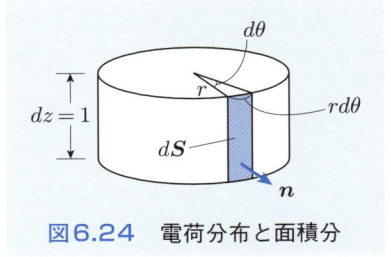

図6.24 電荷分布と面積分

$$\int_S \bm{E} \cdot d\bm{S} = \int_0^{2\pi} E_r r d\theta = 2\pi r E_r = \frac{Q}{\varepsilon}$$

となる．したがって，円柱の場合，放射方向の電界 E_r は

$$E_r = \frac{Q}{2\pi\varepsilon r}$$

で与えられる．

6.3.4 体積積分

ベクトル界 $\bm{A}$ において閉曲面で囲まれた体積 v を微小体積 Δv に分割したとき

$$\lim_{\Delta v \to 0} \sum \bm{A} \Delta v = \int_v \bm{A} dv$$

を $\bm{A}$ の**体積積分**という．

6章の問題

6.1 始点を原点とする直交座標 (x,y,z) の点 $\mathrm{P}(1,1,2)$, 点 $\mathrm{Q}(2,-1,3)$ をベクトル $\boldsymbol{A}, \boldsymbol{B}$ とする.
 (1) $\boldsymbol{C} = \boldsymbol{A} + \boldsymbol{B}$ (2) $\boldsymbol{D} = \boldsymbol{A} - \boldsymbol{B}$
を計算し, $\boldsymbol{C}$ と $\boldsymbol{D}$ の方向余弦を求めよ.

6.2 正の x 軸, 負の y 軸, 負の z 軸と相等しい角をもつ長さ $5\sqrt{3}$ のベクトル $\boldsymbol{A}$ の各座標成分を求めよ. ただし, このベクトルの始点は原点とする.

6.3 ベクトル $\boldsymbol{A}$ は大きさ 15 で z 軸と角 $\frac{\pi}{6}$ をなし, その xy 面上への射影は x 軸と角 $\frac{\pi}{6}$ をなすという. また, ベクトル $\boldsymbol{B}$ は z 軸への射影の大きさは 6 で, その xy 面上への射影は大きさが 10, x 軸とのなす角は $\frac{3\pi}{4}$ であるとする. $\boldsymbol{A}, \boldsymbol{B}$ と $\boldsymbol{A} - \boldsymbol{B}$ を計算せよ.

6.4 $|\boldsymbol{A} + \boldsymbol{B}|$ を $|\boldsymbol{A}| = A, |\boldsymbol{B}| = B$ と $\boldsymbol{A}, \boldsymbol{B}$ とがなす角 α で表せ.

6.5 ベクトル $\boldsymbol{A}$ と $\boldsymbol{B}$ とがなす角を α とするとき, $\cos\alpha$ を $\boldsymbol{A}, \boldsymbol{B}$ の各成分 $A_x, A_y, A_z, B_x, B_y, B_z$ で表せ. ただし $(\boldsymbol{A}+\boldsymbol{B})^2$ から導出せよ.

6.6 $\boldsymbol{A} = \boldsymbol{i} + \boldsymbol{j} + 2\boldsymbol{k}, \boldsymbol{B} = 2\boldsymbol{i} - \boldsymbol{j} + 3\boldsymbol{k}$ のとき, $\boldsymbol{A} \cdot \boldsymbol{B}$ および $\boldsymbol{A} \times \boldsymbol{B}$ を計算せよ.

6.7 原点からある平面に下した垂線の足を $\mathrm{P}(2,3,1)$ とする. 方向余弦が $(\frac{1}{\sqrt{2}}, 0, \frac{1}{\sqrt{2}})$ の直線を原点から引いたとき, この直線と平面とが交わる点 Q の座標 (a,b,c) を求めよ.

6.8 外積 $\boldsymbol{A} \times \boldsymbol{B}$ の大きさ $|\boldsymbol{A} \times \boldsymbol{B}|$ は $AB\sin\alpha$ (α はベクトル $\boldsymbol{A}, \boldsymbol{B}$ とがなす角) で与えられるが, $\boldsymbol{A} = A_x\boldsymbol{i} + A_y\boldsymbol{j} + A_z\boldsymbol{k}, \boldsymbol{B} = B_x\boldsymbol{i} + B_y\boldsymbol{j} + B_z\boldsymbol{k}$ から $|\boldsymbol{A} \times \boldsymbol{B}|$ を求め, これが $\boldsymbol{A}, \boldsymbol{B}$ の作る平行四辺形の面積であることを示せ.

6.9 $\boldsymbol{A} \times \boldsymbol{B}$ の向きは $\boldsymbol{A}$ と $\boldsymbol{B}$ とで定まる平面に垂直であることを示せ.

6.10 $\boldsymbol{A} = \boldsymbol{i} + 2\boldsymbol{j} + 3\boldsymbol{k}, \boldsymbol{B} = 2\boldsymbol{i} + 3\boldsymbol{j} + \boldsymbol{k}, \boldsymbol{C} = \boldsymbol{i} - 2\boldsymbol{j} + 2\boldsymbol{k}$ の先端を結んだ三角形の面積を求めよ.

6.11 始点を原点とするベクトル $\boldsymbol{A} = \boldsymbol{i} + 2\boldsymbol{j} + 3\boldsymbol{k}$ に対して点 $\mathrm{P}(2,1,-1)$ から下した垂線 $\boldsymbol{r}$ を求めよ.

6.12 λ を任意の実数とするとき, $\boldsymbol{b} = \boldsymbol{c} + \lambda\boldsymbol{a}$ であれば
$$\boldsymbol{a} \times \boldsymbol{b} = \boldsymbol{a} \times \boldsymbol{c}$$
であることを示せ.

6.13 電荷 q が速度 $\boldsymbol{v}$ で磁束密度 $\boldsymbol{B}$ の中を運動しているとき物理量 $q\boldsymbol{v} \times \boldsymbol{B}$ が発生する. この物理量は何か.

6.14 携帯電話と中継を担う基地局との間ではそれぞれのアンテナに $\frac{1}{2}(\boldsymbol{E} \times \boldsymbol{H})$ に相当する物理量が伝えられている．電界 $\boldsymbol{E}$，磁界 $\boldsymbol{H}$ の次元を調べ，$\frac{1}{2}(\boldsymbol{E} \times \boldsymbol{H})$ の物理量とは何かを述べよ．また，$\boldsymbol{E} = E_x \boldsymbol{i}$，$\boldsymbol{H} = H_y \boldsymbol{j}$ であるとすると，電界 $\boldsymbol{E}$，磁界 $\boldsymbol{H}$ の関係（2つのベクトルのなす角）はどのような状態かを述べよ．

6.15 電界 $\boldsymbol{E} = E_x \boldsymbol{i} + E_y \boldsymbol{j}$，磁界 $\boldsymbol{H} = H_x \boldsymbol{i} + H_y \boldsymbol{j}$ に対して $\nabla \times \boldsymbol{E} = -j\omega\mu\boldsymbol{H}$，$\nabla \times \boldsymbol{H} = j\omega\varepsilon\boldsymbol{E}$ が成立する．ただし，電界，磁界の成分はいずれも z だけの関数とする．また，回転の式に含まれる係数は，$j = \sqrt{-1}$，周波数を f とすると ω は角周波数で $\omega = 2\pi f$ の関係がある．ε は誘電率，μ は透磁率である．

回転の式から電界，磁界の成分の関係式を導け．次にこれらの関係から，電界磁界の成分 E_x, E_y, H_x, H_y のそれぞれ単独の式を導出せよ．

6.16 $\boldsymbol{A} \times (\boldsymbol{B} \times \boldsymbol{C}) = \boldsymbol{B}(\boldsymbol{A} \cdot \boldsymbol{C}) - \boldsymbol{C}(\boldsymbol{A} \cdot \boldsymbol{B})$ を証明せよ．

6.17 $\boldsymbol{e}$ を単位ベクトル，$\boldsymbol{A}$ を任意ベクトルとすると
$$\boldsymbol{A} = \boldsymbol{e}(\boldsymbol{A} \cdot \boldsymbol{e}) + \boldsymbol{e} \times (\boldsymbol{A} \times \boldsymbol{e})$$
が成立することを証明し，$\boldsymbol{A}$ は $\boldsymbol{e}$ に平行な成分と $\boldsymbol{e}$ に垂直な成分の和になることを示せ．

6.18 電圧 V と電界 $\boldsymbol{E}$ との間には
$$\boldsymbol{E} = -\nabla V = -\left(\frac{\partial V}{\partial x}\boldsymbol{i} + \frac{\partial V}{\partial y}\boldsymbol{j} + \frac{\partial V}{\partial z}\boldsymbol{k}\right)$$
が成立する．上式左右の次元のチェックを行え．なお，このとき，単位ベクトル $\boldsymbol{i}, \boldsymbol{j}, \boldsymbol{k}$ はどのように解釈すべきか述べよ．

6.19 $\boldsymbol{a}$ を不変ベクトル（定数ベクトル），$\boldsymbol{r}$ を可変ベクトル（ここでは $\boldsymbol{r} = x\boldsymbol{i} + y\boldsymbol{j} + z\boldsymbol{k}$ とする）として次を求めよ．

(1) $\nabla(\boldsymbol{a} \cdot \boldsymbol{r})$ (2) $\nabla \cdot (\boldsymbol{a} \times \boldsymbol{r})$ (3) $\nabla \times (\boldsymbol{a} \times \boldsymbol{r})$

6.20 $\boldsymbol{A}$ をベクトル，φ をスカラーとしたとき次を求めよ．

(1) $\nabla \cdot (\nabla \times \boldsymbol{A})$ (2) $\nabla \times \nabla \times \boldsymbol{A}$ (3) $\nabla \times \nabla\varphi$ (4) $\nabla \cdot \nabla\varphi$

6.21 電界 $\boldsymbol{E}$，磁界 $\boldsymbol{H}$ の間に
$$\nabla \times \boldsymbol{H} = j\omega\varepsilon\boldsymbol{E} + \sigma\boldsymbol{E}, \quad \nabla \times \boldsymbol{E} = -j\omega\mu\boldsymbol{H}$$
が成立する．そこで，両式の各項の次元をチェックし，左右の次元がどうであるかを確認せよ．ただし，$j = \sqrt{-1}$ で定数，周波数を f とすると，ω（角周波数）は $\omega = 2\pi f$，また ε, σ, μ はそれぞれ誘電率，導電率，透磁率である．

次の式も成立する．
$$\nabla \cdot (\varepsilon\boldsymbol{E}) = \rho$$
このとき，ρ は電荷に関係する物理量であるが，ρ の単位はどう与えればよいか，次元を参考にしながら ρ の単位を決定せよ．

第7章

ベクトル演算の諸定理

　第6章で述べた線積分・面積分・体積積分の間には重要な法則がある．この章では，これらについて解説する．

7.1　ガウスの発散定理

次の面積分

$$\int_S \boldsymbol{A} \cdot \boldsymbol{n} dS \tag{7.1}$$

のベクトル $\boldsymbol{A}$ が，例えば電界 $\boldsymbol{E}$ の場合，式 (7.1) は電気力線の総数であることは既に述べた．ここで曲面 S の囲む体積を Δv とすると

$$\frac{1}{\Delta v} \int_S \boldsymbol{A} \cdot \boldsymbol{n} dS$$

は面 S から垂直に出ていく力線の単位体積あたりの数である．このとき $\Delta v \to 0$ とした極限はベクトル界内の 1 点におけるベクトルの発散になる．すなわち

$$\nabla \cdot \boldsymbol{A} = \lim_{\Delta v \to 0} \frac{1}{\Delta v} \int_S \boldsymbol{A} \cdot \boldsymbol{n} dS$$

の関係が成立する．このことはベクトルの発散から容易に理解できよう．

以上のことから，体積要素 dv の表面から出る線束は $\nabla \cdot \boldsymbol{A} \Delta v$ に等しく

$$\int_V \nabla \cdot \boldsymbol{A} dv = \int_S \boldsymbol{A} \cdot \boldsymbol{n} dS \tag{7.2}$$

のガウスの発散定理が得られる．この積分は体積積分を面積分に変換する重要な公式である．

例題7.1

原点を中心とする半径 1 の球の内部を V とし
$$\boldsymbol{A} = ax\boldsymbol{i} + by\boldsymbol{j} + cz\boldsymbol{k} \quad (a, b, c \text{ は定数})$$
とする．このとき，球の面積分を求めよ．

【解答】　式 (7.2) より
$$\int_V \nabla \cdot \boldsymbol{A} dv = \int_V \left(\frac{\partial A_x}{\partial x} + \frac{\partial A_y}{\partial y} + \frac{\partial A_z}{\partial z} \right) dv = (a+b+c) \int_V dv = (a+b+c)\frac{4\pi}{3}$$

例題7.2

原点を中心とする半径 a の球面を S とし，S で囲まれる領域を V とする．また，採用するベクトル $\boldsymbol{A}$ は
$$\boldsymbol{A} = xz^2\boldsymbol{i} + yx^2\boldsymbol{j} + zy^2\boldsymbol{k}$$
とする．このとき，体積積分と面積分をそれぞれ求めよ．

【解答】　まず，体積積分を求める．$\nabla \cdot \boldsymbol{A}$ は

7.1 ガウスの発散定理

$$\nabla \cdot \boldsymbol{A} = x^2 + y^2 + z^2 = r^2 \quad (7.3)$$

であり，図7.1 に示す球座標系

$$x = r\sin\theta\cos\varphi$$
$$y = r\sin\theta\sin\varphi$$
$$z = r\cos\theta$$
$$dV = dxdydz = r^2 dr\sin\theta d\theta d\varphi \quad (7.4)$$

を採用すると，体積積分は式 (7.3), (7.4) より

$$\int_V \nabla \cdot \boldsymbol{A} dV = \int_V (x^2+y^2+z^2) r^2 dr \sin\theta d\theta d\varphi$$
$$= \int_0^a r^4 dr \int_0^\pi \sin\theta d\theta \int_0^{2\pi} d\varphi$$
$$= \frac{4\pi a^5}{5} \quad (7.5)$$

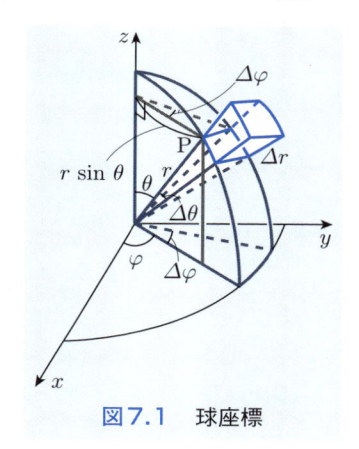

と求まる．次に，半径 a の球面に垂直な面積分

$$\int_S \boldsymbol{A} \cdot \boldsymbol{n} dS \quad (7.6)$$

を考える．半径 a の球面上での単位法線ベクトル $\boldsymbol{n}$ は

$$\boldsymbol{n} = \frac{1}{a}(x\boldsymbol{i} + y\boldsymbol{j} + z\boldsymbol{k})$$

であり，球面上の座標は

$$x = a\sin\theta\cos\varphi$$
$$y = a\sin\theta\sin\varphi$$
$$z = a\cos\theta$$

とおけばよく，また球面上の微小面素は

$$dS = a^2 \sin\theta d\theta d\varphi$$

で与えられる．したがって

$$\boldsymbol{A} \cdot \boldsymbol{n} = \frac{1}{a}(x^2 y^2 + y^2 z^2 + z^2 x^2) = \frac{1}{a}\{x^2 y^2 + z^2(x^2+y^2)\}$$
$$= a^3 \sin^4\theta \sin^2\varphi\cos^2\varphi + a^3 \sin^2\theta\cos^2\theta$$
$$= \frac{a^3}{32}\left(\frac{3}{2} - 2\cos 2\theta + \frac{1}{2}\cos 4\theta\right)(1-\cos 4\varphi) + \frac{a^3}{8}(1-\cos 4\theta)$$

であり，式 (7.6) の面積分は

$$\int_S \boldsymbol{A}\cdot\boldsymbol{n} dS = \iint \boldsymbol{A}\cdot\boldsymbol{n} a^2 \sin\theta d\theta d\varphi = \frac{4\pi a^5}{15} + \frac{8\pi a^5}{15} = \frac{4\pi a^5}{5}$$

と求まり，式 (7.5) の体積積分に一致する．なお，上式の計算過程の詳細を省略したが

$$\cos\alpha\sin\beta = \frac{1}{2}\{\sin(\alpha+\beta) - \sin(\alpha-\beta)\}$$

の関係を用いれば容易に計算できる．

図7.1　球座標

例題7.3

曲面 S で囲まれた領域を V, 曲面の単位法線ベクトルを $\boldsymbol{n}$ とすれば

$$\int_V \nabla \times \boldsymbol{A} \, dv = \int_S \boldsymbol{n} \times \boldsymbol{A} \, dS \tag{7.7}$$

の関係が成立することを示せ.

【解答】 $\boldsymbol{B}$ を任意な一定ベクトルとし, ベクトル $\boldsymbol{A} \times \boldsymbol{B}$ に発散定理を用いると

$$\int_V \nabla \cdot (\boldsymbol{A} \times \boldsymbol{B}) \, dv = \int_S (\boldsymbol{A} \times \boldsymbol{B}) \cdot \boldsymbol{n} \, dS$$

であり, 上式左辺の被積分関数 $\nabla \cdot (\boldsymbol{A} \times \boldsymbol{B})$ は式 (6.24) より

$$\nabla \cdot (\boldsymbol{A} \times \boldsymbol{B}) = \boldsymbol{B} \cdot \nabla \times \boldsymbol{A} - \boldsymbol{A} \cdot \nabla \times \boldsymbol{B}$$

であるが, $\boldsymbol{B}$ は一定なベクトルであるから $\nabla \times \boldsymbol{B} = 0$

また, スカラー3重積$^{(*)}$ より

$$(\boldsymbol{A} \times \boldsymbol{B}) \cdot \boldsymbol{n} = \boldsymbol{B} \cdot (\boldsymbol{n} \times \boldsymbol{A})$$

したがって

$$\boldsymbol{B} \cdot \int_V \nabla \times \boldsymbol{A} \, dv = \boldsymbol{B} \cdot \int_S \boldsymbol{n} \times \boldsymbol{A} \, dS$$

が得られるが, 上式において $\boldsymbol{B}$ は任意であり, 式 (7.7) が成立する. ■

備考 (*) について: **スカラー3重積**

$$(\boldsymbol{A} \times \boldsymbol{B}) \cdot \boldsymbol{C} = \boldsymbol{C} \cdot (\boldsymbol{A} \times \boldsymbol{B})$$

$$= C_x (\boldsymbol{A} \times \boldsymbol{B})_x + C_y (\boldsymbol{A} \times \boldsymbol{B})_y + C_z (\boldsymbol{A} \times \boldsymbol{B})_z$$

$$= \begin{vmatrix} C_x & C_y & C_z \\ A_x & A_y & A_z \\ B_x & B_y & B_z \end{vmatrix} \tag{7.8}$$

上の行列式の各行を循環的に交換してもその値は変わらない. つまり

$$\boldsymbol{C} \cdot (\boldsymbol{A} \times \boldsymbol{B}) = \boldsymbol{B} \cdot (\boldsymbol{C} \times \boldsymbol{A}) = \boldsymbol{A} \cdot (\boldsymbol{B} \times \boldsymbol{C})$$

ここで, スカラー3重積の幾何学的意味を調べておく. 図7.2のように, $\boldsymbol{C}$ と $\boldsymbol{A} \times \boldsymbol{B}$ のなす角を θ とすれば

$$\boldsymbol{C} \cdot (\boldsymbol{A} \times \boldsymbol{B}) = |\boldsymbol{C}| \cdot |\boldsymbol{A} \times \boldsymbol{B}| \cos \theta$$

いま, $\boldsymbol{A}, \boldsymbol{B}, \boldsymbol{C}$ を3辺とする平行六面体を作り, $\boldsymbol{A}, \boldsymbol{B}$ の作る底面積を S とすれば

$$S = |\boldsymbol{A} \times \boldsymbol{B}|$$

また高さを h とすれば, $h = |\boldsymbol{C}| \cos \theta$, したがって

$$\boldsymbol{C} \cdot (\boldsymbol{A} \times \boldsymbol{B}) = Sh$$

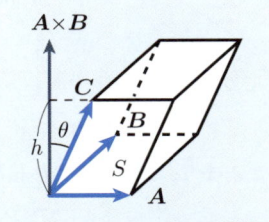

図7.2 スカラー3重積

であり, スカラー3重積 (式 (7.8)) は平行六面体の体積に相当する. ■

7.1 ガウスの発散定理

点電荷 q の周りにできる電界 $\boldsymbol{E}$ はクーロンの法則より

$$\boldsymbol{E} = \frac{q\boldsymbol{r}}{4\pi\varepsilon r^2} \tag{7.9}$$

で与えられる．ここに，r は点電荷 q からの距離，$\boldsymbol{r}$ は r に平行な単位ベクトルである．この点電荷を囲む閉曲面を考える．閉曲面上の面素 da が点電荷によって張られる立体角を $d\omega$ とすれば，図7.3 **(a)** に示すように面素 da は

$$da\cos\varphi = dS = r^2 d\omega$$

の関係がある．なお，図7.3 **(b)** はその拡大図である．

さて，$\boldsymbol{E}\cdot d\boldsymbol{a}$ をこの閉曲面全体について積分すると

$$\iint_S \boldsymbol{E}\cdot d\boldsymbol{a} = \iint_S \frac{q}{4\pi\varepsilon r^2}\frac{r^2 d\omega}{\cos\varphi}\cos\varphi = \frac{q}{4\pi\varepsilon}\iint_S d\omega = \frac{q}{\varepsilon}$$

が得られる．この面積分は閉曲面の中での点電荷 q の位置に関係しない．したがって，閉曲面の中に電荷密度 ρ の連続的な電荷の分布があるとすると，上の面積分は

$$\iint_S \boldsymbol{E}\cdot d\boldsymbol{a} = \frac{Q}{\varepsilon} = \iiint_V \frac{\rho dv}{\varepsilon} \tag{7.10}$$

とも書ける．ただし，Q は閉曲面中の全電荷である．

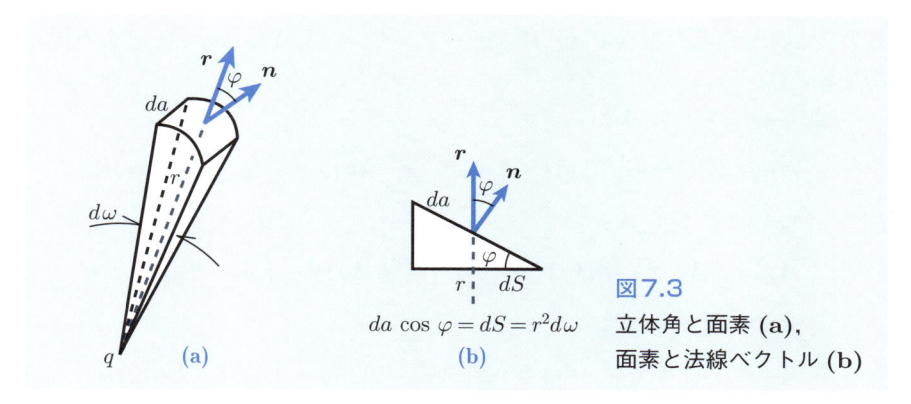

図7.3 立体角と面素 (a)，面素と法線ベクトル (b)

ここで，ガウスの発散定理 (7.2) を用いて，電界の面積分を書き換えると

$$\iint_S \boldsymbol{E}\cdot d\boldsymbol{a} = \iiint_V \nabla\cdot\boldsymbol{E} dv \tag{7.11}$$

となり，式 (7.10), (7.11) から

$$\nabla\cdot\boldsymbol{E} = \frac{\rho}{\varepsilon} \tag{7.12}$$

が得られる．上式も**クーロンの法則**である．

7.2 ストークスの定理

7.2.1 ストークスの定理

図7.4 に示すように，ベクトル界 $\boldsymbol{A}$ において微小三角形 PQR（$=\Delta S$）の yz 面，zx 面，xy 面への正射影 $\Delta S_x, \Delta S_y, \Delta S_z$ はそれぞれ

$$\Delta S_x = \tfrac{1}{2}\Delta y \Delta z$$

$$\Delta S_y = \tfrac{1}{2}\Delta z \Delta x$$

$$\Delta S_z = \tfrac{1}{2}\Delta x \Delta y$$

であり，これらは微小面積 ΔS の面積ベクトル $\Delta \boldsymbol{S}$ の x, y, z 成分でもある．したがって，$\boldsymbol{n}$ を単位法線ベクトルとすると，$\Delta \boldsymbol{S}$ は

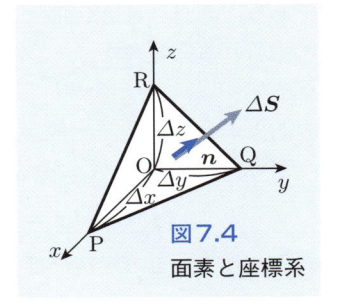

$$\Delta \boldsymbol{S} = \Delta S \boldsymbol{n} = \Delta S_x \boldsymbol{i} + \Delta S_y \boldsymbol{j} + \Delta S_z \boldsymbol{k}$$

で与えられる．原点 O でのベクトル $\boldsymbol{A}$ を

$$\boldsymbol{A} = A_x \boldsymbol{i} + A_y \boldsymbol{j} + A_z \boldsymbol{k}$$

とおくと，三角形の頂点 P, Q, R でのベクトル $\boldsymbol{A}$ は $\Delta x, \Delta y, \Delta z$ による増分が加算され

点 P のベクトル $\boldsymbol{A}$：

$$\boldsymbol{A}_\mathrm{P} = \left(A_x + \tfrac{\partial A_x}{\partial x}\Delta x\right)\boldsymbol{i} + \left(A_y + \tfrac{\partial A_y}{\partial x}\Delta x\right)\boldsymbol{j} + \left(A_z + \tfrac{\partial A_z}{\partial x}\Delta x\right)\boldsymbol{k}$$

点 Q のベクトル $\boldsymbol{A}$：

$$\boldsymbol{A}_\mathrm{Q} = \left(A_x + \tfrac{\partial A_x}{\partial y}\Delta y\right)\boldsymbol{i} + \left(A_y + \tfrac{\partial A_y}{\partial y}\Delta y\right)\boldsymbol{j} + \left(A_z + \tfrac{\partial A_z}{\partial y}\Delta y\right)\boldsymbol{k}$$

点 R のベクトル $\boldsymbol{A}$：

$$\boldsymbol{A}_\mathrm{R} = \left(A_x + \tfrac{\partial A_x}{\partial z}\Delta z\right)\boldsymbol{i} + \left(A_y + \tfrac{\partial A_y}{\partial z}\Delta z\right)\boldsymbol{j} + \left(A_z + \tfrac{\partial A_z}{\partial z}\Delta z\right)\boldsymbol{k}$$

ここで，ΔS の周辺 PQR に沿う $\boldsymbol{A}$ の線積分 $\int_\mathrm{PQR} \boldsymbol{A} \cdot d\boldsymbol{s}$ は

$$\int_\mathrm{PQR} \boldsymbol{A} \cdot d\boldsymbol{s} = \int_\mathrm{OPQO} \boldsymbol{A} \cdot d\boldsymbol{s} + \int_\mathrm{OQRO} \boldsymbol{A} \cdot d\boldsymbol{s} + \int_\mathrm{ORPO} \boldsymbol{A} \cdot d\boldsymbol{s}$$

と分解でき，さらに上式右辺 3 項のそれぞれの線積分は

$$\int_\mathrm{OPQO} \boldsymbol{A} \cdot d\boldsymbol{s} = \int_\mathrm{OP} \boldsymbol{A} \cdot d\boldsymbol{s} + \int_\mathrm{PQ} \boldsymbol{A} \cdot d\boldsymbol{s} + \int_\mathrm{QO} \boldsymbol{A} \cdot d\boldsymbol{s} \quad (7.13)$$

図7.4 面素と座標系

7.2 ストークスの定理

$$\int_{\text{OQRO}} \boldsymbol{A} \cdot d\boldsymbol{s} = \int_{\text{OQ}} \boldsymbol{A} \cdot d\boldsymbol{s} + \int_{\text{QR}} \boldsymbol{A} \cdot d\boldsymbol{s} + \int_{\text{RO}} \boldsymbol{A} \cdot d\boldsymbol{s} \quad (7.14)$$

$$\int_{\text{ORPO}} \boldsymbol{A} \cdot d\boldsymbol{s} = \int_{\text{OR}} \boldsymbol{A} \cdot d\boldsymbol{s} + \int_{\text{RP}} \boldsymbol{A} \cdot d\boldsymbol{s} + \int_{\text{PO}} \boldsymbol{A} \cdot d\boldsymbol{s} \quad (7.15)$$

と分けることができる．ただし，右辺のベクトル $\boldsymbol{A}$ を線積分に沿う区間によってそれぞれ平均値，つまり区間 OP では $\frac{\boldsymbol{A}+\boldsymbol{A}_\text{P}}{2}$，区間 PQ では $\frac{\boldsymbol{A}_\text{P}+\boldsymbol{A}_\text{Q}}{2}$，区間 QO では $\frac{\boldsymbol{A}_\text{Q}+\boldsymbol{A}}{2}$ を採用することにする．また，それぞれの区間での線素ベクトル $\Delta\boldsymbol{s}$ は線積分の方向性を考慮に入れると

$$\text{区間 OP}: \Delta\boldsymbol{s} = \Delta x \boldsymbol{i}$$

$$\text{区間 PQ}: \Delta\boldsymbol{s} = (-\Delta x)\boldsymbol{i} + \Delta y \boldsymbol{j}$$

$$\text{区間 QO}: \Delta\boldsymbol{s} = (-\Delta y)\boldsymbol{j}$$

である．以上より，式 (7.13) 右辺のそれぞれの積分は

$$\int_{\text{OP}} \boldsymbol{A} \cdot d\boldsymbol{s} = \int_{\text{OP}} \frac{\boldsymbol{A}+\boldsymbol{A}_\text{P}}{2} \cdot \Delta x \boldsymbol{i} = \tfrac{1}{2}\left(2A_x + \frac{\partial A_x}{\partial x}\Delta x\right)\Delta x$$

$$\int_{\text{PQ}} \boldsymbol{A} \cdot d\boldsymbol{s} = \int_{\text{PQ}} \frac{\boldsymbol{A}_\text{P}+\boldsymbol{A}_\text{Q}}{2} \cdot \{(-\Delta x)\boldsymbol{i} + \Delta y \boldsymbol{j}\}$$

$$= -\tfrac{1}{2}\left(2A_x + \frac{\partial A_x}{\partial x}\Delta x + \frac{\partial A_x}{\partial y}\Delta y\right)\Delta x$$

$$+ \tfrac{1}{2}\left(2A_y + \frac{\partial A_y}{\partial x}\Delta x + \frac{\partial A_y}{\partial y}\Delta y\right)\Delta y$$

$$\int_{\text{QO}} \boldsymbol{A} \cdot d\boldsymbol{s} = \int_{\text{QO}} \frac{\boldsymbol{A}_\text{Q}+\boldsymbol{A}}{2} \cdot (-\Delta y)\boldsymbol{j} = -\tfrac{1}{2}\left(2A_y + \frac{\partial A_y}{\partial y}\Delta y\right)\Delta y$$

となり，これらを加算すると式 (7.13) は

$$\int_{\text{OPQO}} \boldsymbol{A} \cdot d\boldsymbol{s} = \tfrac{1}{2}\left(\frac{\partial A_y}{\partial x} - \frac{\partial A_x}{\partial y}\right)\Delta x \Delta y = \left(\frac{\partial A_y}{\partial x} - \frac{\partial A_x}{\partial y}\right)\Delta S_z$$

となる．また，上式は $\nabla \times \boldsymbol{A}$ の z 成分 $(\nabla \times \boldsymbol{A})_z$ を用いると

$$\int_{\text{OPQO}} \boldsymbol{A} \cdot d\boldsymbol{s} = (\nabla \times \boldsymbol{A})_z \Delta S_z \quad (7.16)$$

と書ける．同様にして

$$\int_{\text{OQRO}} \boldsymbol{A} \cdot d\boldsymbol{s} = (\nabla \times \boldsymbol{A})_x \Delta S_x \quad (7.17)$$

$$\int_{\text{ORPO}} \boldsymbol{A} \cdot d\boldsymbol{s} = (\nabla \times \boldsymbol{A})_y \Delta S_y \quad (7.18)$$

が得られ，式 (7.16) + (7.17) + (7.18) より

$$\int_{\text{PQR}} \boldsymbol{A} \cdot d\boldsymbol{s} = (\nabla \times \boldsymbol{A}) \cdot \Delta \boldsymbol{S} \quad (7.19)$$

次に，図7.5のように1つの閉曲線 C を周辺とする任意の曲面 S を多数の微小三角形に分割する．それぞれの三角形に式 (7.19) を適用すると

$$\sum \oint_C \boldsymbol{A} \cdot d\boldsymbol{s} = \sum (\nabla \times \boldsymbol{A}) \cdot \Delta \boldsymbol{S}$$

となるが，左辺の積分については微小三角形の境界線上で正負相殺されて積分が消滅し，結局周辺 C に沿う積分だけが残る．したがって，分割数を無限にすると，$\Delta \boldsymbol{S} \to d\boldsymbol{S}$ として上式は

$$\oint_C \boldsymbol{A} \cdot d\boldsymbol{s} = \int_S (\nabla \times \boldsymbol{A}) \cdot d\boldsymbol{S} \tag{7.20}$$

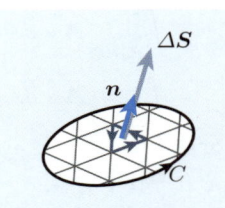

図7.5 面素の分割と積分路

のストークスの定理が得られる．これは面積分と線積分とを互いに変換できる重要な公式である．なお，$\oint$ は周回積分である．

例題7.4

曲面 S を $x^2 + y^2 + z^2 = a^2$, $z \geq 0$ の半球面とし，ベクトル

$$\boldsymbol{A} = (x-y)\boldsymbol{i} + (x-y)\boldsymbol{j} + xyz\boldsymbol{k}$$

に対してストークスの定理を確かめよ．

【解答】 まず，面積分を考える．$\nabla \times \boldsymbol{A}$ は

$$\nabla \times \boldsymbol{A} = \begin{vmatrix} \boldsymbol{i} & \boldsymbol{j} & \boldsymbol{k} \\ \frac{\partial}{\partial x} & \frac{\partial}{\partial y} & \frac{\partial}{\partial z} \\ x-y & x-y & xyz \end{vmatrix} = xz\boldsymbol{i} - yz\boldsymbol{j} + 2\boldsymbol{k}$$

であり，単位法線ベクトル $\boldsymbol{n}$ は

$$\boldsymbol{n} = \tfrac{1}{a}(x\boldsymbol{i} + y\boldsymbol{j} + z\boldsymbol{k})$$

で与えられるから，$(\nabla \times \boldsymbol{A}) \cdot \boldsymbol{n} = (x^2 - y^2 + 2)\frac{z}{a}$ となる．また，球面上の直交座標 (x, y, z) と球座標 (r, θ, φ) との間には

$$x = a\sin\theta\cos\varphi, \quad y = a\sin\theta\sin\varphi, \quad z = a\cos\theta$$

の関係がある．また微小面素は

$$dS = a^2 \sin\theta d\theta d\varphi$$

と与えられるから

$$(\nabla \times \boldsymbol{A}) \cdot \boldsymbol{n} dS = a^2 \{a^2 \sin^2\theta(\cos^2\varphi - \sin^2\varphi) + 2\}\cos\theta\sin\theta d\theta d\varphi$$

$$= a^2(a^2 \sin^2\theta\cos 2\varphi + 2)\cos\theta\sin\theta d\theta d\varphi$$

$$= (a^4 \sin^3\theta\cos\theta d\theta)(\cos 2\varphi d\varphi) + a^2 \sin 2\theta d\theta d\varphi$$

となる．さらに，上式の第 1 項を積分すると，φ については区間 $[0, 2\pi]$ の積分であり 0 となる．したがって

$$\int_S (\nabla \times \boldsymbol{A}) \cdot \boldsymbol{n} dS = \int_0^{\pi/2} a^2 \sin 2\theta d\theta \int_0^{2\pi} d\varphi = 2\pi a^2 \tag{7.21}$$

と求まる．次に，線積分

$$\int_C \boldsymbol{A} \cdot d\boldsymbol{s}$$

の積分路 C は $z = 0$，つまり $\theta = \frac{\pi}{2}$ での半径 a の円周であり，単位接線ベクトル $\boldsymbol{t}$ は

$$\boldsymbol{t} = \frac{1}{a}(-y\boldsymbol{i} + x\boldsymbol{j})$$

と与えられる．これより

$$d\boldsymbol{s} = \boldsymbol{t} ds = \boldsymbol{t} a d\varphi = (-y\boldsymbol{i} + x\boldsymbol{j}) d\varphi$$

である．したがって

$$\boldsymbol{A} \cdot d\boldsymbol{s} = \{(x-y)\boldsymbol{i} + (x-y)\boldsymbol{j} + xyz\boldsymbol{k}\} \cdot (-y\boldsymbol{i} + x\boldsymbol{j}) d\varphi$$
$$= (x^2 + y^2 - 2xy) d\varphi = a^2(1 - \sin 2\varphi) d\varphi$$

となる．以上より，線積分は

$$\int_C \boldsymbol{A} \cdot d\boldsymbol{s} = \int_0^{2\pi} a^2(1 - \sin 2\varphi) d\varphi = 2\pi a^2$$

と求まり，式 (7.21) に一致する．■

7.2.2 レンツの法則

電流が流れると，その周りには磁界 $\boldsymbol{H}$ を生じ，磁束 φ が発生する．磁束 φ は磁束密度 $\boldsymbol{B}$ $(= \mu \boldsymbol{H})$ の面積分より次のように与えられる．

$$\varphi = \iint_S \boldsymbol{B} \cdot d\boldsymbol{S} \tag{7.22}$$

ところで，コイルからなる閉回路を通り抜ける磁束 φ が変化すると，その変化を妨げる方向に電流を流そうとする起電力

$$e = -\frac{d\varphi}{dt} \tag{7.23}$$

が生じる．これを**レンツの法則**という．この起電力は電位勾配である電界 $\boldsymbol{E}$ の線積分で与えられるから

$$e = \oint \boldsymbol{E} \cdot d\boldsymbol{s}$$

と書くことができる．またストークスの定理 (7.20) より電界の線積分は

$$e = \oint \boldsymbol{E} \cdot d\boldsymbol{s} = \iint_S \nabla \times \boldsymbol{E} \cdot d\boldsymbol{S} \tag{7.24}$$

の面積分に変換できる．したがって，式 (7.22), (7.23) より起電力 e は

$$e = -\frac{\partial}{\partial t} \iint_S \boldsymbol{B} \cdot d\boldsymbol{S} = -\iint_S \frac{d\boldsymbol{B}}{dt} \cdot d\boldsymbol{S}$$

であり，上式と式 (7.24) より $\iint_S \left(\nabla \times \boldsymbol{E} + \frac{d\boldsymbol{B}}{dt}\right) \cdot d\boldsymbol{S} = 0$ となる．つまり
$$\nabla \times \boldsymbol{E} + \frac{d\boldsymbol{B}}{dt} = 0 \tag{7.25}$$
が得られる．上式は磁束変化によってその周りに電界が発生するという意味である．

7.2.3 ビオ–サヴァールの法則とアンペールの法則

定常電流 I が流れる曲線上の線素 $\Delta \boldsymbol{s}$ によって磁界が生じる．図7.6 に示すように，この微小磁界を $\Delta \boldsymbol{H}$ とすると，$\Delta \boldsymbol{H}$ は
$$\Delta \boldsymbol{H} = \frac{I}{4\pi} \frac{\Delta \boldsymbol{s} \times \boldsymbol{r}}{r^2} \tag{7.26}$$
で与えられる．ただし，r は線素から磁界を観測する受信点までの距離であり，$\boldsymbol{r}$ は単位ベクトルである．これを**ビオ–サヴァールの法則**という．

いま，図7.7 のように z 軸に沿う無限に長いまっすぐな針金の線素を $d\boldsymbol{z}$ とすれば，針金から垂直に a だけ離れた点での磁界は
$$\boldsymbol{H} = \frac{I}{4\pi} \int_{\alpha=\pi}^{\alpha=0} \frac{d\boldsymbol{z} \times \boldsymbol{r}}{r^2} = \boldsymbol{e}_\theta \frac{I}{4\pi} \int_{\alpha=\pi}^{\alpha=0} \frac{dz \sin\alpha}{r^2}$$
で与えられる．ここで，α は $d\boldsymbol{z}$ と $\boldsymbol{r}$ とのなす角，$\boldsymbol{e}_\theta$ は円筒座標で θ 方向の単位ベクトルである．そこで $\tan\alpha = \frac{a}{z}$ を用いると
$$\boldsymbol{H} = \boldsymbol{e}_\theta H_\theta = \boldsymbol{e}_\theta \frac{I}{2\pi a}$$
が求まる$^{(*)}$．

備考 (*) について：$\tan\alpha = \frac{a}{z}, \frac{dz}{d\alpha} = -a\operatorname{cosec}^2\alpha = -\frac{a}{\sin^2\alpha}, \sin\alpha = \frac{a}{r}$ より
$$\frac{I}{4\pi} \int_{\alpha=\pi}^{\alpha=0} \frac{dz \sin\alpha}{r^2} = \frac{I}{4\pi} \int_{\alpha=\pi}^{\alpha=0} \frac{\sin^2\alpha}{a^2} \left(-\frac{a}{\sin^2\alpha}\right) \sin\alpha \, d\alpha$$
$$= -\frac{I}{4\pi a} \int_{\alpha=\pi}^{\alpha=0} \sin\alpha \, d\alpha = \frac{I}{2\pi a} \quad \blacksquare$$

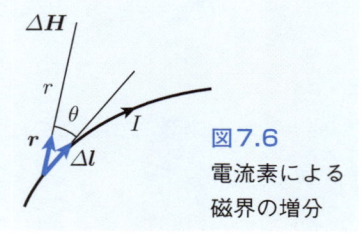

図7.6 電流素による磁界の増分

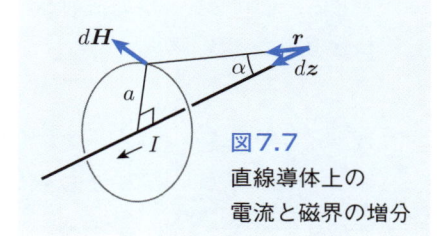

図7.7 直線導体上の電流と磁界の増分

ここで，この磁界に対して閉じた線積分を行えば，常に電流 I に等しい．一方，針金を囲まないようにとった閉曲線については常に 0 となる．そこで，磁界 $\boldsymbol{H}$ の閉じた線積分はその線積分を通り抜ける全電流に等しく

$$\oint \boldsymbol{H} \cdot d\boldsymbol{s} = \iint_S \boldsymbol{J} \cdot d\boldsymbol{a} \tag{7.27}$$

のように書ける．ただし，$\boldsymbol{J}$ は電流密度であり，右辺の積分は左辺の線積分の閉曲線の張る任意の曲面上で行える．ここで，ストークスの定理を用いると，式 (7.27) は

$$\iint_S \nabla \times \boldsymbol{H} \cdot d\boldsymbol{a} = \iint_S \boldsymbol{J} \cdot d\boldsymbol{a}$$

となり，上式から

$$\nabla \times \boldsymbol{H} = \boldsymbol{J} \tag{7.28}$$

が得られる．これが**アンペールの法則**である．

しかし，マクスウェルは空間でも電流が流れると仮定し，式 (7.28) に変位電流 $\frac{\partial \boldsymbol{D}}{\partial t}$ を付加し

$$\nabla \times \boldsymbol{H} = \boldsymbol{J} + \frac{\partial \boldsymbol{D}}{\partial t} \tag{7.29}$$

とした．これがマクスウェルの第 4 番目の方程式である．

なお，マクスウェルの第 3 番目の方程式は式 (7.25) であり，後は電束密度と磁束密度の発散の式 (6.10), (6.11) の 4 式を**マクスウェルの方程式**という．

7章の問題

□**7.1** 図 1 に示すように，1 辺が 1 の立方体の領域を V，その境界面を S とする．ベクトル $\boldsymbol{A}$ が

$$\boldsymbol{A} = ae^{-x}\boldsymbol{i} + be^{-y}\boldsymbol{j} + ce^{-z}\boldsymbol{k}$$

と与えられるとして

(1) 面積分 $\int_S \boldsymbol{A} \cdot \boldsymbol{n}dS$

(2) 体積積分 $\int_V \nabla \cdot \boldsymbol{A}dv$

を求め，両者を比較せよ．ただし，$\boldsymbol{n}$ は 6 面ある境界面での単位法線ベクトルであり，例えば ABCD 面の外向きの法線ベクトルを $\boldsymbol{n}dS = \boldsymbol{i}dydz$ とすると，EFGH 面の外向きの法線ベクトルは $\boldsymbol{n}dS = -\boldsymbol{i}dydz$ である．また，体積要素は $dv = dxdydz$ で与えればよい．

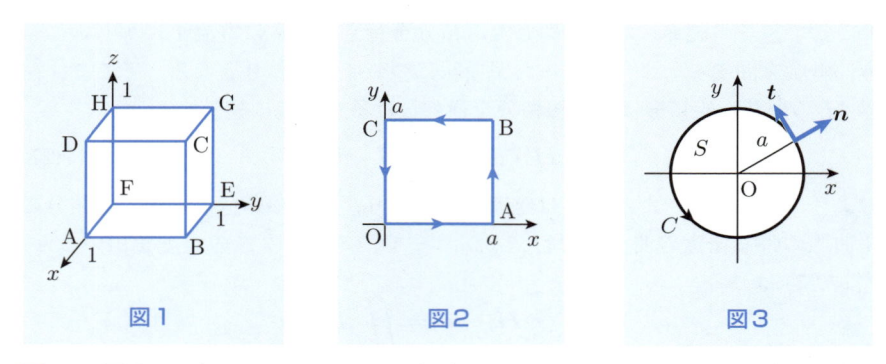

7.2 図2のように，xy平面上で4直線 $x=0, y=0, x=a, y=a$ $(a>0)$ に囲まれた正方形がある．この周辺におけるベクトル $\boldsymbol{A}$ が
$$\boldsymbol{A} = (x^2-y^2)\boldsymbol{i} + 2xy\boldsymbol{j}$$
と与えられるとき

(1) 線積分 $\oint_S \boldsymbol{A} \cdot d\boldsymbol{s}$　　(2) 面積分 $\int_S (\nabla \times \boldsymbol{A}) \cdot \boldsymbol{n} dS$

を求め，両者を比較せよ．ただし，積分路 OABCO は反時計回りとする．また，点 OABC で囲まれた領域内の面を S とする．

7.3 図3のように，半径 a の円で囲まれた領域の周辺にベクトル $\boldsymbol{A}$ が
$$\boldsymbol{A} = -y^3\boldsymbol{i} + x^3\boldsymbol{j}$$
と与えられるとき

(1) 線積分 $\int_C \boldsymbol{A} \cdot d\boldsymbol{s}$　　(2) 面積分 $\int_S (\nabla \times \boldsymbol{A}) \cdot \boldsymbol{k} dS$

を求め，両者を比較せよ．ただし，積分路 C は半径 a の円を反時計回りとする．このとき，円周に対する単位法線ベクトル $\boldsymbol{n}$ は
$$\boldsymbol{n} = \tfrac{1}{a}(x\boldsymbol{i}+y\boldsymbol{j})$$
であり，これに垂直な単位接線ベクトル $\boldsymbol{t}$ は
$$\boldsymbol{t} = \tfrac{1}{a}(-y\boldsymbol{i}+x\boldsymbol{j})$$
である ($\boldsymbol{n} \cdot \boldsymbol{t} = 0$)．このことから $d\boldsymbol{s} = \boldsymbol{t}ds$ であり，ds は極座標表示で $ds = ad\theta$ となる．また，半径 a の円で囲まれた領域内の面を S とする．したがって，この面に垂直な単位ベクトルは $\boldsymbol{k}$ である．

第8章

微分方程式

　電気電子工学や力学などの物理現象を理論的に解析する場合には，その数学モデルはほとんどが導関数を含んだ方程式で表現される．この方程式が微分方程式である．この章では，電気電子工学に現れる微分方程式を中心にその方程式の導出方法と解法について述べる．

8.1 微分方程式

8.1.1 微分方程式

微分方程式には常微分方程式と偏微分方程式があり，総称して**微分方程式**と呼んでいる．常微分方程式は次のように定義される．いま，x は実数値または複素数値をとる変数，y は x と同じく実数値または複素数値をとる x の関数である．y は x について n 回微分可能とし，y の x に関する第 n 回までの導関数 $y', y'', y''', \cdots, y^{(n)}$ とする．そのとき $x, y', y'', y''', \cdots, y^{(n)}$ の間に x に関して恒等的に

$$f(x, y, y', \cdots, y^{(n)}) = 0 \quad (\text{ここで } y' = \tfrac{dy}{dx}, y^{(n)} = \tfrac{d^n y}{dx^n}) \tag{8.1}$$

の関係式が成り立つとき，この方程式を関数 $y(x)$ に関する**常微分方程式**という．

また，y が 2 つ以上の変数 $x_1, x_2, \cdots$ の関数であるとき，**偏導関数** $\frac{\partial y}{\partial x_1}, \frac{\partial y}{\partial x_2}$ を含む上式と同様の等式を**偏微分方程式**といっている．ここで，偏導関数 $\frac{\partial y}{\partial x_1}$ は，x_1 以外を一定にして x_1 で y を微分することを意味する．

例えば，これらの方程式

(1) $\frac{dy}{dx} = 2x + 3$ (2) $\frac{d^2 y}{dx^2} + 3\frac{dy}{dx} + 2y = 0$

(3) $x\frac{dy}{dx} + y = 5$ (4) $(y''')^5 + 4(y'')^2 - y = \tan x$

(5) $\frac{\partial z}{\partial x} + z + x\frac{\partial z}{\partial y} = 0$ (6) $\frac{\partial^2 z}{\partial x^2} + \frac{\partial^2 z}{\partial y^2} = 3x^2 - y$

はすべて導関数を含むので微分方程式であり，式 (1)〜(4) までは常微分方程式，式 (5) と (6) は偏微分方程式という．

1 つの微分方程式の中に含まれる導関数の最高階の**階数**を，その微分方程式の階数と呼んでいる．式 (1) と (3) は 1 階の常微分方程式，式 (2) は 2 階，式 (4) は 3 階の常微分方程式，式 (5) は 1 階の偏微分方程式であり，式 (6) は 2 階の偏微分方程式である．

さらに，方程式の最高階の導関数に関するその多項式の次数をその微分方程式の次数という．式 (1), (2), (3), (5), (6) は 1 次で，式 (4) は 5 次の微分方程式である．

8.1.2 微分方程式の解

微分方程式を満足する関数 $y = f(x)$ を微分方程式の解といい，解を求めることを微分方程式を解くという．簡単な微分方程式は積分によって 1 つの解を求め確定することができるが，n 階の微分方程式の場合，n 個の任意定数をもつ解が存在することがあり，これを一般解と呼んでいる．一般解の任意定数の値は初期条件や境界条件などの条件が与えられると，これらの定数は特定の値に確定する．特定の値に定めた解を**特殊解**または**特解**という．

8.1 微分方程式

> **例題 8.1**
> 次の関数から任意定数 A, B を消去して対応する微分方程式を求めよ．
> (1) $y = Ax$ (2) $y = Ae^x$ (3) $y = A\sin\omega t + B\cos\omega t$

【解答】 (1) $y = Ax$ ∴ $\frac{dy}{dx} = A = \frac{y}{x}$ 答 $\frac{dy}{dx} - \frac{y}{x} = 0$

(2) $y = Ae^x$ ∴ $\frac{dy}{dx} = Ae^x = y$ 答 $\frac{dy}{dx} - y = 0$

(3)
$$\frac{dy}{dt} = A\omega\cos\omega t - B\omega\sin\omega t$$
$$\frac{d^2y}{dt^2} = -A\omega^2\sin\omega t - B\omega^2\cos\omega t = -\omega^2(A\sin\omega t + B\cos\omega t) = -\omega^2 y$$

答 $\frac{d^2y}{dt^2} + \omega^2 y = 0$

> **例題 8.2**
> $\frac{dy}{dx} = 1$ の一般解と $y|_{x=0} = 2$ の特殊解を求めよ．

【解答】〔一般解〕 $\frac{dy}{dx} = 1$ の両辺を x について積分する．
$$\int \frac{dy}{dx} dx = \int dx \quad ∴ \quad \int dy = \int dx$$
一般解は $y = x + A$（A は積分定数）

〔特殊解〕 $y|_{x=0} = 2$ とすると
$$y|_{x=0} = 2 = 0 + A \quad ∴ \quad A = 2$$
特殊解は $y = x + 2$

> **例題 8.3**
> 図 8.1 の電気回路で時刻 $t = 0$ でスイッチ S を閉じた後の微分方程式を求めよ．
>
> 図 8.1 電気回路

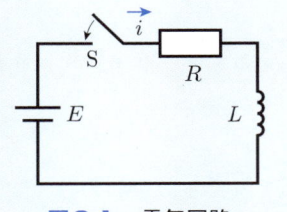

【解答】 $t = 0$ で S を閉じると，$t \geq 0$ において抵抗の電圧降下 v_R とインダクタンスの電圧降下 v_L は $v_R = Ri, v_L = L\frac{di}{dt}$ である．

キルヒホフの電圧則により求める微分方程式は
$$E = Ri + L\frac{di}{dt}$$

8.2 常微分方程式

8.2.1 1階常微分方程式の解法

(1) 線形と非線形 微分方程式の式 (8.1) を1階微分方程式の

$$f(x, y, y') = 0$$

とする．求める関数 y とその導関数について1次式（1乗の項のみ）である微分方程式の

$$y' + P(x)y = Q(x) \tag{8.2}$$

の形に書けるとき式 (8.2) は線形であるという．ここで，$P(x)$ と $Q(x)$ は x だけの関数である．例えば

$$y' + 2xy = 3x \quad (\text{ここで } P(x) = 2x, Q(x) = 3x)$$
$$y' - y = e^{2x} \quad (\text{ここで } P(x) = -1, Q(x) = e^{2x})$$

は，1階線形常微分方程式である．

一方

$$y' + 2xy^2 = 2\sin x$$

のように関数 y とその導関数の1次式で表せない微分方程式は，非線形あるという．すなわち，$y^2, (y')^2, (y')^3$ など2乗以上の項をもつものは非線形微分方程式である．

(2) 変数分離形1階常微分方程式の解法 $f(x), g(x)$ がそれぞれ x, y の関数であるとき

$$\frac{dy}{dx} = f(x)g(y)$$

の形をもつ微分方程式を変数分離形という．

一般解は

$$\frac{dy}{g(y)} = f(x)dx$$

のように左辺を y のみの関数，右辺を x のみの関数に分離して求められる．

左辺および右辺をそれぞれ積分すると

$$\int \frac{dy}{g(y)} \left(= \int \frac{1}{g(y)} \frac{dy}{dx} dx \right)$$
$$= \int f(x)dx + C \tag{8.3}$$

ただし，C は積分定数．このような解法を変数分離法と呼んでいる．

(3) 線形常微分方程式の解法

(i) 式 (8.2) の一般解の求め方　$\frac{dy}{dx} + P(x)y = Q(x)$　　$\cdots$ (8.2) 再掲

いま，次式とおく．

$$y = uz \tag{8.4}$$

ここで u, z はともに x の関数とすると

$$\frac{dy}{dx} = \frac{du}{dx}z + u\frac{dz}{dx} \tag{8.5}$$

式 (8.4), (8.5) を式 (8.2) に代入すると

$$\frac{dy}{dx} + Py = \frac{du}{dx}z + u\frac{dz}{dx} + Puz = Q$$

$$\therefore\ u\frac{dz}{dx} + \left(\frac{du}{dx} + Pu\right)z = Q \tag{8.6}$$

ここで

$$\frac{du}{dx} + Pu = 0 \tag{8.7}$$

を満たす u を求めると式 (8.6) は容易に解くことができる．

u を変数分離法で求めると

$$\frac{du}{u} = -Pdx, \quad \log u = -\int Pdx + C'$$

が得られる．ただし C' は積分定数である．簡単のために $C' = 0$ とおく．

$$u = e^{-\int Pdx} \tag{8.8}$$

式 (8.7), (8.8) を式 (8.6) に代入して

$$e^{-\int Pdx}\frac{dz}{dx} = Q, \quad dz = Qe^{\int Pdx}$$

$$\therefore\ z = \int Qe^{\int Pdx}dx + C \tag{8.9}$$

式 (8.8), (8.9) を式 (8.4) に代入すると式 (8.2) の一般解

$$y = e^{-\int Pdx}\left(\int Qe^{\int Pdx}dx + C\right)$$

$$= e^{-\int Pdx}\int Qe^{\int Pdx}dx + Ce^{-\int Pdx} \tag{8.10}$$

が得られる．

(ii) 一般解，特殊解および余関数

式 (8.10) の一般解のうち

$$y_1 = e^{-\int Pdx}\int e^{\int Pdx}Qdx$$

は式 (8.2) を満足する一つの特殊解である．

一方，式 (8.2) で $Q = 0$ とおいた

$$\frac{dy}{dx} + Py = 0 \tag{8.11}$$

の解

$$y_2 = Ce^{-\int P dx} \tag{8.12}$$

は式 (8.10) の解でもある．

式 (8.2) で $Q=0$ とおいた式 (8.11) は同次常微分方程式と呼ばれており，式 (8.12) は式 (8.2) の同次常微分方程式の一般解で，余関数である．したがって，式 (8.2) の一般解式 (8.10) の y は特殊解 y_1 と余関数 y_2 との和

$$y = y_1 + y_2 \tag{8.13}$$

となる．式 (8.13) の関数は 2 階以上の常微分方程式についても成立する．

■ **例題8.4** ■

次の微分方程式を解け．
(1) $\dfrac{dy}{dx} - \dfrac{y}{x} = 0$ (2) $\dfrac{dy}{dx} = 2x + 3$ (3) $\dfrac{xdy}{dx} + y = 5$

【解答】 (1) 変数分離して $\dfrac{dy}{y} = \dfrac{dx}{x}$ となる．これを積分すると $\log y = \log x + C'$ ただし C' は積分定数である．よって

$$y = e^{\log x + C'} = Ce^{\log x} = Cx$$

ここで $C = e^{C'}$ は積分定数である．

(2) $dy = 2xdx + 3dx$ ∴ $y = \int 2xdx + \int 3dx = x^2 + 3x + C$

(3) 変数分離して $\dfrac{dy}{y-5} = -\dfrac{dx}{x}$ となる．これを積分すると $\int \dfrac{1}{y-5}dy = -\int \dfrac{1}{x}dx + C'$
$\log|y-5| = -\log x + C'$, $y - 5 = e^{-\log x + C'} = Ce^{-\log x} = C\dfrac{1}{x}$
∴ $y = \dfrac{C}{x} + 5$ （ただし $C = e^{C'}$） ■

■ **例題8.5** ■

図8.1 の電気回路で時刻 $t=0$ でスイッチ S を閉じて直流電圧 E を印加したとき

(1) 回路に流れる電流 i を求めよ．
(2) $t = \infty$ の定常状態に至るまでに L に蓄えられるエネルギー W_L を求めよ．ただし，$t=0$ でインダクタンス L の磁束は 0 であるとする．

【解答】 (1) $t=0$ で S を閉じた後の回路方程式は，例題 8.3 より

$$L\dfrac{di}{dt} + Ri = E$$

となる．上式の変数分離を行うと

$$\dfrac{di}{dt} = \dfrac{1}{L}(E - Ri) = -\dfrac{R}{L}\left(i - \dfrac{E}{R}\right)$$

したがって $\dfrac{di}{i - \frac{E}{R}} = -\dfrac{R}{L}dt$

式 (8.3) を適用して
$$\int \frac{di}{i-\frac{E}{R}} = \log\left(i - \frac{E}{R}\right) = \int \left(-\frac{R}{L}dt\right) + C' = -\frac{R}{L}t + C'$$
したがって
$$i - \frac{E}{R} = e^{-\left(\frac{R}{L}\right)t + C'} = Ce^{-\left(\frac{R}{L}\right)t}, \quad i = \frac{E}{R} + Ce^{-\left(\frac{R}{L}\right)t}$$
(ただし $C = e^{C'}$) 与えられた初期条件より $Li|_{t=0} = 0$ であるので
$$0 = \frac{E}{R} + Ce^0 = \frac{E}{R} + C \qquad \therefore \quad C = -\frac{E}{R}$$
よって
$$i = \frac{E}{R}(1 - e^{-\left(\frac{R}{L}\right)t})$$

(2) 回路方程式の両辺に i を乗じて瞬時電力の式とすると
$$Li\frac{di}{dt} + Ri^2 = Ei$$
定常状態に至るまでに電流から回路に供給される総エネルギー W は
$$W = \int_0^\infty Eidt = \int_0^\infty \left(Li\frac{di}{dt} + Ri^2\right)dt = L\int_0^I idi + R\int_0^\infty i^2 dt$$
$$= \frac{LI^2}{2} + R\int_0^\infty i^2 dt$$
ただし，$I = \frac{E}{R}$ は定常状態の電流である．したがってインダクタンス L に蓄えられるエネルギー W_L は $L\int_0^I idi$ であるので
$$W_L = \frac{1}{2}LI^2$$
∎

8.2.2 同次線形微分方程式

(1) <u>同次と非同次</u>　式 (8.1) で表される微分方程式は，一般に
$$a(x)\frac{dy}{dx} + b(x)y = Q(x) \tag{8.14}$$
$$a(x)\frac{d^2y}{dx^2} + b(x)\frac{dy}{dx} + c(x)y = Q(x) \tag{8.15}$$
のように書ける．ただし，$a(x), b(x), c(x), Q(x)$ は x のみの関数である．この線形常微分方程式において，$Q(x) = 0$ の場合は同次，$Q(x) \neq 0$ の場合は非同次常微分方程式と呼んでいる．

例えば，$Q(x) = 0$ の場合，式 (8.14) は 1 階同次線形常微分方程式であり，式 (8.15) は 2 階同次線形常微分方程式である．

$Q(x) \neq 0$ の場合，式 (8.15) は 2 階非同次線形常微分方程式である．

(2) <u>定数係数同次線形常微分方程式の解法</u>　ここでは，式 (8.14), (8.15) の係数 $a(x) = a, b(x) = b, c(x) = c$ が一定で，$Q(x) = 0$ の場合の
$$a\frac{dy}{dx} + by = 0 \tag{8.16}$$
$$a\frac{d^2y}{dx^2} + b\frac{dy}{dx} + cy = 0 \tag{8.17}$$
の解法について述べる．なお，本項で述べる解法は，一般に 2 階以上の微分方

程式にも適用可能である．

(3) **微分演算子**　微分の演算を示す $\frac{d}{dx}, \frac{d^2}{dx^2}$ などを
$$\frac{d}{dx} = D, \quad \frac{d^2}{dx^2} = D^2, \quad \frac{d^3}{dx^3} = D^3$$
のように**微分演算子** D を導入すると実際の演算などに便利である．この D を適用すると，式 (8.16), (8.17) の左辺は D の多項式
$$P(D) = aD + b, \quad P(D) = aD^2 + bD + c$$
となる．したがって，式 (8.16), (8.17) は
$$P(D)y = (aD + b)y = 0 \tag{8.18}$$
および
$$P(D)y = (aD^2 + bD + c)y = 0 \tag{8.19}$$
のように表すことができる．

微分演算子には
$$\left.\begin{array}{l} D(Cy) = CDy, \quad P_1(D)P_2(D)y = P_2(D)P_1(D)y \\ P(D)(C_1y_1 + C_2y_2) = C_1P(D)y_1 + C_2P(D)y_2 \\ D^{-1}x = \frac{1}{D}x = \int x dx \end{array}\right\} \tag{8.20}$$
に示す基本性質がある．ただし，C, C_1, C_2 は任意の定数である．これらの性質を利用して演算できる．

(4) **2 階常微分方程式**　式 (8.19)，すなわち式 (8.17) の互いに独立な解を y_1, y_2 とすると，その 1 次結合の
$$y = C_1y_1 + C_2y_2 \tag{8.21}$$
もまた解である（ただし，C_1, C_2 は任意の定数である）．これが一般解である．式 (8.17) で a, b, c は定数であるので，この式を満足する解は，微分しても関数の形は変わらないものとなる．この条件にあてはまる関数は
$$y = e^{\gamma x} \tag{8.22}$$
の指数関数である．式 (8.22) を式 (8.17) に代入すると
$$a\gamma^2 e^{\gamma x} + b\gamma e^{\gamma x} + ce^{\gamma x} = 0$$
となり式 (8.22) は 0 ではないので
$$a\gamma^2 + b\gamma + c = 0 \tag{8.23}$$
となる．式 (8.23) を式 (8.17) の**特性方程式**または**補助方程式**という．式 (8.23) は γ に関する 2 次の代数方程式であるので，この補助方程式の解は $\gamma_1 = \frac{-b+\sqrt{b^2-4ac}}{2a}$, $\gamma_2 = \frac{-b-\sqrt{b^2-4ac}}{2a}$ に示す 2 根となる．したがって，式 (8.17)

の解は
$$y_1 = e^{\gamma_1 x}, \quad y_2 = e^{\gamma_2 x}$$
の2つとなって，式(8.21)に示す解は
$$y_1 = C_1 y_1 + C_2 y_2 = C_1 e^{\gamma_1 x} + C_2 e^{\gamma_2 x} \tag{8.24}$$
のように書ける．

式(8.17)は2階の微分方程式であるので，y_1, y_2 は単独では一般解にはならないが，式(8.24)は2個の任意の定数を含む解であり，式(8.17)の一般解である．

式(8.17)の一般解は補助方程式の根の種類により，次の3通りになる．

(1) $\boldsymbol{b^2 - 4ac > 0}$　相異なる2実根の場合

一般解は式(8.24)になる．

(2) $\boldsymbol{b^2 - 4ac < 0}$　共役複素根の場合
$$\gamma_1 = \frac{-b}{2a} + j\frac{\sqrt{4ac-b^2}}{2a}, \quad \gamma_2 = \frac{-b}{2a} - j\frac{\sqrt{4ac-b^2}}{2a}$$
であるので
$$\begin{aligned} y &= C_1 e^{\gamma_1 x} + C_2 e^{\gamma_2 x} \\ &= e^{-\frac{b}{2a}x}\left(C_1 e^{j\frac{\sqrt{4ac-b^2}}{2a}x} + C_2 e^{-j\frac{\sqrt{4ac-b^2}}{2a}x}\right) \\ &= e^{-\frac{b}{2a}x}\left(C_1' \cos\frac{\sqrt{4ac-b^2}}{2a}x + C_2' \sin\frac{\sqrt{4ac-b^2}}{2a}x\right) \end{aligned}$$
ここで $C_1' = C_1 + C_2, C_2' = j(C_1 - C_2)$

したがって $y = Ce^{-\frac{b}{2a}x}\sin\left(\frac{\sqrt{4ac-b^2}}{2a}x + \varphi\right)$

ただし，$C = \sqrt{C_1'^2 + C_2'^2}, \varphi = \tan^{-1}\left(\frac{C_1'}{C_2'}\right)$

(3) $\boldsymbol{b^2 - 4ac = 0}$　重根の場合
$$\gamma_1 = \gamma_2 = \gamma = -\frac{b}{2a}$$
であるので，一般解は次のように求められる．

補助方程式の根は等根となるので $y_1 = Ce^{\gamma x}$

しかし，一般解を求めるためには2つの基本解が必要であるので
$$y = C(x)e^{\gamma x}$$
とおく．
$$y'(x) = C'(x)e^{\gamma x} + \gamma C(x)e^{\gamma x}$$
$$y''(x) = C''(x)e^{\gamma x} + 2\gamma C'(x)e^{\gamma x} + \gamma^2 C(x)e^{\gamma x}$$
これらを式(8.17)に代入して整理すると

$$a\{C''(x) + 2\gamma C'(x) + \gamma^2 C(x)\}e^{\gamma x} + b\{C'(x) + \gamma C(x)\}e^{\gamma x} + c\{C(x)e^{\gamma x}\} = 0$$

$e^{\gamma x} \neq 0$ であるので

$$C(x)(a\gamma^2 + b\gamma + c) + C'(x)(2a\gamma + b) + aC''(x) = 0$$

γ は補助方程式 (8.23) の根であるので $C(x)$ の係数は 0 である．また重根であるので $C'(x)$ の係数も 0 となる．したがって

$$aC''(x) = 0$$

これを積分すると $C'(x) = K_1$, $C(x) = K_1 x + K_2$ であるので

$$y = (K_1 x + K_2)e^{\gamma x}$$

ただし，K_1, K_2 は任意の係数である．結局，一般解は

$$y = (K_1 x + K_2)e^{-\frac{b}{2a}x}$$

■ 例題8.6 ■

次の微分方程式を解け．
(1) $y'' + y' - 6 = 0$ (2) $2y'' + 3y' + 5 = 0$ (3) $\frac{d^2 i}{dt^2} + 6\frac{di}{dt} + 9 = 0$

【解答】 (1) 補助方程式とその根は

$$\gamma^2 + \gamma - 6 = (\gamma+3)(\gamma-2) = 0 \quad \therefore \quad \gamma_1 = -3, \quad \gamma_2 = 2$$

となるので一般解は $y = C_1 e^{-3x} + C_2 e^{2x}$ となる．ただし，C_1, C_2 は任意の定数．

(2) 補助方程式の根は共役複素数となる．

$$2\gamma^2 + 3\gamma + 5 = 0 \quad \therefore \quad \gamma_1, \gamma_2 = -\frac{3}{4} \pm j\frac{\sqrt{31}}{4}$$

したがって，一般解は $y = e^{-\frac{3}{4}x}\left(C_1 \cos\frac{\sqrt{31}}{4}x + C_2 \sin\frac{\sqrt{31}}{4}x\right)$ となる．ただし，C_1, C_2 は任意の定数．

(3) 補助方程式とその根は重根であり，

$$\gamma^2 + 6\gamma + 9 = (\gamma+3)^2 = 0 \quad \therefore \quad \gamma_1 = \gamma_2 = -3$$

したがって，一般解は $y = (K_1 t + K_2)e^{-3t}$ となる．ただし，K_1, K_2 は任意の定数．

■ 例題8.7 ■

[例題 8.5] の回路方程式の電源電圧を 0 としたときの一般解を求めよ．

【解答】 回路方程式は

$$L\frac{di}{dt} + Ri = 0$$

微分演算子（$D = \frac{d}{dt}$）を用いて書き換えると

$$P(D)i = (LD + R)i = 0$$

いま, i を
$$i = e^{\gamma t}$$
と仮定すると補助方程式は
$$L\gamma + R = 0 \quad \therefore \quad \gamma = -\frac{R}{L}$$
したがって一般解は $i = Ce^{-\left(\frac{R}{L}\right)t}$ となる．ただし，C は任意の定数である．

■ 例題8.8 ■

図8.2 の LC 直列電気回路において，コンデンサ C を図示の方向の電圧 E に充電した後，$t = 0$ でスイッチ S を閉じて放電する．C の電荷 q と電流 i を求めよ．

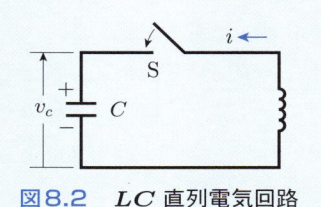

図8.2　LC 直列電気回路

【解答】　回路方程式は
$$L\frac{di}{dt} + v_c = 0$$
ただし，$v_c = \frac{q}{C}$ である．したがって
$$L\frac{d^2 q}{dt^2} + \frac{q}{C} = 0$$
微分演算（$D = \frac{d}{dt}$）を用いて書き換えると
$$\left(LD^2 + \frac{1}{C}\right)q = 0$$
$q = e^{\gamma t}$ とおいて
$$\gamma^2 + \omega_0^2 = 0$$
ただし，$\omega_0 = \frac{1}{\sqrt{LC}}$ は固有角周波数となる．
$$\gamma_1 = j\omega_0, \quad \gamma_2 = -j\omega_0$$
$$q = C_1 e^{j\omega_0 t} + C_2 e^{-j\omega_0 t} = C_1' \cos \omega_0 t + C_2' \sin \omega_0 t$$
$$i = \frac{dq}{dt} = -\omega_0 C_1' \sin \omega_0 t + \omega_0 C_2' \cos \omega_0 t$$
題意により
$$q|_{t=0} = CE = C_1', \quad i|_{t=0} = 0 = \omega_0 C_2'$$
したがって
$$q = CE \cos \omega_0 t = CE \cos \frac{t}{\sqrt{LC}}$$
$$i = -\omega_0 CE \sin \omega_0 t = -\frac{E}{\sqrt{\frac{L}{C}}} \sin \frac{t}{\sqrt{LC}}$$

8.2.3 定数係数非同次線形常微分方程式の解法

式 (8.14), (8.15) の線形常微分方程式で，前項のように定数係数であるが，$Q(x) \neq 0$ の非同次常微分方程式

$$a\frac{dy}{dx} + by = Q(x) \tag{8.25}$$

$$a\frac{d^2y}{dx^2} + b\frac{dy}{dx} + cy = Q(x) \tag{8.26}$$

の解法について述べる．なお，本項の解法も 2 階以上，n 階の微分方程式にも適用可能である．

(1) **一般解** 式 (8.25), (8.26) は微分演算子を用いて表すと

$$P(D)y = (aD + b)y = Q(x) \tag{8.27}$$

$$P(D)y = (aD^2 + bD + c)y = Q(x) \tag{8.28}$$

となる．

式 (8.27), (8.28) を満足する一つの特殊解を y_1 とし，同次方程式の一般解，すなわち余関数を y_2 とする．式 (8.25), (8.26) の一般解は式 (8.13) と同様に $y = y_1 + y_2$ で与えられる．ただし，y_1 は特殊解，y_2 は余関数である．

(2) **特殊解** 特殊解 y_1 は $Q(x)$ の種々の場合によって次のようになる．

 (i) $Q(x) = C$ の場合（C は定数）

$$y_1 = \frac{C}{P(D)|_{D=0}} = \frac{C}{P(0)} \tag{8.29}$$

 (ii) $Q(x) = Ce^{\alpha x}$ の場合

$$y_1 = \frac{Ce^{\alpha x}}{P(D)|_{D=\alpha}} = \frac{Ce^{\alpha x}}{P(\alpha)} \tag{8.30}$$

 (iii) $Q(x) = Ce^{j\omega x}$ の場合

$$y_1 = \frac{Ce^{j\omega x}}{P(D)|_{D=j\omega}} = \frac{Ce^{j\omega x}}{P(j\omega)} \tag{8.31}$$

ここで，式 (8.29) を導出する．式 (8.27), (8.28) で特殊解を y_1 とし，$Q(x) = C$（定数）とおくと次式が成り立つ．

$$P(D)y_1 = C \quad \therefore \quad y_1 = \frac{C}{P(D)}$$

いま，$y_1 = C$ を一つの特殊解とする．

$$P(D)C = \left\{\begin{array}{l}(aD+b)c = bC \\ (aD^2+bD+c)C = cC\end{array}\right\} = P(D)|_{D=0}C = P(0)C$$

ここで，C は定数であるので $\frac{dC}{dx} = 0, \frac{d^2C}{dx^2} = 0$ となる．したがって式 (8.29) が得られる．

8.2 常微分方程式

■ **例題8.9** ■
式 (8.30), (8.31) を導け.

【解答】 (ii) の場合：式 (8.30) の導出
特殊解の一つを y_1 とし, $y_1 = Ce^{\alpha x}$ を式 (8.27), (8.28) に代入する.

$$P(D)(Ce^{\alpha x}) = \left\{ \begin{array}{l} (aD+b)(Ce^{\alpha x}) = C(a\alpha + b)e^{\alpha x} \\ (aD^2 + bD + c)(Ce^{\alpha x}) = C(a\alpha^2 + b\alpha + c)e^{\alpha x} \end{array} \right\}$$

$$= P(D)|_{D=\alpha} Ce^{\alpha x} = P(\alpha)Ce^{\alpha x}$$

したがって $y_1 = \frac{Ce^{\alpha x}}{P(D)} = \frac{Ce^{\alpha x}}{P(D)|_{D=\alpha}} = \frac{Ce^{\alpha x}}{P(\alpha)}$

(iii) の場合：式 (8.31) の導出
上式で $\alpha = j\omega$ とおく. $y_1 = \frac{Ce^{j\omega x}}{P(D)|_{D=j\omega}} = \frac{Ce^{j\omega x}}{P(j\omega)}$ となり, 式 (8.31) を得る. ■

■ **例題8.10** ■
特殊解と余関数から次式の一般解を求めよ.
(1) $y'' + 3y' + 2y = 5$ (2) $\frac{d^2 i}{dt^2} + 2\frac{di}{dt} + 3i = 2e^{-2t}$

【解答】 (1) 微分演算子（$D = \frac{d}{dt}$）を用いて式 (1) を書き換えると

$$D^2 y + 3Dy + 2y = 5 \quad \therefore \quad (D^2 + 3D + 2)y = 5$$

ここで, 特殊解を y_1, 余関数を y_2 とおく. 式 (8.29) から $C = 5$, $P(0) = 2$
したがって $y_1 = \frac{C}{P(0)} = \frac{5}{2}$
補助方程式は $\gamma^2 + 3\gamma + 2 = (\gamma + 2)(\gamma + 1) = 0$ となるので余関数 y_2 は

$$y_2 = C_1 e^{-2x} + C_2 e^{-x}$$

したがって一般解 y は $y = y_1 + y_2 = C_1 e^{-2x} + C_2 e^{-x} + \frac{5}{2}$

(2) 微分演算子（$D = \frac{d}{dt}$）を用いて式 (2) を書き換えると

$$(D^2 + 2D + 3)i = 2e^{-2t}$$

ここで, 特殊解を i_1, 余関数を i_2 とおく. 式 (8.30) から i_1 は

$$i_1 = \frac{2e^{-2t}}{P(-2)} = \frac{2e^{-2t}}{(-2)^2 + 2(-2) + 3} = \frac{2}{3}e^{-2t}$$

備考 $i_1 = Ce^{-2t}$ とおくと式 (2) は

$$4Ce^{-2t} - 4Ce^{-2t} + 3Ce^{-2t} = 2e^{-2t}$$

となり $C = \frac{2}{3}$ が得られる. したがって $i_1 = \frac{2}{3}e^{-2t}$ ■

次に補助方程式は $\gamma^2 + 2\gamma + 3 = (\gamma + 2)(\gamma + 1) = 0$ となるので余関数 i_2 は

$$i_2 = C_1 e^{-2t} + C_2 e^{-t}$$

結局, 一般解は $i = i_1 + i_2 = \left(\frac{2}{3} + C_1\right)e^{-2t} + C_2 e^{-t}$ ■

例題8.11

図8.3 に示す R と L の直列回路に，$t=0$ で交流電圧 $v(t)$ を印加した．電流 i を求めよ．

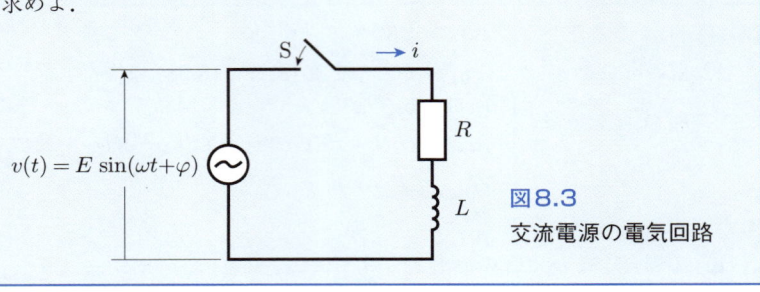

図8.3 交流電源の電気回路

【解答】 $t \geq 0$ における回路方程式は
$$(LD + R)i = E\sin(\omega t + \varphi)$$
特殊解 i_1 は
$$i_1 = \mathrm{Im}\left[\frac{Ee^{j(\omega t+\varphi)}}{(LD+R)|_{D=j\omega}}\right] = \mathrm{Im}\left[\frac{Ee^{j(\omega t+\varphi)}}{R+j\omega L}\right]$$
$$R + j\omega L = Z\left(\frac{R}{Z} + j\frac{X}{Z}\right) = Z(\cos\theta + j\sin\theta) = Ze^{j\theta}$$
ただし，$Z = \sqrt{R^2 + X^2}$, $X = \omega L$, $\theta = \tan^{-1}\left(\frac{X}{R}\right)$ である．したがって
$$i_1 = \mathrm{Im}\left[\frac{Ee^{j(\omega t+\varphi)}}{Ze^{j\theta}}\right] = \mathrm{Im}\left[Ie^{j(\omega t+\varphi-\theta)}\right]$$
$$= I\sin(\omega t + \varphi - \theta)$$
ただし，$I = \frac{E}{Z}$ である．Im[ ]は[ ]の虚部の値を示す回路方程式の余関数 i_2 は
$$i_2 = Ce^{-(\frac{R}{L})t}$$
となる．したがって一般解は
$$i = i_1 + i_2$$
$$= I\sin(\omega t + \varphi - \theta) + Ce^{-(\frac{R}{L})t}$$
となる．初期条件は $t=0$ で $i=0$ であるので
$$i|_{t=0} = I\sin(\varphi - \theta) + C = 0$$
したがって，$C = -I\sin(\varphi - \theta)$．結局，電流 i は次式となる．
$$i = I\{\sin(\omega t + \varphi - \theta) - \sin(\varphi - \theta)e^{-(\frac{R}{L})t}\}$$
ただし，$I = \frac{E}{Z}$ である．

8.2.4 連立微分方程式

一般に，電気回路が R, L, C の直並列回路や磁気結合回路を含む場合は連立線形常微分方程式で表現される．この場合，前項までの微分方程式の解法を応用して解くことができる．

8.2 常微分方程式

(1) 1変数の高階常微分方程式による解法　例えば，2つの電流についての1階連立微分方程式

$$\frac{di_1}{dt} = ai_1 + bi_2 + f_1(t) \tag{8.32}$$

$$\frac{di_2}{dt} = ci_1 + di_2 + f_2(t) \tag{8.33}$$

は1変数の常微分方程式に変形して解くことができる．変数 i_2 を消去し，変数 i_1 の方程式に変形してゆくため，以下の演算を行う．

$$bi_2 = \frac{di_1}{dt} - ai_1 - f_1(t)$$

$$\frac{d^2 i_1}{dt^2} = a\frac{di_1}{dt} + b\frac{di_2}{dt} + \frac{df_1(t)}{dt}$$

$$\frac{d^2 i_1}{dt^2} = a\frac{di_1}{dt} + b(ci_1 + di_2 + f_2(t)) + \frac{df_1(t)}{dt}$$

$$= a\frac{di_1}{dt} + bci_1 + d\left(\frac{di_1}{dt} - ai_1 - f_1(t)\right) + bf_2(t) + \frac{df_1(t)}{dt}$$

$$= (a+d)\frac{di_1}{dt} + (bc - ad)i_1 - df_1(t) + bf_2(t) + \frac{df_1(t)}{dt}$$

したがって次の2階の非同次線形常微分方程式が得られ解くことができる．

$$\frac{d^2 i_1}{dt^2} - (a+d)\frac{di_1}{dt} + (ad - bc)i_1 = Q(t)$$

ただし，$Q(t) = bf_2(t) - df_1(t) + \frac{df_1(t)}{dt}$

この式は前述の解法 (1) 一般解を適用して i_1 を解くことができる．

(2) 状態変数法による解法　時間関数の変数に関する1階線形連立常微分方程式の解法に**状態変数法**を適用することができる．

式 (8.32), (8.33) をマトリックス形式で表すと

$$\begin{bmatrix} \frac{di_1}{dt} \\ \frac{di_2}{dt} \end{bmatrix} = \begin{bmatrix} a & b \\ c & d \end{bmatrix} \begin{bmatrix} i_1 \\ i_2 \end{bmatrix} + \begin{bmatrix} f_1(t) \\ f_2(t) \end{bmatrix} \tag{8.34}$$

となる．式 (8.34) の $\boldsymbol{i}(t)$ をベクトル変数表示して整理すると

$$\frac{d\boldsymbol{i}(t)}{dt} = A\boldsymbol{i}(t) + \boldsymbol{f}(t)$$

となる．ここで，$\boldsymbol{i}(t) = \begin{bmatrix} i_1(t) \\ i_2(t) \end{bmatrix}, A = \begin{bmatrix} a & b \\ c & d \end{bmatrix}, \boldsymbol{f}(t) = \begin{bmatrix} f_1(t) \\ f_2(t) \end{bmatrix}$ である．この表現のように n 個の変数（状態変数という）で記述される1階の n 変数線形連立常微分方程式に一般化して記述し，解析する方法が状態変数法である．

状態変数法は，内部状態を示し得る時間の関数を**状態変数**として定義し，時間的推移に注目して時間領域で取り扱い，初期値を考慮した多入力・多出力の制御システムなどの現象解析や設計に開発されたが，1階の線形連立常微分方程式の解法としても利用ができる．

$$\frac{d\boldsymbol{x}(t)}{dt} = A\boldsymbol{x}(t) + B\boldsymbol{u}(t) \tag{8.35}$$

は n 個の変数に拡張して一般化した状態微分方程式である．ただし

$$\boldsymbol{x}(t) = \begin{bmatrix} x_1(t) \\ x_2(t) \\ \vdots \\ x_n(t) \end{bmatrix}, \quad \boldsymbol{u}(t) = \begin{bmatrix} f_1(t) \\ f_2(t) \\ \vdots \\ f_n(t) \end{bmatrix} \quad \begin{pmatrix} A : n \text{ 行 } n \text{ 列の係数行列} \\ B : n \text{ 行 } p \text{ 列の制御行列} \end{pmatrix}$$

式 (8.35) は後述のラプラス変換法とマトリックス代数を適用して $\boldsymbol{x}(t)$ について解くことができる．解法の詳細は省略するが，$\boldsymbol{x}(t)$ は

$$\boldsymbol{x}(t) = \boldsymbol{\Phi}(t)\boldsymbol{x}(0_+) + \int_0^t \boldsymbol{\Phi}(t-\tau)B\boldsymbol{u}(\tau)d\tau \tag{8.36}$$

ただし $\boldsymbol{\Phi}(t) = \mathcal{L}^{-1}[(sI - A)^{-1}]$ は状態推移行列である．

■ 例題8.12 ■
式 (8.36) を導け．

【解答】 式 (8.35) の両辺をラプラス変換すると次式が求められる．

$$s\boldsymbol{X}(s) - \boldsymbol{x}(0_+) = A\boldsymbol{X}(s) + B\boldsymbol{u}(s)$$

上式を整理して $\boldsymbol{X}(s)$ について解くと

$$\boldsymbol{X}(s) = (sI - A)^{-1}\boldsymbol{x}(0_+) + (sI - A)^{-1}B\boldsymbol{u}(s)$$

が得られる．上式の両辺を逆ラプラス変換すると次式が得られる．

$$\boldsymbol{x}(t) = \mathcal{L}^{-1}[(sI - A)^{-1}]\boldsymbol{x}(0_+) + \mathcal{L}^{-1}[(sI - A)^{-1}B\boldsymbol{u}(s)]$$

上式右辺の第 2 項を合成積を用いて表すと次式となり，式 (8.36) が導かれる．

$$\boldsymbol{x}(t) = \boldsymbol{\Phi}(t)\boldsymbol{x}(0_+) + \int_0^\tau \boldsymbol{\Phi}(t-\tau)B\boldsymbol{u}(\tau)d\tau$$

ただし，$t \geq 0$ である． ■

■ 例題8.13 ■
次の連立微分方程式を状態変数法を用いて解け．
$$\frac{dx_1(t)}{dt} = x_2(t), \quad \frac{dx_2(t)}{dt} = -2x_1(t) - 3x_2(t) + u(t)$$
ただし，初期値を $\boldsymbol{x}(0_+)$ とし，$u(t)$ は単位ステップ関数とする．

【解答】 与えられた式をマトリックス形式で表現すると

$$\begin{bmatrix} \frac{dx_1(t)}{dt} \\ \frac{dx_2(t)}{dt} \end{bmatrix} = \begin{bmatrix} 0 & 1 \\ -2 & -3 \end{bmatrix} \begin{bmatrix} x_1(t) \\ x_2(t) \end{bmatrix} + \begin{bmatrix} 0 \\ 1 \end{bmatrix} u(t)$$

となる．$sI - A$ は

$$sI - A = s\begin{bmatrix} 1 & 0 \\ 0 & 1 \end{bmatrix} - \begin{bmatrix} 0 & 1 \\ -2 & -3 \end{bmatrix} = \begin{bmatrix} s & -1 \\ 2 & s+3 \end{bmatrix}$$

上式の逆行列は $(sI-A)^{-1} = \frac{1}{(s+1)(s+2)}\begin{bmatrix} s+3 & 1 \\ -2 & s \end{bmatrix}$ となる．したがって状態推移行列は

$$\boldsymbol{\Phi}(t) = \mathcal{L}^{-1}[(sI-A)^{-1}]$$
$$= \begin{bmatrix} 2e^{-t} - e^{-2t} & e^{-t} - e^{-2t} \\ -2(e^{-t} - e^{-2t}) & -e^{-t} + 2e^{-t} \end{bmatrix}$$

上式と [例題 8.12] を参照して次の解を得ることができる．

$$\boldsymbol{x}(t) = \boldsymbol{\Phi}(t)\boldsymbol{x}(0_+) + \mathcal{L}^{-1}\left[\frac{1}{(s+1)(s+2)}\begin{bmatrix} s+3 & 1 \\ -2 & s \end{bmatrix}\begin{bmatrix} 0 \\ 1 \end{bmatrix}\frac{1}{s}\right]$$

$$\therefore \begin{bmatrix} x_1(t) \\ x_2(t) \end{bmatrix} = \begin{bmatrix} 2e^{-t} - e^{-2t} & e^{-t} - e^{-2t} \\ -2(e^{-t} - e^{-2t}) & -e^{-t} + 2e^{-2t} \end{bmatrix}\begin{bmatrix} x_1(0_+) \\ x_2(0_+) \end{bmatrix}$$
$$+ \begin{bmatrix} \frac{1}{2} - e^{-t} + \frac{1}{2}e^{-2t} \\ e^{-t} - e^{-2t} \end{bmatrix}$$

8.3 偏微分方程式

8.3.1 偏微分方程式

偏微分方程式とは，独立変数 $x_1, x_2, \cdots, x_n$ とその関数 z，ならびにある階数までの z の偏導関数に関する一つの関数方程式

$$F\left(x_1, x_2, \cdots, x_n, z, \tfrac{\partial z}{\partial x_1}, \tfrac{\partial z}{\partial x_2}, \cdots, \tfrac{\partial z}{\partial x_n}, \tfrac{\partial^2 z}{\partial x_1^2}, \tfrac{\partial^2 z}{\partial x_1 \partial x_2}, \cdots\right) = 0 \qquad (8.37)$$

をいう．

偏微分方程式系の定義も常微分方程式系と同様である．特に，$n=1$ の場合は常微分方程式になる．関数 F に現れる偏導関数の階数の最大値を F の階数という．いま，偏導関数を

$$p_i = \tfrac{\partial z}{\partial x_i}$$

のような記号で表し，$n=2$ の場合，z を x と y の関数として偏微分方程式が

$$A(x,y)r + B(x,y)s + C(x,y)t + D(x,y)p + E(x,y)q + F(x,y)z = G(x,y)$$

のように，z とその偏導関数について 1 次式であるとき，この方程式は**線形**であるといい，2 階偏微分方程式である．ただし，$p = \tfrac{\partial z}{\partial x}$, $q = \tfrac{\partial z}{\partial y}$, $r = \tfrac{\partial^2 z}{\partial x^2}$, $s = \tfrac{\partial^2 z}{\partial x \partial y}$, $t = \tfrac{\partial^2 z}{\partial y^2}$ である．線形でない方程式を**非線形**であるという．

与えられた偏微分方程式，式 (8.37) を満たす関数 $z = \varphi(x_1, x_2, \cdots, x_n)$ をこの偏微分方程式の解といい，解を求めることをこの方程式を解くという．

8.3.2　1階偏微分方程式の解法

変数 z が2つの独立変数 x, y の関数であり，x, y, z と1次偏導関数 $\frac{\partial z}{\partial x}, \frac{\partial z}{\partial y}$ の間に

$$F(x, y, z, p, q) = 0 \tag{8.38}$$

の関係式が成立するとき，この式は未知変数関数 $z = z(x, y)$ に関する1階偏微分方程式といわれる．ただし $p = \frac{\partial z}{\partial x}, q = \frac{\partial z}{\partial y}$ である．また，3つ以上の独立変数をもつ未知多変数関数についても同様に1階偏微分方程式といえる．

偏微分方程式には，(1) **完全解**，(2) **一般解**，(3) **特殊解** の3種類が存在する．

(1)　**完全解**　2つの任意定数を含んでいる式 (8.38) の解を完全解という．式 (8.38) の1つの完全解がわかればその微分と消去法によって式 (8.38) の他のすべての解を求めることができる．

いま

$$P(x, y, z, C_1, C_2) = 0 \tag{8.39}$$

を1つの完全解と仮定する．ただし C_1, C_2 は任意の定数である．

式 (8.39) を x, y について偏微分すると

$$\frac{\partial P}{\partial x} + p\frac{\partial P}{\partial z} = 0, \quad \frac{\partial P}{\partial y} + q\frac{\partial P}{\partial z} = 0 \tag{8.40}$$

を得る．式 (8.39) と (8.40) から C_1, C_2 を消去すると，式 (8.38) が得られる．したがって，解の式 (8.39) は，与えられた偏微分方程式の式 (8.38) を満足し，独立変数の数と同数の任意定数 C_1, C_2 をもっている．

(2)　**一般解**　与えられた偏微分方程式の式 (8.38) を満足し，1つの任意関数を含む1組の式の解を一般解という．

式 (8.39) で C_1, C_2 を x, y の関数であり，C_1 と C_2 の間には関数関係 $C_2 = \varphi(C_1)$ が存在すると仮定する．ただし，φ は任意の関数である．ここで，式 (8.39) を x, y について偏微分すると

$$\left.\begin{array}{l}\frac{\partial P}{\partial x} + p\frac{\partial P}{\partial z} + \frac{\partial P}{\partial C_1}\frac{\partial C_1}{\partial x} + \frac{\partial P}{\partial C_2}\frac{\partial C_2}{\partial x} = 0 \\ \frac{\partial P}{\partial y} + q\frac{\partial P}{\partial z} + \frac{\partial P}{\partial C_1}\frac{\partial C_1}{\partial y} + \frac{\partial P}{\partial C_2}\frac{\partial C_2}{\partial y} = 0\end{array}\right\} \tag{8.41}$$

を得る．式 (8.41) において，左辺の第3項と第4項の和が0，すなわち

$$\left.\begin{array}{l}\frac{\partial P}{\partial C_1}\frac{\partial C_1}{\partial x} + \frac{\partial P}{\partial C_2}\frac{\partial C_2}{\partial x} = 0 \\ \frac{\partial P}{\partial C_1}\frac{\partial C_1}{\partial y} + \frac{\partial P}{\partial C_2}\frac{\partial C_2}{\partial y} = 0\end{array}\right\} \tag{8.42}$$

8.3 偏微分方程式

が成り立つときは，式 (8.39) と (8.41) から C_1, C_2 を消去すれば式 (8.38) と全く同一の微分方程式が得られる．したがって，式 (8.38), (8.40) のかわりに式 (8.39), (8.42) を解いてもよいことになる．

いま，式 (8.42) において，第 1 式に dx を，第 2 式に dy を掛けて和をとっても 0 であるので

$$\left(\frac{\partial P}{\partial C_1}\frac{\partial C_1}{\partial x} + \frac{\partial P}{\partial C_2}\frac{\partial C_2}{\partial x}\right)dx + \left(\frac{\partial P}{\partial C_1}\frac{\partial C_1}{\partial y} + \frac{\partial P}{\partial C_2}\frac{\partial C_2}{\partial y}\right)dy = 0 \tag{8.43}$$

が成り立つ．式 (8.43) は

$$\frac{\partial P}{\partial C_1}\left(\frac{\partial C_1}{\partial x}dx + \frac{\partial C_1}{\partial y}dy\right) + \frac{\partial P}{\partial C_2}\left(\frac{\partial C_2}{\partial x}dx + \frac{\partial C_2}{\partial y}dy\right) = 0$$

$$\frac{\partial P}{\partial C_1}dC_1 + \frac{\partial P}{\partial C_2}dC_2 = 0$$

より

$$\frac{\partial P}{\partial C_1} + \frac{\partial P}{\partial C_2}\frac{\partial C_2}{\partial C_1} = 0, \quad \frac{\partial P}{\partial C_1} + \frac{\partial P}{\partial \phi(C_1)}\phi'(C_1) = 0 \tag{8.44}$$

が導かれる．ここで，$C_2 = \phi(C_1)$ であるので $\frac{dC_2}{dC_1} = \phi'(C_1)$ である．よって

$$C_2 = \phi(C_1) \tag{8.45}$$

式 (8.39) と式 (8.44) は，式 (8.38) を満足し，かつ 1 つの任意関数，式 (8.45) を含んでおり，この 1 組の式が与える解は一般解である．

また，式 (8.45) の関係が存在するとしているので，式 (8.44), (8.45) および (8.39) から C_1, C_2 を消去すれば，一般解が得られる．

いま，D を $D = \begin{vmatrix} \frac{\partial C_1}{\partial x} & \frac{\partial C_2}{\partial x} \\ \frac{\partial C_1}{\partial y} & \frac{\partial C_2}{\partial y} \end{vmatrix}$ とおくと，式 (8.42) の第 1 式は

$$\left(\frac{\partial P}{\partial C_1}\frac{\partial C_1}{\partial x} + \frac{\partial P}{\partial C_2}\frac{\partial C_2}{\partial x}\right)\frac{\partial C_2}{\partial y} - \left(\frac{\partial P}{\partial C_1}\frac{\partial C_1}{\partial y} + \frac{\partial P}{\partial C_2}\frac{\partial C_2}{\partial y}\right)\frac{\partial C_2}{\partial x} = 0$$

を経て次のようになる．

$$\left(\frac{\partial C_1}{\partial x}\frac{\partial C_2}{\partial y} - \frac{\partial C_1}{\partial y}\frac{\partial C_2}{\partial x}\right)\frac{\partial P}{\partial C_1} = 0, \quad D\frac{\partial P_1}{\partial C_1} = 0 \tag{8.46}$$

次に，式 (8.42) の第 2 式は

$$\left(\frac{\partial P}{\partial C_1}\frac{\partial C_1}{\partial x} + \frac{\partial P}{\partial C_2}\frac{\partial C_2}{\partial x}\right)\frac{\partial C_1}{\partial y} - \left(\frac{\partial P}{\partial C_1}\frac{\partial C_1}{\partial y} + \frac{\partial P}{\partial C_2}\frac{\partial C_2}{\partial y}\right)\frac{\partial C_1}{\partial x} = 0$$

を経て次のようになる．

$$\left(\frac{\partial C_1}{\partial y}\frac{\partial C_2}{\partial x} - \frac{\partial C_1}{\partial x}\frac{\partial C_2}{\partial y}\right)\frac{\partial P}{\partial C_2} = 0, \quad D\frac{\partial P}{\partial C_2} = 0 \tag{8.47}$$

式 (8.46), (8.47) は式 (8.42) と等価である．一般解は

$$\frac{\partial P}{\partial C_1} \neq 0, \quad \frac{\partial P}{\partial C_2} \neq 0 \quad \therefore \quad D = 0 \tag{8.48}$$

の条件を満たしていることがわかる．すなわち，式 (8.48) は C_1 と C_2 は互いに独立でなくなり，C_2 は C_1 の任意の関数，式 (8.45) で与えられることを示している．

(3) **特殊解** 式 (8.38) を満足し，任意定数や任意関数を含まない解を特殊解という．

完全解の式 (8.39) において，C_1, C_2 を x, y の関数であるとし，C_1, C_2 には関数関係がないとする．すなわち

$$D \neq 0 \quad \therefore \quad \frac{\partial P}{\partial C_1} = 0, \quad \frac{\partial P}{\partial C_2} = 0 \tag{8.49}$$

の $D \neq 0$ であるとすると式 (8.46) と (8.47) を満たす条件は式 (8.49) となる．この式と式 (8.39) から C_1, C_2 を除去すると特殊解

$$\varphi(x, y, z) = 0$$

が求められる．

■ 例題8.14 ■

偏微分方程式の解が次式で与えられるとき，その解を導く偏微分方程式を求めよ．

(1) $z = ax + by + ab$ (2) $z = f(x^2 + y^2)$

【解答】 (1) 与えられた解を x と y でそれぞれ偏微分すると

$$\frac{\partial z}{\partial x} = a, \quad \frac{\partial z}{\partial y} = b$$

この値を与えられた式に代入すると求める偏微分方程式が得られる．

$$z = x\frac{\partial z}{\partial x} + y\frac{\partial z}{\partial y} + \frac{\partial z}{\partial x}\frac{\partial z}{\partial y}$$

$$\therefore \quad F(x, y, p, q, pq) = xp + yq + pq - z = 0$$

(2) 与えられた解を x, y でそれぞれ偏微分すると

$$\frac{\partial z}{\partial x} = 2x f'(x^2 + y^2), \quad \frac{\partial z}{\partial y} = 2y f'(x^2 + y^2)$$

したがって $\dfrac{\frac{\partial z}{\partial x}}{\frac{\partial z}{\partial y}} = \dfrac{2x}{2y}$ となる．求める偏微分方程式は

$$y\frac{\partial z}{\partial x} = x\frac{\partial z}{\partial y} \quad \therefore \quad F(x, y, p, q) = xq - yp = 0$$

以上より，偏微分方程式は任意定数または任意関数を消去して得られる．解は独立変数と同数の任意定数をもつ．

変数関係式を完全積分または完全解 (1) といい，独立変数と同数の不定関数をもつ変数関係式をその微分方程式の一般積分または一般解ということがわかる．

例題8.15

次の完全解を求めよ．
(1) $p+q=0$　　(2) $p=2qx$
(3) $f(z,p,q)=0$　　(4) $f(x,p)=g(y,q)$
ただし，$z=z(x,y)$, $p=\frac{\partial z}{\partial x}$, $q=\frac{\partial z}{\partial y}$

【解答】 (1) $p=a$, $q=b$ とおいて式(1)に代入すると
$$a+b=0 \quad \therefore \quad b=-a$$
よって $\frac{\partial z}{\partial x}=p=a$, $\frac{\partial z}{\partial y}=q=b=-a$
ゆえに完全解は $z=ax-ay+C$

(2) $q=a$ とおけば
$$\frac{\partial z}{\partial y}=q=a, \quad z=ay+g(x)$$
よって $p=\frac{\partial z}{\partial x}=g'(x)$
これらを式(2)に代入すると $p=g'(x)=2ax$
したがって $g(x)=\int g'(x)dx=ax^2+C$
ゆえに完全解は $z=ay+ax^2+C$

(3) $z=g(x+ay)$ とおけば
$$p=g'(x+ay), \quad q=ag'(x+ay)$$
これらを式(3)に代入すると $f(g,g',ag')=0$
これは g を未知関数，$\gamma=x+ay$ を独立変数とする常微分方程式になっている．これを解けば，解 $z=g(x+ay)$ が求められる．この常微分方程式を解く．
まず g' について解く．$\frac{dg}{d\gamma}=g'=h(g,a)$ とすると変数分離形であり
$$\gamma+C=\int \frac{dg}{h(g,a)}$$
ゆえに完全解は $x+ay+C=\int \frac{dz}{h(z,a)}$

(4) $f(x,p)=g(y,q)=a$ とおけば
$$p=h(x,a), \quad q=i(y,a)$$
の形に解ける．すなわち
$$\frac{\partial z}{\partial x}=h(x,a), \quad \frac{\partial z}{\partial y}=i(y,a)$$
であるのでそのまま積分して完全解は
$$z=\int h(x,a)dx+\int i(y,a)dy+C$$

例題8.16

次式の完全解，一般解，および特殊解を求めよ．
$$xp + yq + p^2 + q^2 - z = 0$$

【解答】 (i) 完全解

C_1, C_2 を任意定数，C_3 を未定定数として $z = C_1 x + C_2 y + C_3$ とおくと
$$\frac{\partial z}{\partial x} = C_1, \quad \frac{\partial z}{\partial y} = C_2$$
上の2式を問題の式に代入する．
$$C_1 x + C_2 y + C_3 = C_1 x + C_2 y + C_1^2 + C_2^2$$
したがって $C_3 = C_1^2 + C_2^2$
C_3 を z の式に代入して
$$z = C_1 x + C_2 y + C_1^2 + C_2^2$$
ゆえに完全解は
$$C_1 x + C_2 y - z + C_1^2 + C_2^2 = 0$$

(ii) 一般解

完全解の上式と式(8.44)により次の1組の式が一般解である．
$$C_1 x + \phi(C_1) y - z + C_1^2 + \{\phi(C_1)\}^2 = 0$$
$$x + \phi'(C_1) y + 2C_1 + 2\phi(C_1)\phi'(C_1) = 0$$
ただし，$\phi'(C_1) = \frac{d\phi(C_1)}{dC_1}$

(iii) 特殊解

式(8.49)を完全解に適用して
$$x + 2C_1 = 0, \quad y + 2C_2 = 0$$
上式と完全解より C_1, C_2 を消去すると特殊解は $4z + x^2 + y^2 = 0$

例題8.17

ベクトル関数の電界の強さ $\boldsymbol{E} = 2x\boldsymbol{i} - y\boldsymbol{j}$ が与えられている．電気力線を求めよ．

【解答】 電気力線の微分方程式は $\frac{dx}{E_x} = \frac{dy}{E_y} = \frac{dz}{E_z}$ であるので題意 $(E_x = 2x, E_y = -y)$ より
$$\frac{dx}{2x} = \frac{dy}{-y}$$
が成り立つ．両辺を積分すると
$$\log x = -2\log y + C \quad \therefore \quad \log x + 2\log y = C$$
したがって $\log xy^2 = C$
結局，解は $xy^2 = C' \ (C' = e^C)$ となる．

8.3.3 2階偏微分方程式の解法

2階偏微分方程式は電気磁気学や力学の現象解析によく出てくる．例えば，静電界 (E) 中で電荷のない空間での電位 V を求める方程式

$$\frac{\partial^2 V}{\partial x^2} + \frac{\partial^2 V}{\partial y^2} + \frac{\partial^2 V}{\partial z^2} = 0$$

は，ラプラスの方程式といわれる．ただし，$V = V(x, y, z)$ である．1次元波動方程式といわれる

$$\frac{\partial^2 u}{\partial t^2} - c^2 \frac{\partial^2 u}{\partial x^2} = 0$$

は，弦の両端を固定した振動に関する偏微分方程式である．ただし，$u = u(x, t)$, $c > 0$ である．これは弦の任意の位置 x，時刻 t における x 軸に垂直な方向の変位の大きさ $u(x, t)$ を求める偏微分方程式である．

(1) 2階線形偏微分方程式 2つの独立変数 x, y とそれらの関数 z に関する2階線形偏微分方程式は

$$a(x,y)\frac{\partial^2 z}{\partial x^2} + b(x,y)\frac{\partial^2 z}{\partial x \partial y} + c(x,y)\frac{\partial^2 z}{\partial y^2} = Q(x,y,z,p,q) \tag{8.50}$$

になる．ただし，$a(x,y), b(x,y), c(x,y)$ は x, y の既知関数，$Q(x,y,z,p,q)$ は $x, y, z, p = \frac{\partial z}{\partial x}, q = \frac{\partial z}{\partial y}$ の既知関数である．なお，独立変数が3つ以上でもいえる．

(2) 2階定数係数線形偏微分方程式 式 (8.50) において，a, b, c を定数とすると2階定数係数線形偏微分方程式となる．

$$a\frac{\partial^2 z}{\partial x^2} + b\frac{\partial^2 z}{\partial x \partial y} + c\frac{\partial^2 z}{\partial y^2} = Q(x,y,z,p,q) \tag{8.51}$$

(3) 2階線形偏微分方程式の解法 式 (8.50) を整理すると

$$Ar + Bs + Ct + Dp + Eq + Fz = Q$$

ただし，A, B, C, D, E, F, Q は x, y の関数，$p = \frac{\partial z}{\partial x}, q = \frac{\partial z}{\partial y}, r = \frac{\partial^2 z}{\partial x^2}, s = \frac{\partial^2 z}{\partial x \partial y}, t = \frac{\partial^2 z}{\partial y^2}, z = z(x,y)$ である．

この方程式の簡単な場合の一般解（2つの任意関数を含む解）を求めよう．

[I] (a) $\underline{r = Q : \frac{\partial^2 z}{\partial x^2} = Q(x,y) \text{ の場合}}$

順次積分すると

$$\frac{\partial z}{\partial x} = \int Q(x,y)dx + f(y)$$

ただし，$f(y)$ は y の任意関数．一般解は

$$z = \iint Q(x,y)dxdx + xf(y) + g(y)$$

ただし，$g(y)$ は y の任意関数．

(b) $\underline{s = Q : \frac{\partial^2 z}{\partial x \partial y} = Q(x,y) \text{ の場合}}$

x について積分し，次に y について積分すると解は

$$z = \iint Q(x,y)dxdy + f(x,y) + g(x,y)$$
ただし，$f(x,y)$, $g(x,y)$ は x, y の任意関数．

(c) $t = Q : \frac{\partial^2 z}{\partial y^2} = Q(x,y)$ の場合

(a) と同様 y について2回積分すると解は
$$z = \iint Q(x,y)dydy + yf(x) + g(x)$$
ただし，$f(x)$, $g(x)$ は x の任意関数．

[II] (a) $r + Dp = Q : \frac{\partial^2 z}{\partial x^2} + D\frac{\partial z}{\partial x} = Q$ の場合

これは $\frac{\partial p}{\partial x} + Dp = Q$ と書ける．y を定数とみれば，p に関する1階線形微分方程式であるので p が求められる．
$$p = e^{-\int Ddx}\{e^{\int Ddx}Qdx + f(y)\}$$
$p = \frac{\partial z}{\partial x}$ であるので上式を x について積分して解 z が求められる．
$$z = \int e^{-\int Ddx}\{e^{\int Ddx}Qdx + f(y)\}dx + g(y)$$
ただし $f(y)$, $g(y)$ は y の任意関数．

(b) $s + Dp = Q : \frac{\partial^2 z}{\partial x \partial y} + D\frac{\partial z}{\partial x} = Q$ の場合

これは y を変数とみて p に関する次式の1階線形微分方程式である．
$$\frac{\partial p}{\partial y} + Dp = Q \quad \therefore \quad p = e^{-\int Ddy}\left\{\int e^{\int Ddy}Qdy + f(x)\right\}$$
したがって解は
$$z = \int e^{-\int Ddx}\left\{\int e^{\int Ddy}Qdy + f(x)\right\}dx + g(x) \tag{8.52}$$

(c) $s + Eq = Q$
(d) $t + Eq = Q$ についても同様に求められる．

[III] (a) $Ar + Bs + Dp = Q$ の場合

これは $A\frac{\partial p}{\partial x} + B\frac{\partial p}{\partial y} = Q - Dp$ であるので p を未知関数としてラグランジュの方程式である．p が求まれば積分して解 z を得る．

注：ラグランジュの方程式とは次の形をいう．
$$P(x,y,z)p + Q(x,y,z)q = R(x,y,z)$$
これを解くためには次式を解く．
$$\frac{dx}{P} = \frac{dy}{Q} = \frac{dz}{R}$$
その解 $u(x,y,z) = a$, $v(x,y,z) = b$ と任意の2変数の関数 f から作った次式が求める一般解である．
$$f(u,v) = 0 \quad ■$$

(b) $Bs + Ct + Eq = Q$ の場合

これは q に関するラグランジュの方程式である．

[IV] (a) $Ar + Dp + Fz = Q$ の場合

これは $A\frac{\partial^2 z}{\partial x^2} + D\frac{\partial z}{\partial x} + Fz = Q$ であるので，y を定数と考えれば，x を独立変数とする 2 階線形常微分方程式である．その一般解を求めて，そのうちの任意変数を y の関数と考えれば，それが求める一般解である．

(b) $Ct + Eq + Fz = Q$ の場合

x と y を入れかえて [IV](a) の場合と同様に考える．

例題8.18

次の $z = z(x, y)$ に関する 2 階偏微分方程式を解け．
(1) $\frac{\partial^2 z}{\partial x^2} = f(x)$ (2) $\frac{\partial^2 z}{\partial x^2} + \frac{M \partial z}{\partial x} = N$ (3) $\frac{x \partial^2 z}{\partial x^2} - \frac{\partial z}{\partial x} = xy$

【解答】 (1) 式 (1) の両辺を x に関して積分すると
$$\frac{\partial z}{\partial x} = \int f(x)dx + \phi(y)$$
さらに x で積分すると解 z は次式となる．
$$z = \iint f(x)dxdx + x\phi(y) + \psi(y)$$
ただし，ϕ, ψ は y に関する任意の関数．

(2) $\frac{\partial z}{\partial x} = p$ とおき，y を定数する．
$$\frac{\partial p}{\partial x} + Mp = N, \quad p = e^{-\int M dx}\left\{\int e^{\int M dx} N dx + \phi(y)\right\}$$
x についてさらに積分して解 z は次式となる．
$$z = \int e^{-\int M dx}\left\{\int e^{\int M dx} N dx + \phi(y)\right\} dx + \psi(y)$$
ただし，ϕ, ψ は y に関する任意の関数．

(3) 式 (3) を変形すれば
$$x\frac{\partial p}{\partial x} - p = xy$$
したがって $\frac{x\partial p - p\partial x}{x^2} = \frac{y\partial x}{x}$
y を定数として両辺を x で積分すると
$$\frac{p}{x} = y\log x + \phi(y)$$
となるので，p は
$$p = \frac{\partial z}{\partial x} = xy\log x + x\phi(y)$$
となる．x に関して積分すると $z = \frac{1}{2}x^2 y\log x - \frac{x^2}{4} + \frac{1}{2}x^2\phi(y) + \psi(y)$
ただし，ϕ, ψ は y に関する任意の関数．

例題8.19

図8.4 のように真空中で $x=0$, $x=d$ の位置においた電位 V がそれぞれ 0, V_0 の2枚の非常に広い平行な電極板 A_1, A_2 間に，一様体積密度 ρ の電荷が存在する．電極板 A_1, A_2 間の電位と電界を求めよ．

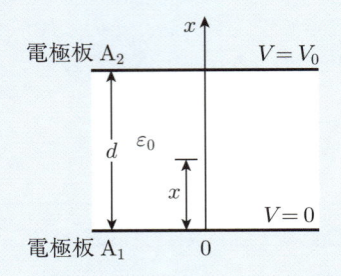

図8.4　平行電極板

【解答】　平行な電極板 A_1, A_2 は非常に広いので，電位 V は x だけの関数とできる．したがって

$$\nabla^2 V = \frac{\partial^2 V}{\partial x^2} + \frac{\partial^2 V}{\partial y^2} + \frac{\partial^2 V}{\partial z^2} = -\frac{\rho}{\varepsilon}$$

（ただし $V = V(x, y, z)$）のポアソンの方程式は上式で

$$\frac{\partial^2 V}{\partial y^2} = \frac{\partial^2 V}{\partial z^2} = 0, \quad \varepsilon = \varepsilon_0$$

とおくと，次の偏微分方程式が導かれる．

$$\frac{\partial^2 V}{\partial x^2} = -\frac{\rho}{\varepsilon_0}$$

上式を x について2回積分すると電位 V が求まる．

$$V = C_1 + C_2 x - \frac{\rho x^2}{2\varepsilon_0}$$

ただし，C_1, C_2 は積分定数である．与えられた境界条件は

$$V|_{x=0} = 0, \quad V|_{x=d} = V_0$$

V の式に代入して C_1, C_2 は次式となる．

$$V|_{x=0} = 0 = C_1 \quad \therefore \quad C_1 = 0$$

$$V|_{x=d} = V_0 = C_2 d - \frac{\rho d^2}{2\varepsilon_0} \quad \therefore \quad C_2 = \frac{V_0}{d} + \frac{\rho d}{2\varepsilon_0}$$

したがって電位 V は

$$V = \frac{V_0}{d} x + \frac{\rho d}{2\varepsilon_0} x \left(1 - \frac{x}{d}\right) \text{ [V]}$$

電界 E は x 成分 E_x のみをもっているので次式となる．

$$E = E_x = -\frac{\partial V}{\partial x} = -\frac{V_0}{d} - \frac{\rho d}{2\varepsilon_0}\left(1 - \frac{2x}{d}\right) \text{ [V/m]}$$

例題8.20

図8.5 のように真空と導体とが平面を境界としている場合，真空中の磁界が z 方向をもった大きさ $H_0 e^{j\omega t}$ の平等磁界とする．導体の中でも磁界は z 成分のみであり，x 方向と y 方向に対しては一様であるから，導体中の磁束密度の微分方程式は

$$\frac{\partial^2 B_{0z}}{\partial x^2} = j\omega\sigma\mu B_{0z}$$

が成り立つ．導体中の磁束密度の分布と電流分布を求めよ．ただし，μ は透磁率，σ は導電率である．

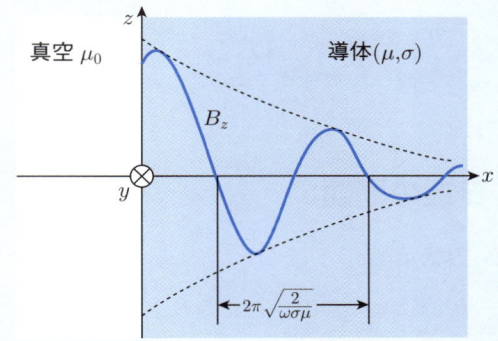

図8.5 導体と真空との境界面および導体内の磁束密度瞬時値

【解答】 原偏微分方程式の解は C_1, C_2 を積分定数として

$$B_{0z} = C_1 e^{\dot{\gamma} x} + C_2 e^{\dot{\gamma} x}, \quad z > 0$$

ただし $\dot{\gamma} = \sqrt{j\omega\sigma\mu}$ である．$x \to \infty$ の点で B_{0z} は無限大にはなり得ないので $C_1 = 0$

境界面において磁界の強さの面に平行な成分が等しいので次式が成り立つ．

$$H_0 = \frac{B_{0z}|_{x=0}}{\mu} = \frac{C_2}{\mu} \quad \therefore \quad C_2 = \mu H_0$$

したがって $B_{0z} = \mu H_0 e^{-\dot{\gamma} x} = \mu H_0 e^{-\sqrt{j\omega\sigma\mu}\, x}$

ここで

$$j = e^{j\frac{\pi}{2}} \quad \therefore \quad \sqrt{j} = e^{j\frac{\pi}{2} \times \frac{1}{2}} = e^{j\frac{\pi}{4}} = \frac{1}{\sqrt{2}} + j\frac{1}{\sqrt{2}}$$

よって

$$B_{0z} = \mu H_0 e^{-\sqrt{\frac{\omega\sigma\mu}{2}}\, x - j\sqrt{\frac{\omega\sigma\mu}{2}}\, x}$$

となる．

$$\begin{aligned} B_z &= B_{0z} e^{j\omega t} \\ &= \mu H_0 e^{-\sqrt{\frac{\omega\sigma\mu}{2}}\, x} e^{j(\omega t - \sqrt{\frac{\omega\sigma\mu}{2}}\, x)} \\ &= \mu H_0 e^{-\sqrt{\frac{\omega\sigma\mu}{2}}\, x} \left\{ \cos\left(\omega t - \sqrt{\frac{\omega\sigma\mu}{2}}\, x\right) + j \sin\left(\omega t - \sqrt{\frac{\omega\sigma\mu}{2}}\, x\right) \right\} \end{aligned}$$

瞬時値で書けば
$$B_z = \mu H_0 e^{-\sqrt{\frac{\omega\sigma\mu}{2}}x} \cos\left(\omega t - \sqrt{\frac{\omega\sigma\mu}{2}}x\right)$$

上式の波形を 図8.5 に示す．磁束密度は表面から離れるにつれて，$e^{-\sqrt{\frac{\omega\sigma\mu}{2}}x}$ によって減少するとともに，位相も次第に遅れる．

一方，電流分布 J_y は H_z のみで x によって変化する．したがって y 成分のみである．

$$\begin{aligned}
J_y &= -\frac{\partial H_z}{\partial x} \\
&= \sqrt{\frac{\omega\sigma\mu}{2}} H_0 e^{-\sqrt{\frac{\omega\sigma\mu}{2}}x} \left\{\cos\left(\omega t - \sqrt{\frac{\omega\sigma\mu}{2}}x\right) - \sin\left(\omega t - \sqrt{\frac{\omega\sigma\mu}{2}}x\right)\right\} \\
&= \sqrt{\omega\sigma\mu}\, H_0 e^{-\sqrt{\frac{\omega\sigma\mu}{2}}x} \cos\left(\omega t - \sqrt{\frac{\omega\sigma\mu}{2}}x + \frac{\pi}{4}\right)
\end{aligned}$$

電流は磁界と位相を異にするが，波形は 図8.5 と同様である．

8章の問題

8.1 $y = Ae^{\alpha x} + Be^{\beta x}$ より A, B を消去せよ．

8.2 次の微分方程式を解け．
 (1) $\frac{dy}{dx} + 2y = 5$ (2) $\frac{dy}{dx} + 3y = e^x$ (3) $\frac{dy}{dx} + \frac{y}{x} = 2e^{-x}$

8.3 次の微分方程式を解け．
 (1) $2\frac{d^2y}{dx^2} + 5\frac{dy}{dx} + 2y = 0$ (2) $\frac{d^2y}{dx^2} + \frac{dy}{dx} - 6 = 0$

8.4 次の常微分方程式を解け．
 (1) $\frac{d^2y}{dx^2} + \frac{dy}{dx} + 2y = 0$ (2) $2\frac{d^2y}{dx^2} + 3\frac{dy}{dx} + 5 = 0$

8.5 次の微分方程式の一般解と特解を求めよ．
$$\frac{d^2y}{dx^2} + 3\frac{dy}{dx} + 2y = 5$$

8.6 次式を導く偏微分方程式を求めよ．
$$lx + my + nz = f(x^2 + y^2 + z^2) \quad (ただし z = z(x,y))$$

8.7 次の偏微分方程式を解け．
 (1) $x\frac{\partial^2 z}{\partial x^2} + 2\frac{\partial z}{\partial x} = 0$ (2) $y\frac{\partial^2 z}{\partial y^2} - \frac{\partial z}{\partial y} = xy^2$
 (3) $xy\frac{\partial^2 z}{\partial x \partial y} - x\frac{\partial z}{\partial x} = y^2$

8.8 次の2階偏微分方程式を解け．
 (1) $\frac{\partial^2 \psi}{\partial x^2} - \frac{1}{c^2}\frac{\partial^2 \psi}{\partial t^2} = 0$ （ただし $\psi = \psi(x,t)$）
 (2) $\frac{\partial^2 z}{\partial x^2} - \frac{\partial^2 z}{\partial x \partial y} = 0$ （ただし $z = z(x,y)$）

第9章

複素関数論入門

実数変数 x から複素変数 z に拡大した複素関数論は電気回路（過渡現象論）やディジタル回路で多用される z 変換の基礎として有用である．ここでは複素関数論の基礎について解説する．

9.1 複素関数とコーシー–リーマンの条件

複素関数 $f(z)$ は
$$f(z) = u(x,y) + jv(x,y), \quad z = x + jy$$
と書くことができる．関数 $f(z)$ の導関数 $f'(z)$ を実関数の場合と同じように
$$\frac{df(z)}{dz} = \lim_{\Delta z \to 0} \frac{f(z+\Delta z)-f(z)}{\Delta z} \tag{9.1}$$
と定義する．ただし，実関数での変数と異なり，複素関数の変数 $z\,(=x+jy)$ は方向をもち，したがって Δz も方向をもつことから Δz の方向に関係なく $\frac{df(z)}{dz}$ が一義的（unique）に決まる条件を考えてみる．

最初に，y を固定して考える．つまり，式 (9.1) より
$$f'(z) = \frac{df}{dz} = \frac{\partial f}{\partial x}\frac{\partial x}{\partial z} = \lim_{\Delta x \to 0}\frac{u(x+\Delta x, y)-u(x,y)}{\Delta x} + j\lim_{\Delta x \to 0}\frac{v(x+\Delta x, y)-v(x,y)}{\Delta x}$$
$$= \frac{\partial u}{\partial x} + j\frac{\partial v}{\partial x} \tag{9.2}$$
となり，次に x を固定して
$$f'(z) = \frac{df}{dz} = \frac{\partial f}{\partial y}\frac{\partial y}{\partial z} = \lim_{\Delta y \to 0}\frac{u(x, y+\Delta y)-u(x,y)}{j\Delta y} + j\lim_{\Delta y \to 0}\frac{v(x, y+\Delta y)-v(x,y)}{j\Delta y}$$
$$= -j\frac{\partial u}{\partial y} + \frac{\partial v}{\partial y} \tag{9.3}$$
となる．したがって，式 (9.2), (9.3) が一致しなければならないことから
$$\frac{\partial u}{\partial x} = \frac{\partial v}{\partial y}, \quad \frac{\partial u}{\partial y} = -\frac{\partial v}{\partial x} \tag{9.4}$$
の関係が得られる．これを**コーシー–リーマンの式**という．複素関数 $f(z)$ がある点 $z=z_0$ で式 (9.4) を満足するとき，導関数 $f'(z_0)$ は一義的に定まる．さらに，$z=z_0$ の近傍のあらゆる点で導関数をもつ場合，関数 $f(z)$ は点 $z=z_0$ で**解析的**であるという．また，$z=z_0$ で解析的でないが，その近傍で解析的であるならこの点 z_0 を**特異点**（singular point）という．なお，式 (9.4) から
$$\frac{\partial^2 u}{\partial x^2} + \frac{\partial^2 u}{\partial y^2} = 0, \quad \frac{\partial^2 v}{\partial x^2} + \frac{\partial^2 v}{\partial y^2} = 0 \tag{9.5}$$
の関係が得られ，u も v も**ラプラスの方程式**を満足する．

■ 例題9.1 ■
関数 $f(z)=z^2$ についてコーシー–リーマンの条件を満たすか否か調べよ．

【解答】 $f'(z) = 2z$ であるが，一方 $f(z) = (x+jy)^2 = (x^2-y^2) + j2xy$ より
$$u = x^2 - y^2, \quad v = 2xy$$
したがって，$\frac{\partial u}{\partial x} = 2x = \frac{\partial v}{\partial y}$, $\frac{\partial u}{\partial y} = -2y = -\frac{\partial v}{\partial x}$ よりコーシー–リーマンの条件を満たす．この関数はすべての点で解析的であり，導関数は
$$f'(z) = \frac{\partial u}{\partial x} + j\frac{\partial v}{\partial x} = 2x + j2y = 2z$$

9.2 複素関数の積分

複素関数 $f(z)$ の積分

$$\int_a^b f(z)dz \quad (\text{ただし } f(z) = u + jv, dz = dx + jdy) \tag{9.6}$$

を考える．積分 (9.6) は

$$\int_a^b f(z)dz = \int_C (udx - vdy) + j\int_C (vdx + udy) \tag{9.7}$$

となる．ここに C は点 a から点 b に至る積分路である．しかし，点 a, b はいずれも複素数であり，この 2 点を結ぶ積分路をどのように選んだらよいかが問題になる．そこで，この積分路の選び方について考えることにする．

複素関数 $f(z)$ の一例として

$$f(z) = z^2$$
$$= (x^2 - y^2) + j2xy \tag{9.8}$$

を採用し，積分の上限と下限を図 9.1 に示すように点 A と点 O にとる．ただし，点 A は $2+j$，点 O は原点である．そこで，積分路 C として二，三の例を採用してみる．

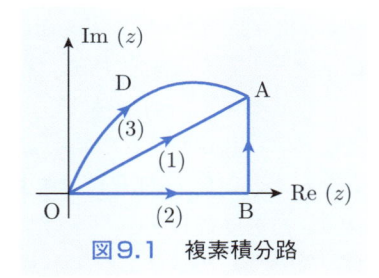

図 9.1 複素積分路

(1) 積分路 $C \to$ 直線 $\overline{\text{OA}}$ の場合

式 (9.7) と (9.8) とから

$$積分 = \int_{0,0}^{2,1} \{(x^2 - y^2)dx - 2xydy\} + j\int_{0,0}^{2,1} \{2xydx + (x^2 - y^2)dy\}$$

となるが，直線 $\overline{\text{OA}}$ は $2y = x$，したがって $dx = 2dy$ であり，この関係を用いて

$$積分 = \int_0^1 (6y^2 - 4y^2)dy + j\int_0^1 (8y^2 + 3y^2)dy = \tfrac{2}{3} + j\tfrac{11}{3}$$

となる．

(2) 積分路 $C \to$ 直線 $\overline{\text{OB}}$ + 直線 $\overline{\text{BA}}$ の場合 次に，折れ線で考えてみよう．直線 $\overline{\text{OB}}$ では $z^2 = x^2, dz = dx$ であり，また $\overline{\text{BA}}$ では $z = 2 + jy, dz = jdy$ となるから

$$積分 = \int_0^2 x^2 dx + \int_0^1 \{j(4 - y^2) - 4y\}dy = \tfrac{2}{3} + j\tfrac{11}{3}$$

となり，(1) と一致する．

(3) 積分路 C → 曲線 $\overline{\text{ODA}}$ の場合　曲線 $\overline{\text{ODA}}$ を $y = x^2 - \frac{3x}{2}$ とすると，$dy = \left(2x - \frac{3}{2}\right)dx$ であり，この関係を使うと積分の式 (9.7) は

$$\text{積分} = \int_0^2 \left\{-5x^4 + 12x^3 - \frac{23x^2}{4} + j\left(-2x^5 + \frac{15x^4}{2} - 5x^3 - \frac{9x^2}{8}\right)\right\}dx$$
$$= \frac{2}{3} + j\frac{11}{3}$$

となり，これも (1), (2) に一致する．

以上より，複素関数 $f(z)$ が **1 価関数**（1 つの変数 z で 1 つの関数値が決まる関数）で連続，しかも発散しない場合には，点 O から点 A へ向かう積分路にどのような道筋を選んでも積分結果には影響しないことがわかる．

また，$f(z)$ がある特定の z で ∞ となっても，積分路がこの特定点を通過しなければ，上記の考えは成立する．例えば

$$f(z) = \frac{1}{z}$$

とする．これは明らかに原点 $z = 0$ で ∞ となる．そこで，図9.2 に示すような点 A $(\theta = 0)$ から点 B $(\theta = \frac{\pi}{4})$ までの積分を行ってみる．円弧に沿って ρ は一定であるから $z = \rho\exp(j\theta)$ に対して $dz = j\rho\exp(j\theta)d\theta$ となる．したがって，点 A から点 B までの積分は

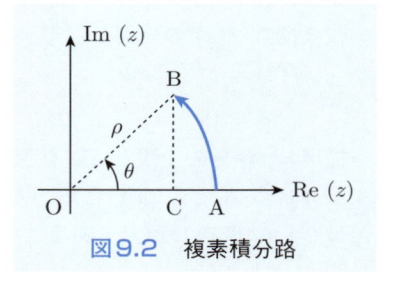

$$\int_A^B f(z)dz = \int_A^B \frac{dz}{z} = \int_0^{\pi/4} \frac{j\rho\exp(j\theta)}{\rho\exp(j\theta)}d\theta = j\frac{\pi}{4} \qquad (9.9)$$

図9.2　複素積分路

また，点 A から点 B までの積分路として直線 $\overline{\text{AC}}, \overline{\text{CB}}$ をとることにすると

$$\int_A^B f(z)dz = \int_\rho^{\rho/\sqrt{2}} \left[\frac{1}{x+jy}\right]_{y=0} dx + j\int_0^{\rho/\sqrt{2}} \left[\frac{1}{x+jy}\right]_{x=\rho/\sqrt{2}} dy$$
$$= \int_\rho^{\rho/\sqrt{2}} \frac{dx}{x} + j\frac{\rho}{\sqrt{2}} \int_0^{\rho/\sqrt{2}} \frac{dy}{\frac{\rho^2}{2}+y^2} + \int_0^{\rho/\sqrt{2}} \frac{ydy}{\frac{\rho^2}{2}+y^2}$$
$$= \left[\ln x\right]_\rho^{\rho/\sqrt{2}} + j\frac{\rho}{\sqrt{2}} \left[\frac{2}{\sqrt{2}\rho} \tan^{-1}\left(\frac{2y}{\sqrt{2}\rho}\right)\right]_0^{\rho/\sqrt{2}} + \left[\frac{1}{2}\ln\left(y^2 + \frac{\rho^2}{2}\right)\right]_0^{\rho/\sqrt{2}}$$
$$= -\ln\sqrt{2} + j\tan^{-1}(1) + \ln\sqrt{2} = j\frac{\pi}{4}$$

と求まり，式 (9.9) と同じになる．

以上のことを考えあわせると，図9.3 で示すような積分路 C に沿う積分は 0 になる．つまり，矢印に沿って点 A_1 から点 A_2 までの積分値と点 A_2 から

9.2 複素関数の積分

点 A_1 に向かう積分値とは同量で符号は反対であり，したがって両者の和は 0 になることがわかる．

そこで，複素関数 $f(z)$ が閉曲線 C に囲まれる変域ならびに C 上 1 価関数で解析的ならば

$$\oint_C f(z)dz = 0 \qquad (9.10)$$

図9.3 周回積分路 C

となり，これを**コーシーの定理**という．また，ある変域で連続な関数 $f(z)$ が任意の閉曲線 C に対して上の積分が 0 となれば，$f(z)$ は閉曲線 C 上およびその内部で解析的である．これを**モレラの定理**という．

関数 $f(z) = \frac{1}{z}$ を変域 $\frac{\pi}{4} \geq \theta \geq 0$ で積分した結果は式 (9.9) で示した．ここでは図9.4 に示す円周 C に沿っての周回積分を行ってみると

$$\oint_C \frac{dz}{z} = \int_0^{2\pi} \frac{j\rho \exp(j\theta)d\theta}{\rho \exp(j\theta)} = j2\pi$$

と容易に求めることができる．次に，積分路 C のかわりに積分路 C' での積分を考えることにする．図9.5 に示すように，両曲線を任意点で P のように橋渡しをして 2 重路を作り矢印に沿って囲んだ領域を考える．この閉領域内には $z = 0$ のような関数 $f(z)$ を発散させる点はなく，つまりこの領域は解析的である．したがって，コーシーの定理により閉曲線 CPC' での積分は 0 になり，この周回積分は

$$\oint_{CPC'} \frac{dz}{z} = \int_{C'} \frac{dz}{z} + \int_P \frac{dz}{z} + \int_{-C} \frac{dz}{z} + \int_{-P} \frac{dz}{z} = 0$$

と書くことができる．ただし，積分路 $-C$ は時計回りを表すものとする．さら

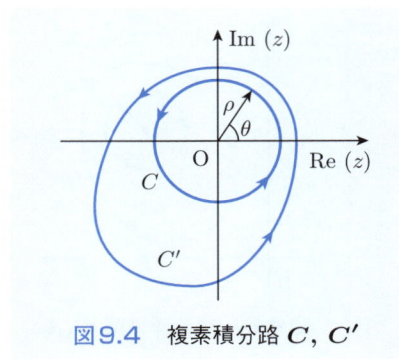

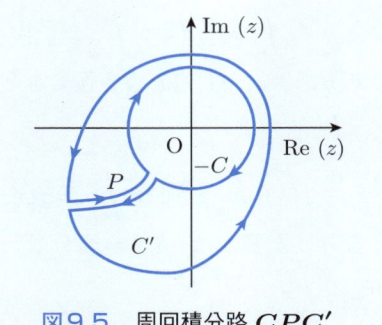

図9.4 複素積分路 C, C'

図9.5 周回積分路 CPC'

に2重路 P での積分も互いに逆方向の積分であるから0であり，上式は

$$\int_{C'} \frac{dz}{z} + \int_{-C} \frac{dz}{z} = 0$$

と整理することができる．したがって，積分路 C' での周回積分は

$$\int_{C'} \frac{dz}{z} = \int_{C} \frac{dz}{z} = j2\pi \tag{9.11}$$

となり，C での積分値 $j2\pi$ と同じになる．

以上のことから，関数 $f(z) = \frac{1}{z}$ で $z = 0$ のように複素関数が無限大になるような点（この点を極あるいはポール（pole）という）を囲む積分は0にならず，その積分路はどのような閉曲線でもよいことがわかる．なお，この極での積分の詳細については後で述べることにする．

9.3 コーシーの積分定理

9.3.1 コーシーの積分定理

複素関数 $f(z)$ が閉曲線 C 内ならびにその線上で極をもたず，z に関して1価連続ならば，C 内の1点 z_0 での関数値 $f(z_0)$ は

$$f(z_0) = \frac{1}{j2\pi} \int_C \frac{f(z)}{z - z_0} dz \tag{9.12}$$

で与えられる．これを**コーシーの積分定理**という．

この定理を証明する．図9.6のように点 z_0 を中心とした小円 C_0 を描くと閉曲線 C と C_0 との間の領域は極もなく解析的である．そこで2曲線を連結して得られる閉領域ではコーシーの定理により積分値は0になる．

したがって

$$\int_C \frac{f(z)}{z - z_0} dz = \int_{C_0} \frac{f(z)}{z - z_0} dz$$

である．上式の右辺を書き換えると

$$\int_{C_0} \frac{f(z)}{z - z_0} dz$$
$$= f(z_0) \int_{C_0} \frac{dz}{z - z_0} + \int_{C_0} \frac{f(z) - f(z_0)}{z - z_0} dz$$

となり，右辺第1項目の積分は $z - z_0 = r_0 \exp(j\theta)$ とおけば

$$f(z_0) \int_{C_0} \frac{dz}{z - z_0} = j2\pi f(z_0)$$

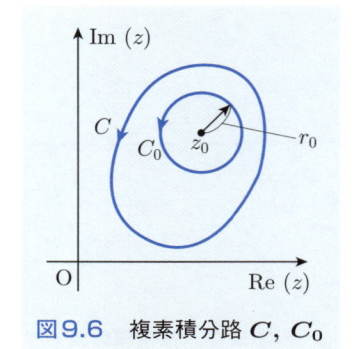

図9.6 複素積分路 C, C_0

また，第2項目の積分も同様の処置をすると被積分関数 $f(z) - f(z_0)$ の周回積分となり，解析的であることからこの積分は0．したがって，式 (9.12) が得られる． ∎

9.3.2 グルサの定理

式 (9.12) を用いて $f(z_0 + \Delta z_0) - f(z_0)$ を作ると

$$f(z_0 + \Delta z_0) - f(z_0) = \frac{1}{j2\pi} \int_C \left\{ \frac{f(z)}{z-(z_0+\Delta z_0)} - \frac{f(z)}{z-z_0} \right\} dz$$

$$= \frac{1}{j2\pi} \int_C \frac{\Delta z_0 f(z)}{\{z-(z_0+\Delta z_0)\}(z-z_0)} dz$$

であり，したがって

$$\frac{f(z_0+\Delta z_0)-f(z_0)}{\Delta z_0} = \frac{1}{j2\pi} \int_C \frac{f(z)}{\{z-(z_0+\Delta z_0)\}(z-z_0)} dz$$

となる．ここで $\Delta z_0 \to 0$ とすると上式左辺は $f'(z_0)$ となり，結局

$$f'(z_0) = \frac{1}{j2\pi} \int_C \frac{f(z)}{(z-z_0)^2} dz \tag{9.13}$$

が得られる．これは**グルサの定理**と呼ばれる．さらに，この定理を一般化して $f^{(n)}(z_0)$ を求めると

$$f^{(n)}(z_0) = \frac{n!}{j2\pi} \int_C \frac{f(z)}{(z-z_0)^{n+1}} dz \tag{9.14}$$

となる．

ここで $f(z) = z^2$ に対してグルサの定理 (9.13) を用いて $z = z_0$ での微分値 $f'(z_0)$ を求めてみる．点 z_0 を中心とする小さな円 C の円周上に z をとり，$z = z_0 + r\exp(j\theta)$ とおくと $dz = jr\exp(j\theta)d\theta$．したがって

$$\int_C \frac{z^2}{(z-z_0)^2} dz = \int_C \frac{z_0^2 + 2z_0 r\exp(j\theta) + r^2\exp(j2\theta)}{r^2\exp(j2\theta)} jr\exp(j\theta)d\theta$$

$$= \int_C \frac{2z_0 r\exp(j\theta)}{r^2\exp(j2\theta)} jr\exp(j\theta)d\theta = j2\pi 2z_0$$

となり，$f'(z_0) = 2z_0$ となる．なお，上式右辺の積分のうち，第1項と第3項の積分は半径 ρ に関係なく0となる．

9.3.3 マクローリン展開式

図9.7 の z 面内に z_0 とこれを中心とする円 C_0 を描き，円 C_0 の内側に点 z' をとり，これを通過する補助円 C_1 を描く．コーシーの積分解 (9.12) より

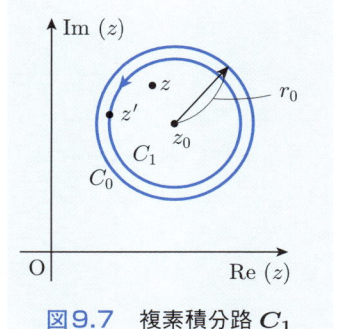

図9.7 複素積分路 C_1

$$f(z) = \frac{1}{j2\pi} \int_{C_1} \frac{f(z')}{z'-z} dz' \tag{9.15}$$

が成立する．つまり，点 z における $f(z)$ の値はこの z を含む積分路 C_1 を考え，この C_1 上の点 z' について $\frac{f(z')}{z'-z}$ の周回積分を行えばよい．

積分 (9.15) の被積分関数の分母は

$$\frac{1}{z'-z} = \frac{1}{(z'-z_0)-(z-z_0)} = \frac{1}{z'-z_0} \frac{1}{1-\frac{z-z_0}{z'-z_0}}$$

と変形できる．しかも図 9.7 より $|z'-z_0| > |z-z_0|$ であり，$\frac{z-z_0}{z'-z_0} = \alpha$ とおくと

$$\frac{1}{1-\alpha} = 1 + \alpha + \alpha^2 + \cdots + \alpha^{n-1} + \frac{\alpha^n}{1-\alpha}$$

が成立するので

$$\frac{1}{z'-z} = \frac{1}{z'-z_0} \left\{ 1 + \frac{z-z_0}{z'-z_0} + \cdots + \left(\frac{z-z_0}{z'-z_0}\right)^{n-1} + \cdots \right\}$$

となる．さらにこれを

$$\frac{f(z')}{z'-z} = \frac{f(z')}{z'-z_0} + (z-z_0)\frac{f(z')}{(z'-z_0)^2} + \cdots + (z-z_0)^{n-1}\frac{f(z')}{(z'-z_0)^n} + \cdots$$

と書きあらため，両辺を $j2\pi$ で除して積分路 C_1 の周りに積分を行うと，式 (9.14) より

$$f(z) = f(z_0) + f'(z_0)(z-z_0) + \cdots + \frac{f^{(n-1)}(z_0)}{(n-1)!}(z-z_0)^{n-1} + R_n \tag{9.16}$$

となる．これが複素関数での**テイラー展開式**であり，実関数でのものと同形である．なお，上式の残項 R_n は $n \to \infty$ のとき 0 になる．また，$z_0 = 0$ としたときの式 (9.16) を**マクローリン展開式**と呼び，関数近似に多用される．

9.4 ローラン展開と留数

複素関数 $f(z)$ が解析的である領域なら，その中の任意の点でテイラー展開することができる．しかし，極のような特異点を含む領域ではテイラー展開を行うことはできない．そこで，図 9.8 に示すような 2 つの積分路，円 C_1 と円 C_2 とで囲まれた環状地帯内が解析的である場合，この内部の点 z に関する $f(z)$ を $(z-z_0)$ で展開することを考える．

コーシーの積分表示より

$$\begin{aligned} f(z) &= \frac{1}{j2\pi} \int_{\text{環状地帯}} \frac{f(z')}{z'-z} dz' \\ &= \frac{1}{j2\pi} \int_{C_1} \frac{f(z')}{z'-z} dz' + \frac{1}{j2\pi} \int_{C_2} \frac{f(z')}{z'-z} dz' \end{aligned} \tag{9.17}$$

9.4 ローラン展開と留数

が成立する．このとき C_1 は反時計回り，C_2 は時計回りの積分路であり，C_2 を反時計回りとすると

$$f(z) = \frac{1}{j2\pi}\int_{C_1}\frac{f(z')}{z'-z}dz' - \frac{1}{j2\pi}\int_{-C_2}\frac{f(z')}{z'-z}dz' \tag{9.18}$$

となり，上の積分はいずれも反時計回りの単独な周回積分と考えることができる．

積分路 C_1 では $|z'-z_0| > |z-z_0|$ であり

$$\frac{1}{z'-z}$$
$$= \frac{1}{(z'-z_0)-(z-z_0)} = \frac{1}{z'-z_0}\frac{1}{1-\frac{z-z_0}{z'-z_0}}$$
$$= \frac{1}{z'-z_0}\left\{1 + \frac{z-z_0}{z'-z_0} + \cdots + \left(\frac{z-z_0}{z'-z_0}\right)^{n-1} + \cdots\right\}$$

と変形できる．そこで，式 (9.18) の第 1 項積分は

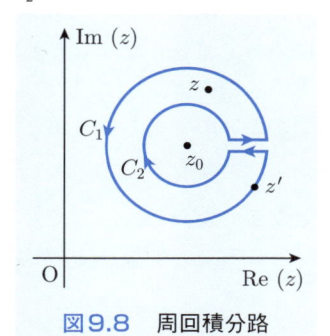

図9.8 周回積分路

$$\int_{C_1}\frac{f(z')}{z'-z}dz' = \int_{C_1}\frac{f(z')}{z'-z_0}\left\{1 + \frac{z-z_0}{z'-z_0} + \cdots + \left(\frac{z-z_0}{z'-z_0}\right)^{n-1} + \cdots\right\}dz'$$
$$= j2\pi\sum_{n=0}^{\infty}a_n(z-z_0)^n$$

となる．ただし

$$a_n = \frac{1}{j2\pi}\int_{C_1}\frac{f(z')}{(z'-z_0)^{n+1}}dz' \tag{9.19}$$

とおいてある．

一方，積分路 $-C_2$ では $|z'-z_0| < |z-z_0|$ であり

$$-\frac{1}{z'-z} = \frac{1}{(z-z_0)-(z'-z_0)} = \frac{1}{z-z_0}\frac{1}{1-\frac{z'-z_0}{z-z_0}}$$
$$= \frac{1}{z-z_0}\left\{1 + \frac{z'-z_0}{z-z_0} + \cdots + \left(\frac{z'-z_0}{z-z_0}\right)^{n-1} + \cdots\right\}$$

が得られる．そこで，式 (9.18) の第 2 項積分は

$$-\int_{-C_2}\frac{f(z')}{z'-z}dz' = \int_{-C_2}\frac{f(z')}{z-z_0}\left\{1 + \frac{z'-z_0}{z-z_0} + \cdots + \left(\frac{z'-z_0}{z-z_0}\right)^{n-1} + \cdots\right\}dz'$$
$$= j2\pi\sum_{n=1}^{\infty}\frac{b_n}{(z-z_0)^n}$$

となる．ただし

$$b_n = \frac{1}{j2\pi}\int_{-C_2}(z'-z_0)^{n-1}f(z')dz' \tag{9.20}$$

とおいてある．

以上，$f(z)$ を $(z-z_0)$ で展開すると

$$f(z) = \sum_{n=0}^{\infty} a_n(z-z_0)^n + \sum_{n=1}^{\infty} \frac{b_n}{(z-z_0)^n} \qquad (9.21)$$

となる．これを**ローラン展開式**という．ただし，a_n と b_n とはそれぞれ式 (9.19) と式 (9.20) とで与えられる．なお，係数 a_n, b_n は必ずしも $C_1, -C_2$ の円周上に沿って積分しなくてもよく，積分路 $-C_2$ と C_1 との間にある任意の閉曲線でよい．例えば，$-C_2$ と C_1 との間に共通な同心円をとり，その円周上での積分でもよいのである．このとき，式 (9.21) は書き換えられて

$$f(z) = \sum_{n=-\infty}^{\infty} a_n(z-z_0)^n$$

となる．ただし，ここでも a_n は式 (9.19) で与えられる．

ところで，関数 $f(z)$ が

$$f(z) = \frac{f_2(z)}{f_1(z)} \qquad (9.22)$$

で与えられるものとする．このとき，関数 $f_1(z)$ だけに限れば，$f_1(z) = 0$ なる点を**零点**といい，$z = a$ のとき $f_1(a) = 0$ とする．さらに，$(z-a)^k$ （k は整数）が $f_1(z)$ の最高次の因数をもつものとすると，つまり $z = a$ が $f_1(z)$ の k 位の零点であるとすると，この $z = a$ を $f(z)$ の k 位の**極**という．

そこで，$z = a$ が $f(z)$ の k 位の極をもつとすると，$f(z)$ は

$$f(z) = \frac{A_1}{z-a} + \frac{A_2}{(z-a)^2} + \cdots + \frac{A_k}{(z-a)^k} + w(z) \qquad (9.23)$$

と書くことができる．これはまさにローラン展開そのものである．ここに，$A_1, A_2, \cdots, A_k \,(\neq 0)$ は定数であり，$w(z)$ は $z = a$ で解析的である．

図 9.9 に示すように，式 (9.23) で与えられる関数 $f(z)$ の $z = a$ の周りを 1 周する周回積分を考えてみる．通常の方法にしたがって，$z = a$ を中心とする円を考えると，積分路 C と L とに囲まれた領域では解析的であるから，コーシーの定理より

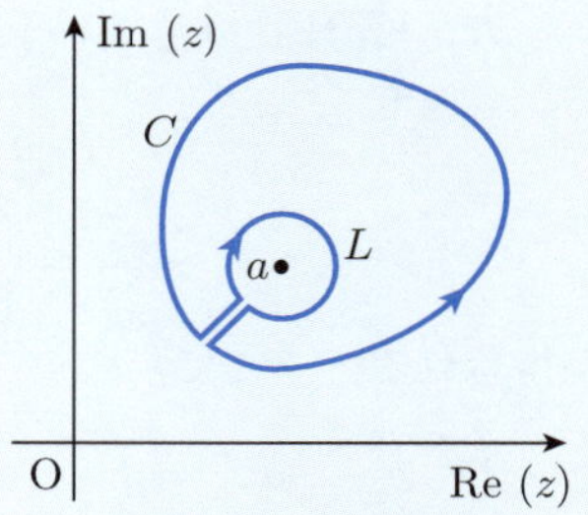

$$\int_C f(z)dz + \int_L f(z)dz = 0$$

である．つまり

図 9.9 極と周回積分路

$$\int_C f(z)dz = -\int_L f(z)dz = \int_{-L} f(z)dz$$

$$= \sum_{n=1}^{k} \int_{-L} \frac{A_n}{(z-a)^n}dz + \int_{-L} w(z)dz$$

となる．ここに，積分路 $-L$ は L（時計回り）に対して反時計回りを表す．ま

た，$w(z)$ は $z=a$ で解析的な関数であるから，右辺第 2 項の積分は 0 となる．ここで $z-a=re^{j\theta}$ とすると

$$\int_{-L}\frac{A_n}{(z-a)^n}dz = \int_0^{2\pi}\frac{A_n jr\exp(j\theta)}{r^n\exp(jn\theta)}d\theta$$

$$= jA_n r^{1-n}\int_0^{2\pi}\exp\{j(1-n)\theta\}d\theta$$

$$= \begin{cases} 0 & (n\neq 1) \\ j2\pi A_1 & (n=1) \end{cases}$$

と積分結果が得られる．

以上をまとめると

$$\int_C f(z)dz = \int_{-L} f(z)dz$$
$$= \int_{-L}\frac{A_1}{z-a}dz = j2\pi A_1 \quad (9.24)$$

となり，極 $z=a$ の周りの周回積分は 1 位の極に含まれる係数（これを**留数**（residue）という）A_1 に $j2\pi$ を乗じたものとなる．

なお，当然のことながら $A_1=0$ のときは積分 (9.24) は 0 となる．

次に，関数 (9.22) において $f_1(z)$ が $z=a$ で 1 位の零点をもつ場合を考えよう．このとき

$$f_1(z) = (z-a)g(z)$$

と書ける．ただし，$g(a)\neq 0$ である．さらに，上式を微分して

$$g(z) = f_1'(z) - (z-a)g'(z)$$

となるから，式 (9.22) で与えられる関数 $f(z)$ は

$$f(z) \equiv \frac{f_2(z)}{f_1(z)} = f_2(z)\left\{\frac{A}{z-a}+\frac{g_1(z)}{g(z)}\right\}$$
$$= f_2(z)\left\{\frac{A}{z-a}+\frac{g_1(z)}{f_1'(z)-(z-a)g'(z)}\right\} \quad (9.25)$$

と書くことができる．ただし，A は定数，$g_1(z)$ は $g(z)$ より次数の低い多項式である．

ところで，上式の部分分数を通分して分子に着目すると

$$Af_1'(z) - A(z-a)g'(z) + (z-a)g_1(z) \equiv 1$$

の関係が成立し，しかも上式は z のいかんにかかわらず恒等的に成立しなければならないことから $z=a$ を代入して $A=\frac{1}{f_1'(a)}$ と係数 A が求まる．したがって，式 (9.25) は

と書き直すことができる．そこで，関数 $f(z)$ を点 $z=a$ の周りに1周する積分はコーシーの積分定理より

$$f(z) = \frac{f_2(z)}{f_1(z)} = f_2(z)\left\{\frac{1}{(z-a)f_1'(a)} + \frac{g_1(z)}{g(z)}\right\} \tag{9.26}$$

$$\begin{aligned}\int_C f(z)dz &= \int_C \frac{f_2(z)}{f_1(z)}dz \\ &= \frac{1}{f_1'(a)}\int_C \frac{f_2(z)}{z-a}dz \\ &= j2\pi \frac{f_2(a)}{f_1'(a)}\end{aligned}$$

となる．なお，ここでの留数を K と書くと

$$K = \frac{f_2(a)}{f_1'(a)} \tag{9.27}$$

であり，極 $z=a$ での周回積分は当然のことながら $j2\pi$ に留数 K を乗じて得られる．

また，図9.10に示すように点 $z_1, z_2, z_3, \cdots$ が1位の極であるような複素関数 $f(z)$ がある場合，これらの極すべてを含むような積分路 C で積分すると

$$\int_C f(z)dz = j2\pi(K_1 + K_2 + K_3 + \cdots)$$

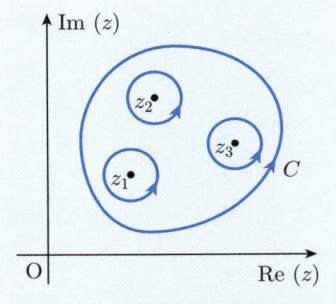

図9.10 極と複素積分路

と求まる．ただし，$K_1, K_2, K_3, \cdots$ はそれぞれ点 $z_1, z_2, z_3, \cdots$ での留数である．

ここで，留数導出の一般的な手法を示しておく．関数 $f(z)$ が $z=a$ で n 位の極をもつ場合，部分分数に展開することで1位の極ならびに留数は得られる．しかし，部分分数の展開が煩雑な場合，以下の公式から留数は求めることができる．

[留数導出の公式] $f(z)$ が $z=a$ で n 位の極をもつ場合，点 $z=a$ での1位の極から得られる $f(z)$ の留数 K は

$$K = \frac{1}{(n-1)!}\lim_{z\to a}\frac{d^{n-1}}{dz^{n-1}}\{(z-a)^n f(z)\} \tag{9.28}$$

で与えられる．したがって，$f(z)$ が $z=a$ で1位の極をもつ場合には

$$K = \lim_{z\to a}(z-a)f(z) \tag{9.29}$$

となる．また，式 (9.27) も1位の極をもつ場合の留数導出の公式である．

なお，式 (9.23) を用いれば，式 (9.28) は容易に導出できる．

最後に，ローラン展開を具体的に求めてみよう．

9.4 ローラン展開と留数

■ **例題9.2** ■

$f(z) = \frac{\cos z}{z^3}$ の点 $z=0$ でのローラン展開を求めよ．

【解答】 点 $z=0$ でのローラン展開式は

$$f(z) = \cdots + \frac{b_3}{z^3} + \frac{b_2}{z^2} + \frac{b_1}{z} + b_0 + b_{-1}z + b_{-2}z^2 + \cdots \tag{9.30}$$

と書くことができる．そこで，この係数 $\cdots, b_3, b_2, \cdots$ を求めればよいことになる．

ところで，$f(z)$ の分子 $\cos z$ はこのままでは扱いにくい．$\cos z$ は点 $z=0$ で解析的であり，$z=0$ でのテイラー級数 $\cos z = 1 - \frac{z^2}{2!} + \frac{z^4}{4!} - \frac{z^6}{6!} + \cdots$ を用い，$f(z)$ を

$$f(z) = \frac{1}{z^3}\left(1 - \frac{z^2}{2!} + \frac{z^4}{4!} - \frac{z^6}{6!} + \cdots\right) \tag{9.31}$$

と書き換えておく．ローラン級数の係数 b_n は

$$b_n = \frac{1}{j2\pi}\int \frac{f(z)}{z^{-n+1}}dz$$
$$= \frac{1}{j2\pi}\left(\int \frac{dz}{z^{-n+4}} - \frac{1}{2}\int \frac{dz}{z^{-n+2}} + \frac{1}{4!}\int \frac{dz}{z^{-n}} - \frac{1}{6!}\int \frac{dz}{z^{-n-2}} + \cdots\right)$$

で与えられ，それぞれの整数 n に対して項別積分を行うと

$$b_3 = 1, \quad b_1 = -\frac{1}{2}, \quad b_{-1} = \frac{1}{4!}, \quad b_{-3} = -\frac{1}{6!}, \quad \cdots \tag{9.32}$$

となる．ただし，$n > 4$ ならびに $n=$ 偶数 では $b_n = 0$ である．

以上より，$z=0$ での $f(z)$ のローラン展開は式 (9.30), (9.32) を用いて

$$f(z) = \frac{1}{z^3}\left(1 - \frac{z^2}{2!} + \frac{z^4}{4!} - \frac{z^6}{6!} + \cdots\right)$$

と求まるが，これは式 (9.31) そのものである．また，b_1 は $z=0$ での留数であり，$z=0$ を囲む $f(z)$ の周回積分は

$$\int_C f(z)dz = j2\pi b_1 = -j\pi$$

となる．なお，$f(z) = \frac{\cos z}{z^3}$ は $\cos z$ を含むことから $z=0$ の極をもつことに注意． ■

■ **例題9.3** ■

$f(z) = \frac{5z-2}{z^2-z}$ の点 $z=1$ でのローラン展開を求めよ．

【解答】 $f(z) = \frac{g(z)}{z-1}, g(z) = \frac{5z-2}{z}$ とおき，$g(z)$ を点 $z=1$ の周りでテイラー展開する．

$$g'(z) = \frac{2}{z^2}, \quad g''(z) = -\frac{4}{z^3}, \quad g'''(z) = \frac{12}{z^4}, \quad \cdots$$

であるから

$$g(z) = g(1) + g'(1)(z-1) + g''(1)\frac{(z-1)^2}{2!} + \cdots$$
$$= 3 + 2(z-1) - 2(z-1)^2 + 2(z-1)^3 + \cdots$$

したがって
$$f(z) = \frac{3}{z-1} + 2 - 2(z-1) + 2(z-1)^2 - \cdots \tag{9.33}$$
となる．一方，ローラン展開式は
$$f(z) = \cdots + \frac{b_1}{z-1} + b_0 + b_{-1}(z-1) + b_{-2}(z-1)^2 - \cdots \tag{9.34}$$
と書くことができ，係数 b_n は
$$b_n = \frac{1}{j2\pi} \oint \frac{f(z)dz}{(z-1)^{-n+1}}$$
$$= \frac{1}{j2\pi} \left[\oint \frac{3dz}{(z-1)^{-n+2}} + \oint \frac{2dz}{(z-1)^{-n+1}} - \oint \frac{2dz}{(z-1)^{-n}} + \cdots \right]$$
であり
$$b_1 = 3, \quad b_0 = 2, \quad b_{-1} = -2, \quad b_{-2} = 2, \quad \cdots$$
となる．ただし，$n \geq 2$ では $b_n = 0$ である．

以上のことから，ローラン展開 (9.34) は式 (9.33) に一致する．

また，極 $z = 1$ での留数 K ($= b_1$) は
$$K = \lim_{z \to 1}(z-1)f(z) = 3$$
で与えられるから，極 $z = 1$ を囲む積分は
$$\int_C f(z)dz = j2\pi K = j6\pi$$

9.5 実積分（定積分）への応用

実関数の定積分は複素関数の周回積分の一部とみなせる場合，この複素積分を用いて難しい定積分が容易に求まることがある．この一例を示す．積分
$$\int_0^{2\pi} F(\sin\theta, \cos\theta)d\theta$$
の被積分関数 F が $\sin\theta, \cos\theta$ の多項式のとき複素数 z との間に
$$z = re^{j\theta}$$
の関係を与えて $r = 1$ とすると，単位円が積分の積分路となる．ここで具体的に
$$I = \int_0^{2\pi} \frac{1}{\frac{5}{4}+\sin\theta} d\theta \tag{9.35}$$
の積分に対して，$z = e^{j\theta}$ より
$$dz = je^{j\theta}d\theta = jzd\theta$$
であり，積分は

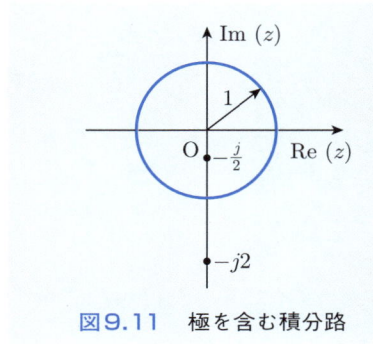

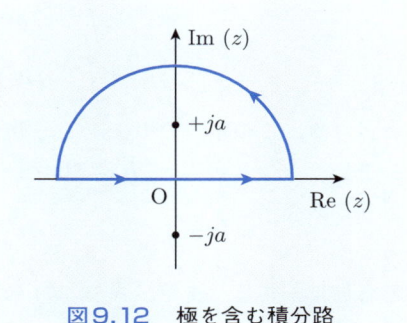

9.5 実積分（定積分）への応用

図9.11 極を含む積分路

図9.12 極を含む積分路

$$I = \oint \frac{dz}{jz\left(\frac{5}{4} + \frac{z - z^{-1}}{2j}\right)}$$

$$= \oint \frac{4dz}{2z^2 + j5z - 2}$$

$$= \oint \frac{2dz}{(z + j2)\left(z + \frac{j}{2}\right)}$$

すなわち，図9.11 のように被積分項は $z = -j2, z = -\frac{j}{2}$ と極は 2 つあるが，前者は単位円の外にあり考慮する必要はない．したがって，被積分項

$$f(z) = \frac{2}{(z + j2)\left(z + \frac{j}{2}\right)}$$

の $z = -\frac{j}{2}$ の留数 K は

$$K = \lim_{z \to -j/2} \left(z + \frac{j}{2}\right) f(z)$$

$$= \left.\frac{2}{z + j2}\right|_{z = -j/2} = \frac{4}{3j}$$

となり，結局，積分値 I は

$$I = j2\pi K = \frac{8\pi}{3}$$

となる．

次の例は無限大積分への適用である．有理関数 $f(x) = \frac{a}{a^2 + x^2}$ の場合

$$I = \int_{-\infty}^{\infty} f(x) dx \tag{9.36}$$

の定積分を求める．関数 $f(x)$ の変数 x を複素変数 z に置き換え

$$I_C = \int_C \frac{a}{a^2 + z^2} dz$$

を考える．ここに，積分路 C は図9.12 のような半円とする．したがって，この積分は実軸に沿う積分と半円弧の積分からなり

$$I_C = \int_C f(z)dz$$
$$= \int_{-\infty}^{\infty} f(x)dx + \int_{\text{半無限円}} f(z)dz \tag{9.37}$$

と書ける．この半円の中に極 $z = ja$ が含まれ，この極から得られる留数 K は
$$K = \lim_{z \to ja} (z-ja)\frac{a}{a^2+z^2} = \frac{1}{2j}$$
より，積分 I_C は
$$I_C = j2\pi \frac{1}{j2} = \pi$$
と容易に求まる．また，式 (9.37) の右辺第 2 項は $|z| \to \infty$ で 0 に収束し $^{(*)}$，式 (9.36) は以下の通り求まる．
$$\int_{-\infty}^{\infty} \frac{a}{a^2+x^2} dx = \pi$$

補足 $(*)$ について：$z = Re^{j\theta}$ とおくと，式 (9.37) の右辺第 2 項の積分は
$$\int_{\text{半無限円}} f(z)dz = \int_0^{\pi} \frac{jRae^{j\theta}d\theta}{a^2+R^2e^{j2\theta}} = \int_0^{\pi} f(R,\theta)d\theta$$
$$f(R,\theta) = \frac{jRae^{j\theta}}{a^2+R^2\cos 2\theta + jR^2\sin 2\theta}$$
ここで，シュワルツの不等式
$$\left|\int_0^{\pi} f(R,\theta)d\theta\right| \leq \int_0^{\pi} |f(R,\theta)|d\theta$$
を用いると
$$|f(R,\theta)| = \frac{Ra}{\sqrt{a^4+R^4+2a^2R^2\cos 2\theta}} \leq \frac{Ra}{\sqrt{a^4+R^4-2a^2R^2}} = \frac{Ra}{R^2-a^2}$$
したがって，$R \to \infty$ のとき $|f(R,\theta)| \to 0$ であり
$$\int_{\text{半無限円}} f(z)dz = 0$$
となる．

9章の問題

☐ **9.1** $f(z) = \cos z$ $(z = x+jy)$ はコーシー–リーマンの条件を満たすか否か調べよ．

☐ **9.2** $f(z) = \sin z$ $(z = x+jy)$ はコーシー–リーマンの条件を満たすか否か調べよ．

☐ **9.3** $f(z) = z + \frac{1}{z-a}$ $(z = x+jy)$ はコーシー–リーマンの条件を満たすか否か調べよ．ただし，a は実定数とする．

☐ **9.4** $f(z) = e^z$ $(z = x+jy)$ はコーシー–リーマンの条件を満たすか否か調べよ．

9章の問題

9.5 $f(z) = \frac{1}{z}$ を 図1に示す円弧の積分路に沿って積分する. 変数 z の極座標表示 $z = \rho e^{j\theta}$ を用いると, $dz = j\rho e^{j\theta} d\theta$ より積分値は

$$\int_A^B f(z)dz = \int_0^{\pi/4} \frac{j\rho e^{j\theta} d\theta}{\rho e^{j\theta}}$$
$$= \int_0^{\pi/4} jd\theta = \frac{j\pi}{4}$$

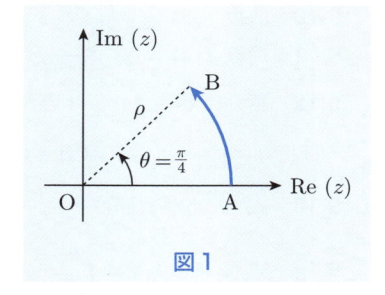

となる. では, 図2, 3の場合の積分値はどうなるか. ただし, 図3の $OA' = OB' = a$, $OA = OB = \rho$ である.

図2の積分範囲（角）は時計回り. なお, 反時計回りを正としている.

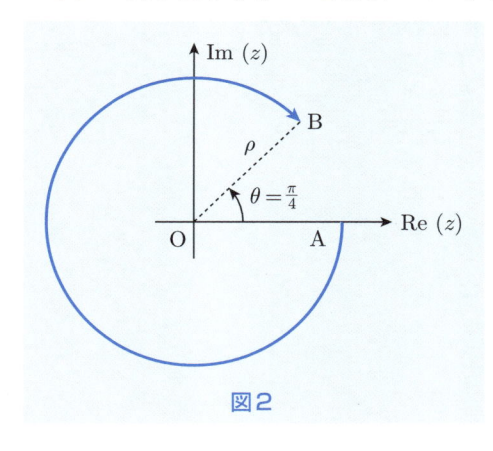

図1

図2

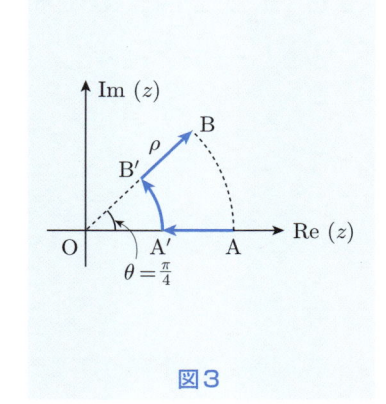

図3

9.6 周回積分 $I_n = \oint_{|z|=1} \frac{dz}{z^n}$ $(n = 1, 2, 3)$ を求めよ.

9.7 以下に示す関数のマクローリン展開

$$f(z) = f(0) + f'(0)z + \frac{f''(0)}{2!}z^2 + \frac{f'''(0)}{3!}z^3 + \cdots$$

を行い, 下に示す次数まで求めよ.

(1) $f(z) = e^z$ （z^2 まで） (2) $f(z) = \cos z$ （z^2 まで）
(3) $f(z) = \sin z$ （z^3 まで） (4) $f(z) = \tan z$ （z^3 まで）
(5) $f(z) = \log(1+z)$ （z^3 まで） (6) $f(z) = \cosh z$ （z^2 まで）
(7) $f(z) = \sinh z$ （z^3 まで） (8) $f(z) = \tanh z$ （z^3 まで）

9.8 式 (9.27) と式 (9.29) とは一致することを確かめよ.

9.9 関数 $f(z) = \frac{ae^{zt}}{z+a}$ の $z = -a$ での留数を求めよ. ただし, a $(= \frac{1}{CR})$, t は定数.

9.10 関数 $f(z) = \dfrac{1}{e^z - 1}$ の $z = 0$ での留数を求めよ．

9.11 関数 $f(z) = \dfrac{z}{z^2 + 2z + 5}$ のすべての極の留数を求めよ．

9.12 積分路 C を $|z| = 3$ の円とするとき，$\displaystyle\int_C f(z)dz$ を求めよ．

(1) $f(z) = \dfrac{z}{z^2 - 1}$　　(2) $f(z) = \dfrac{z+1}{z^2(z+2)}$

9.13 式 (9.35) の積分 $I = \displaystyle\int_0^{2\pi} \dfrac{1}{\frac{5}{4} + \sin\theta} d\theta$ を $z = re^{j\theta}$ $(r = 2)$ として計算せよ．

9.14 式 (9.36) の積分 $\displaystyle\int_{-\infty}^{\infty} \dfrac{a}{a^2 + x^2} dx$ は実変数を複素変数に拡大し，複素積分から求めている．ただし，積分路としては図9.12を用いている．では，図9.12の半円に対して $\mathrm{Im}(z) < 0$ の下方に半円を補った場合はどうか計算せよ．

9.15 以下に示す実関数の定積分を複素積分を用いて求めよ．

(1) $\displaystyle\int_0^{2\pi} \dfrac{d\theta}{2\cos\theta + 3\sin\theta + 7}$　　(2) $\displaystyle\int_{-\infty}^{\infty} \dfrac{dx}{x^4 + a^4}$

第10章

ラプラス変換

　ラプラス変換は第 8 章で述べた微分方程式の解法の一つだが，電気の分野では電気回路のある時刻からの過渡的な現象（これを過渡現象論という）を調べるのに多用される．ここではラプラス変換，特に複素積分を用いる逆ラプラス変換を中心に解説する．

10.1 ラプラス変換の定義

時間波形 $f(t)$ のラプラス変換 $F(s)$ は

$$F(s) = \int_0^\infty f(t)e^{-st}dt \tag{10.1}$$

で定義される．これは時間波形から複素周波数波形への変換である．ただし，s は複素周波数

$$s = \sigma + j\omega$$

で与えられる．ここに，ω は角周波数，σ は減衰定数である．なお，式 (10.1) を **s 変換** と呼ぶこともあり，また積分範囲の下限が 0 であることから，これを **片側ラプラス変換** ともいう．

式 (10.1) の **逆ラプラス変換** は

$$f(t) = \frac{1}{j2\pi}\int_C F(s)e^{st}ds \tag{10.2}$$

の複素積分で与えられる．これは複素周波数波形から時間波形に戻す変換である．ただし，積分路 C は 図 10.1，つまり $\sigma - j\infty$ から $\sigma + j\infty$ である．

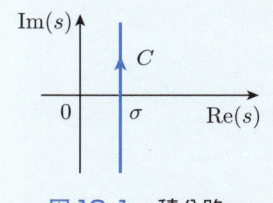

図 10.1 積分路

10.2 ステップ関数の積分表示

図 10.2 に示すようなステップ関数 $U(t)$ のラプラス変換は

$$\begin{aligned}F(s) &= \int_0^\infty U(t)e^{-st}dt = \int_0^\infty e^{-st}dt \\ &= -\frac{1}{s}\left[e^{-st}\right]_0^\infty = \frac{1}{s}\end{aligned} \tag{10.3}$$

図 10.2 ステップ関数

となる．そこで，$F(s) = \frac{1}{s}$ を逆ラプラス変換することでステップ関数 $U(t)$ は

$$U(t) = \frac{1}{j2\pi}\int_{\sigma-j\infty}^{\sigma+j\infty}\frac{\exp(st)}{s}ds \tag{10.4}$$

と書けることを示す．

(1) $t < 0$ の場合 通常の方法にしたがい右半円を補い 図 10.3 のような積分路を採用すると，式 (10.4) の被積分関数 $\frac{e^{st}}{s}$ が積分路内で解析的であることからこの積分路に沿った周回積分は

10.2 ステップ関数の積分表示

$$\int_C \frac{\exp(st)}{s} ds = 0 \qquad (10.5)$$

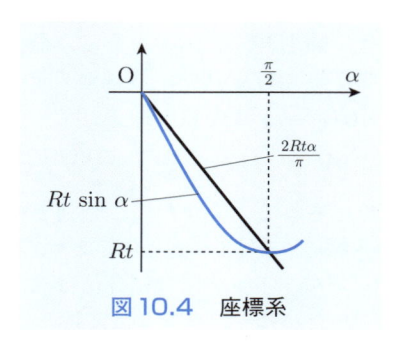

となる．さらに，この積分路を虚軸に沿う C_0 と右半円（半径：R）C_1 に分解すると，式 (10.5) は

$$\int_{C_0} \frac{\exp(st)}{s} ds = -\int_{C_1} \frac{\exp(st)}{s} ds \qquad (10.6)$$

と変形できる．

さて，上式右端の積分について調べてみよう．$s = Re^{j\theta}$ とおくと

$$I_1 \equiv -\int_{C_1} \frac{\exp(st)}{s} ds$$
$$= j\int_{-\pi/2}^{\pi/2} \exp\{Rt(\cos\theta + j\sin\theta)\} d\theta$$

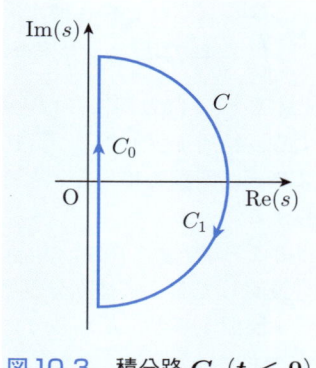

図 10.3　積分路 C ($t < 0$)

となる．ここで，積分に関するシュワルツの不等式

$$\left|\int_a^b f(z) dz\right| \leq \int_a^b |f(z)| dz$$

を用いると

$$|I_1| \leq I \equiv \int_{-\pi/2}^{\pi/2} \exp(Rt\cos\theta) d\theta = 2\int_0^{\pi/2} \exp(Rt\cos\theta) d\theta$$

ここで $\theta = \frac{\pi}{2} - \alpha$ を用いて積分 I を書き換えると

$$I = 2\int_0^{\pi/2} \exp(Rt\sin\alpha) d\alpha \leq 2\int_0^{\pi/2} \exp\left(\frac{2Rt\alpha}{\pi}\right) d\alpha = \frac{\pi}{Rt}\{\exp(Rt) - 1\} \qquad (*)$$

となり，$t < 0$ であることから，$R \to \infty$ とすると $|I| \to 0$ となる．つまり，積分路 C_1 が半無限円になると I_1 は 0 に収束し，式 (10.6) の右辺は 0 となる．

備考 $(*)$ について：
図 10.4 に示すように，$t < 0$ において $Rt\sin\alpha \leq \frac{2Rt\alpha}{\pi}$ $(0 \leq \alpha \leq \frac{\pi}{2})$ であり，よって $\exp(Rt\sin\alpha) \leq \exp\left(\frac{2Rt\alpha}{\pi}\right)$ ■

(2) $t > 0$ の場合　今度は左半円を補い図 10.5 のような積分路を採用すると，周回積分は極 $s = 0$ を含む積分となり

$$\int_C \frac{\exp(st)}{s} ds = j2\pi \qquad (10.7)$$

図 10.4　座標系

となる．これを書き換えて
$$\int_{C_0} \frac{\exp(st)}{s}ds = -\int_{C_2} \frac{\exp(st)}{s}ds + j2\pi$$
とすると，(1) と同様に右辺の積分は 0 に収束する．結局 $t > 0$ での式 (10.4) は 1 となり，ステップ関数の積分表示となっていることがわかる．

ところで，式 (10.7) の周回積分をより詳しく説明しておく．被積分関数 e^{st} をマクローリン展開すると，項別積分に分解でき
$$\int_C \frac{\exp(st)}{s}ds$$

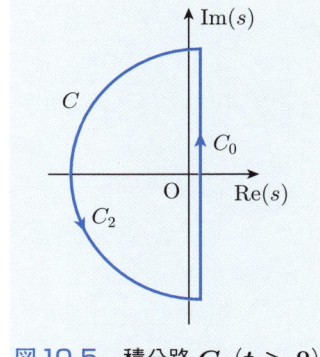

図 10.5　積分路 C （$t > 0$）

$$= \int_C \frac{1}{s}\left\{1 + st + \frac{s^2 t^2}{2!} + \frac{s^3 t^3}{3!} + \cdots + \frac{s^{n-1}t^{n-1}}{(n-1)!} + \frac{s^n t^n}{n!} + \cdots\right\}ds$$

となる．右辺第 1 項が 1 位の極 $s = 0$ をもち，この積分が $j2\pi$，他の積分はすべて 0 となる．これを一般化してラプラス変換
$$H(s) = \frac{1}{s^n}$$
の逆ラプラス変換 $h(t)$ が
$$h(t) = \frac{1}{j2\pi}\int_{\sigma-j\infty}^{\sigma+j\infty} \frac{\exp(st)}{s^n}ds = \frac{t^{n-1}}{(n-1)!} \quad (\sigma > 0,\ t > 0)$$
となることは上の議論と同様にして明らかである．

10.3　パルス波の積分表示

次に，パルス波の積分表示を考えてみよう．図 10.6 に示すように，振幅 A，時間が τ だけずれている遅延ステップ関数 $AU(t-\tau)$ は式 (10.4) より
$$AU(t-\tau) = \frac{A}{j2\pi}\int_C \frac{\exp\{s(t-\tau)\}}{s}ds$$
で示される．すなわち，時刻 t が τ より小さいときは $t - \tau < 0$ であり，積分値は 0．一方，$t > \tau$ では積分値は A となる．

図 10.6　遅延ステップ関数

したがって，ラプラス変換
$$F(s) = \frac{e^{-s\tau}}{s} \quad (t > \tau)$$

の逆ラプラス変換 $f(t)$ は遅延ステップ関数 $U(t-\tau)$ であることがわかる.

今度は図 10.7 のようなパルス波形を考えることにすると,この場合 $t=-\frac{\tau}{2}$ で振幅 A で正のステップ関数が立ち上がり,次に $t=\frac{\tau}{2}$ で同じ振幅 A で負のステップ関数が立ち下がれば図 10.7 の対称パルス波形になることから,この波形の積分表示は

$$AU\left(t+\tfrac{\tau}{2}\right) - AU\left(t-\tfrac{\tau}{2}\right) = \tfrac{A}{j2\pi}\int_C \frac{\exp\{s(t+\tfrac{\tau}{2})\}-\exp\{s(t-\tfrac{\tau}{2})\}}{s}ds$$
$$= \tfrac{A\tau}{j2\pi}\int_C \frac{\sinh\left(\tfrac{s\tau}{2}\right)}{\tfrac{s\tau}{2}}e^{st}ds \quad (10.8)$$

と書くことができる.したがって

$$F(s) = 2A\frac{\sinh\left(\tfrac{s\tau}{2}\right)}{s} \quad \left(-\tfrac{\tau}{2} < t < \tfrac{\tau}{2}\right)$$

を逆ラプラス変換すると,図 10.7 のようなパルスの振幅が A のステップ関数になることがわかる.なお,通常のラプラス変換は $t>0$ での片側ラプラス変換を用いるので,図 10.8 に示す $0<t<\tau$ のパルス波なら $t \to t-\frac{\tau}{2}$ とおき

$$F(s) = \tfrac{A(1-e^{-s\tau})}{s} = 2Ae^{-s\tau/2}\frac{\sinh\left(\tfrac{s\tau}{2}\right)}{s} \quad (0 < t < \tau) \quad (10.9)$$

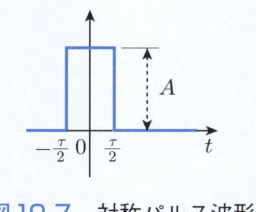

図 10.7　対称パルス波形

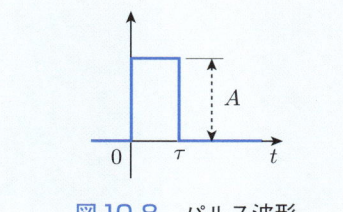

図 10.8　パルス波形

また,$A\tau=1$ とし,$\tau \to 0$ とパルス幅を狭めるとこの波形は δ 関数であり,式 (10.8) は

$$\delta(t) = \tfrac{1}{j2\pi}\int_C \exp(st)ds$$

となる.したがって,$\delta(t)$ のラプラス変換は $F(s)=1$ であることがわかる.つまり,δ 関数のようなインパルス波形の周波数スペクトルはすべての周波数成分をもつことになる.なお,δ 関数は第 11 章で解説する.

10.4　ラプラス変換の物理的意味

ここで,式 (10.8) を図 10.9 のように一般化する.つまり,時刻 $t=\hat{t}$ において振幅 $f(\hat{t})$,幅 $\Delta\hat{t}$ のパルス波形を考えることにすると,その積分表示は

$$\frac{f(\widehat{t})\Delta \widehat{t}}{j2\pi}\int_C \frac{\sinh\left(\frac{s\Delta \widehat{t}}{2}\right)}{\frac{s\Delta \widehat{t}}{2}}e^{s(t-\widehat{t})}ds$$

と書くことができる．

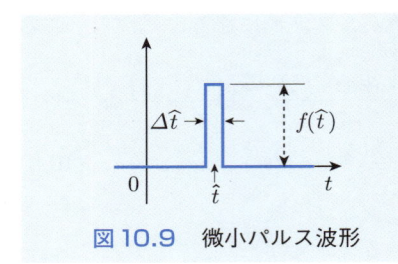

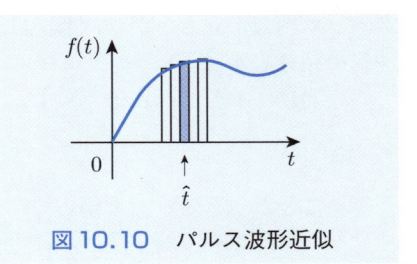

図 10.9 微小パルス波形

図 10.10 パルス波形近似

さて，ある時間関数 $f(t)$ を積分表示することを考えてみる．この関数を図 10.10 のようなパルスの連続とみなし，これを重ね合わせ，パルス幅を $\Delta \widehat{t} \to 0$ とすると，連続波形 $f(t)$ は

$$f(t) = \lim_{\Delta \widehat{t}\to 0}\sum_{\widehat{t}=0}^{\infty}\frac{f(\widehat{t})\Delta \widehat{t}}{j2\pi}\int_C \frac{\sinh\frac{s\Delta \widehat{t}}{2}}{\frac{s\Delta \widehat{t}}{2}}e^{s(t-\widehat{t})}ds$$

と表示することができる．さらに，これを書き直すと

$$f(t) = \lim_{\Delta \widehat{t}\to 0}\frac{1}{j2\pi}\int_C e^{st}ds\sum_{\widehat{t}=0}^{\infty}\frac{\sinh\frac{s\Delta \widehat{t}}{2}}{\frac{s\Delta \widehat{t}}{2}}f(\widehat{t})e^{-s\widehat{t}}\Delta \widehat{t}$$

$$= \frac{1}{j2\pi}\int_C e^{st}ds\int_0^{\infty}f(\widehat{t})e^{-s\widehat{t}}d\widehat{t} \tag{10.10}$$

を得る．また，上式を分解して書きあらためると

$$F(s) = \int_0^{\infty}f(t)e^{-st}dt \tag{10.11}$$

$$f(t) = \frac{1}{j2\pi}\int_C F(s)e^{st}ds \tag{10.12}$$

となる．式 (10.11) は $f(t)$ の**ラプラス変換**といい，また式 (10.12) はその逆ラプラス変換，つまり冒頭で示した式 (10.1) ならびに式 (10.2) そのものである．

ラプラス変換 $F(s)$ は時間の関数 $f(t)$ のスペクトラムといわれるが，ここでこの意味を考えてみる．式 (10.10) の被積分関数

$$\lim_{\Delta \widehat{t}\to 0}\sum_{\widehat{t}=0}^{\infty}\frac{\sinh\frac{s\Delta \widehat{t}}{2}}{\frac{s\Delta \widehat{t}}{2}}f(\widehat{t})e^{-s\widehat{t}}\Delta \widehat{t}$$

がラプラス変換に対応することは明らかであり，このうち $e^{-s\widehat{t}}$ は複素周波数 s をもつ正弦波，他はその振幅を表す．したがって，時間関数 $f(t)$ を複素周波数 s に関する振幅分布関数として表したのがラプラス変換 $F(s)$ であるということになる．

10.5　電気回路への応用

最後に，ラプラス変換の応用についてふれておく．RLC の直列回路に電源 $e(t)$ を加えこの回路に流れる電流を $i(t)$ とすると，回路方程式は

$$e(t) = Ri(t) + L\frac{di}{dt} + \frac{1}{C}\int i dt \tag{10.13}$$

と書くことができる．このラプラス変換は

$$\int_0^\infty e(t)e^{-st}dt = R\int_0^\infty i(t)e^{-st}dt + L\int_0^\infty \frac{di}{dt}e^{-st}dt$$
$$+ \frac{1}{C}\int_0^\infty \left(\int i dt\right)e^{-st}dt \tag{10.14}$$

となり，微分および積分のラプラス変換を生ずる．そこで，まずこれらの変換を導出しておこう．関数 $f(t)$ のラプラス変換 $F(s)$ を再記すると

$$F(s) = \int_0^\infty f(t)e^{-st}dt$$

さて，$f'(t)$ のラプラス変換は部分積分を施すと

$$\int_0^\infty f'(t)e^{-st}dt = \left[f(t)e^{-st}\right]_0^\infty + s\int_0^\infty f(t)e^{-st}dt = sF(s) - f(0)$$

と与えられる．ただし，$f(0)$ は $t=0$ での $f(t)$ の初期値を表す．例えば，式 (10.13) に適用すると，$f(0)$ は**初期電流**に相当する．

また，$F(s)$ は

$$F(s) = \int_0^\infty f(t)e^{-st}dt = \left[e^{-st}\int_0^\infty f(t)dt\right]_0^\infty + s\int_0^\infty \left(\int_0^\infty f(t)dt\right)e^{-st}dt$$

の関係がある．ただし，上式は右辺第 2 項の部分積分から得られる．したがって，積分のラプラス変換は

$$\int_0^\infty \left(\int_0^\infty f(t)dt\right)e^{-st}dt = \frac{F(s)}{s} + \frac{f^{-1}(0)}{s}$$

となる．ただし

$$f^{-1}(0) = \left[\int_0^\infty f(t)dt\right]_{t=0} \tag{10.15}$$

とおいてあり，$t=0$ での積分値である．例えば，式 (10.14) に適用すると，式 (10.15) は電流の積分値であり，**初期電荷**に相当する．

次に，交流電源となる正弦波，つまり $f(t) = \sin\omega t$ のラプラス変換も求めておこう．

$$\int_0^\infty \sin\omega t\, e^{-st}dt = \frac{1}{\omega} - \frac{s}{\omega}\int_0^\infty \cos\omega t\, e^{-st}dt$$

となるから，再度部分積分して整理すると次の式が得られる．

$$\int_0^\infty \sin\omega t\, e^{-st}dt = \frac{\omega}{s^2+\omega^2} \tag{10.16}$$

ここで，2度の積分を行うこの方法より容易に求めることができる別の方法を示しておく．つまり，$f(t) = \sin\omega t$ のかわりに $g(t) = e^{j\omega t} = \cos\omega t + j\sin\omega t$ を用いると，ラプラス変換は

$$\int_0^\infty g(t)e^{-st}dt = \int_0^\infty e^{-(s-j\omega)t}dt = -\frac{1}{s-j\omega}\left[e^{-(s-j\omega)t}\right]_0^\infty = \frac{1}{s-j\omega} = \frac{s+j\omega}{s^2+\omega^2} \tag{10.17}$$

となり，$g(t)$ の虚部が $f(t) = \sin\omega t$ であり，したがって上式の虚部がラプラス変換である．また，実部より

$$\int_0^\infty \cos\omega t\, e^{-st}dt = \frac{s}{s^2+\omega^2}$$

も同時に求まる．なお，$\omega = 0$ とすると直流の場合の変換式 (10.3) に一致する．

■ 例題 10.1 ■

図 10.11 の CR 直流回路で $t=0$ でスイッチ S_1 を ON，$t=t_0$ で S_1 を OFF，S_2 を ON としたときの電流 $i(t)$ と CR 素子の端子電圧 $v_C(t), v_R(t)$ を求めよ．ただし，$t<0$ で初期電荷はないものとする．

【解答】 (1) [$0 \leq t \leq t_0$ の場合] 定常状態の場合，コンデンサ（キャパシタンス）を含む回路では電流は流れない．しかし，過渡状態ではコンデンサの充電や放電作用により過渡電流が流れる．$t=0$ での回路方程式は

$$EU(t) = Ri(t) + \frac{1}{C}\int i(t)dt$$

で与えられ，これをラプラス変換すると

$$\frac{E}{s} = RI(s) + \frac{1}{C}\left\{\frac{I(s)}{s} + \frac{i^{-1}(0)}{s}\right\} \tag{10.18}$$

となるが，初期電荷 $i^{-1}(0) = 0$ より

$$I(s) = \frac{E}{R\left(s + \frac{1}{CR}\right)} \tag{10.19}$$

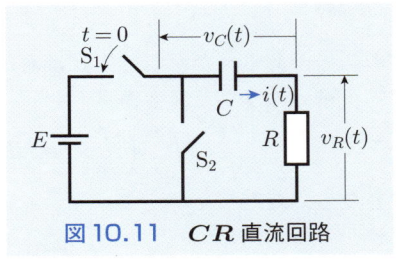

が得られる．ただし，電流 $i(t)$ のラプラス変換 $I(s)$ は

$$I(s) = \int_0^\infty i(t)e^{-st}dt$$

である．式 (10.18) は $t=0$ でのラプラス変換式であり，式 (10.19) を逆ラプラス変換して得られる電流 $i(t)$ は $t > 0$ で有効である．逆ラプラス変換は

$$i(t) = \frac{1}{j2\pi}\int_{-j\infty}^{j\infty} I(s)e^{st}ds = \frac{1}{j2\pi}\int_{-j\infty}^{j\infty} \frac{E}{R\left(s+\frac{1}{CR}\right)}e^{st}ds$$

であり，極は $s = -\frac{1}{CR}$ だけであるから過渡電流 $i(t)$ は

図 10.11 CR 直流回路

10.5 電気回路への応用

$$i(t) = \lim_{s \to -1/CR}\left(s + \tfrac{1}{CR}\right)\frac{E}{R\left(s+\tfrac{1}{CR}\right)}e^{st} = \tfrac{E}{R}e^{-t/CR}$$

と求まる．CR素子電圧 $v_C(t), v_R(t)$ は

$$v_C(t) = \tfrac{1}{C}\int_0^t i(t)dt = \tfrac{E}{CR}\int_0^t e^{-t/CR}dt = E(1-e^{-t/CR}) \tag{10.20}$$

$$v_R(t) = Ri(t) = Ee^{-t/CR}$$

となり，両者の間に

$$E = v_C(t) + v_R(t)$$

の関係がある．また，コンデンサの充電のために過渡電流 $i(t)$ が流れ，$t=\infty$ で $i(\infty) = 0$ となる．このことは式 (10.20) より $v_C(\infty) = E$ とも一致する．

(2) 〔$t_0 \le t$ の場合〕 スイッチ S_1 を OFF，スイッチ S_2 を ON での回路方程式は

$$0 = Ri(t) + \tfrac{1}{C}\int i(t)dt$$

であり，上式をラプラス変換すると

$$0 = RI(s) + \tfrac{1}{C}\left\{\tfrac{I(s)}{s} + \tfrac{i^{-1}(0)}{s}\right\}$$

で与えられる．しかし，上式は $t=0$ での変換式であり，逆ラプラス変換から得られる電流 $i(t)$ は $t>0$ で有効であるが，$t_0 \le t$ での電流ではない．$t_0 \le t$ での電流を得るためには，まず $t=t_0$ での初期電荷 $i^{-1}(t_0)$ を求め

$$0 = RI(s) + \tfrac{1}{C}\left\{\tfrac{I(s)}{s} + \tfrac{i^{-1}(t_0)}{s}\right\} \tag{10.21}$$

の逆ラプラス変換から $t>0$ での電流 $i(t)$ を決定し，得られた電流 $i(t)$ を $t \to t-t_0$ と時間軸をシフトすることによって得られる．$t=t_0$ での初期電荷 $i^{-1}(t_0)$ は

$$i^{-1}(t_0) = \int_0^{t_0} i(t)dt = \tfrac{E}{R}\int_0^{t_0} e^{-t/CR}dt = EC(1-e^{-t_0/CR})$$

である．式 (10.21) より

$$I(s) = -\frac{i^{-1}(t_0)}{CR\left(s+\tfrac{1}{CR}\right)}$$

であり，電流 $i(t)$ は

$$i(t) = \tfrac{1}{j2\pi}\int_{-j\infty}^{j\infty} I(s)e^{st}ds = -\tfrac{1}{j2\pi}\int_{-j\infty}^{j\infty}\frac{i^{-1}(t_0)}{CR\left(s+\tfrac{1}{CR}\right)}e^{st}ds = -\frac{i^{-1}(t_0)}{CR}e^{-t/CR}$$

と求まり，上式を $t \to t-t_0$ とおくと，$t_0 \le t$ での電流 $i(t)$ は

$$i(t) = -\tfrac{E}{R}(1-e^{-t_0/CR})e^{-(t-t_0)/CR} \tag{10.22}$$

と与えられる．CR素子の端子電圧 $v_C(t), v_R(t)$ は

$$v_C(t) = \tfrac{1}{C}\int i(t)dt = -\tfrac{E}{CR}(1-e^{-t_0/CR})\int^t e^{-(t-t_0)/CR}dt$$

$$= E(1-e^{-t_0/CR})e^{-(t-t_0)/CR}$$

$$v_R(t) = Ri(t) = -E(1-e^{-t_0/CR})e^{-(t-t_0)/CR}$$

となり

図 10.12　電圧時間波形

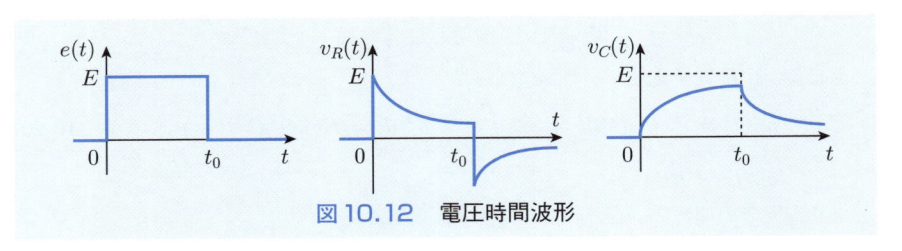

$$0 = v_C(t_0) + v_R(t)$$

の関係がある．端子電圧 $v_C(t), v_R(t)$ を 図 10.12 に示した．

また，式 (10.22) より $t_0 \leq t$ での電流 $i(t)$ は負であり，コンデンサの放電による電流であることがわかる．したがって，$t = t_0$ での端子電圧 $v_C(t_0) = E(1 - e^{-t_0/CR})$ がコンデンサの放電により $t = \infty$ で $v_C(\infty) = 0$ となる．

別解法　(2) 〔$t_0 \leq t$ の場合〕　直流電圧 E を CR 回路に印加している時間は $0 \leq t \leq t_0$ であり $t_0 \leq t$ での回路方程式は

$$E\{U(t) - U(t - t_0)\} = Ri(t) + \frac{1}{C}\int i(t)dt$$

であり，式 (10.9) を用いると，上式のラプラス変換は

$$\frac{E(1 - e^{-st_0})}{s} = RI(s) + \frac{I(s)}{Cs} \tag{10.23}$$

と与えられる．なお，上式の左辺に $0 \leq t \leq t_0$ での電源が含まれており，初期電荷は必要ない．式 (10.23) より $I(s)$ は

$$I(s) = \frac{E(1 - e^{-st_0})}{R\left(s + \frac{1}{CR}\right)}$$

となり，ここから得られる電流 $i(t)$ は逆ラプラス変換を施すことで式 (10.22) に一致する．

なお，図 10.12 の $v_R(t)$ を **微分波形**，$v_C(t)$ を **積分波形** という．したがって，それぞれの波形を出力する回路，つまり 図 10.13 を **微分回路**，図 10.14 を **積分回路** という．

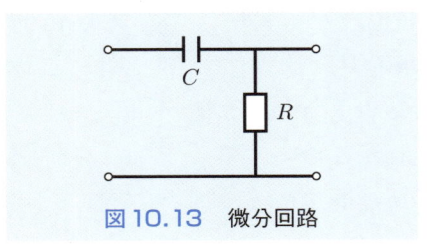

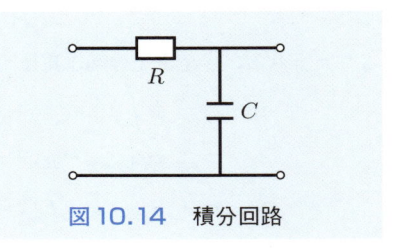

図 10.13　微分回路

図 10.14　積分回路

10.5 電気回路への応用

■ **例題 10.2** ■

図 10.15 の LR 直流回路で $t=0$ でスイッチ S_1 を ON, $t=t_0$ で S_1 を OFF, S_2 を ON としたときの電流 $i(t)$ と LR 素子の端子電圧 $v_L(t), v_R(t)$ を求めよ．ただし，$t<0$ で初期電流はないものとする．

【解答】 (1) 〔$0\leq t\leq t_0$ の場合〕 $t=0$ での回路方程式

$$EU(t)=Ri(t)+L\frac{di(t)}{dt}$$

ラプラス変換

$$\frac{E}{s}=RI(s)+L\{sI(s)-i(0)\}$$

$i(0)=0$

より電流 $I(s)$ は

$$I(s)=\frac{E}{Ls\left(s+\frac{R}{L}\right)}$$

であり，この逆ラプラス変換

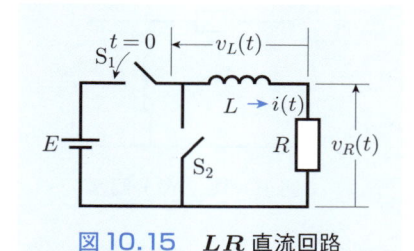

図 10.15 **LR 直流回路**

$$i(t)=\frac{1}{j2\pi}\int_{-j\infty}^{j\infty}I(s)e^{st}ds=\frac{1}{j2\pi}\int_{-j\infty}^{j\infty}\frac{E}{Ls\left(s+\frac{R}{L}\right)}e^{st}ds$$

は 2 つの極 $s=0,-\frac{R}{L}$ をもち，それらの留数から電流 $i(t)$ は

$$i(t)=\frac{E}{R}(1-e^{-Rt/L})$$

と与えられる．LR 素子の端子電圧 $v_L(t), v_R(t)$ は

$$v_L(t)=L\frac{di(t)}{dt}=Ee^{-Rt/L}, \quad v_R(t)=Ri(t)=E(1-e^{-Rt/L})$$

(2) 〔$t_0\leq t$ の場合〕 スイッチ S_1 を OFF, S_2 を ON での回路方程式は

$$0=Ri(t)+L\frac{di(t)}{dt}$$

であり，このラプラス変換

$$0=RI(s)+L\{sI(s)-i(t_0)\}, \quad i(t_0)=\frac{E}{R}(1-e^{-Rt_0/L})$$

つまり

$$I(s)=\frac{i(t_0)}{s+\frac{R}{L}}$$

に逆ラプラス変換を施し，電流 $i(t)$ は

$$i(t)=i(t_0)e^{-Rt/L}$$

したがって，$t\to t-t_0$ と置き換えて $t_0\leq t$ での電流 $i(t)$ は

$$i(t)=i(t_0)e^{-R(t-t_0)/L}=\frac{E}{R}(1-e^{-Rt_0/L})e^{-R(t-t_0)/L} \tag{10.24}$$

と求まる．各端子電圧 $v_L(t), v_R(t)$ は

$$v_L(t)=L\frac{di(t)}{dt}=-E(1-e^{-Rt_0/L})e^{-R(t-t_0)/L}$$

$$v_R(t)=Ri(t)=E(1-e^{-Rt_0/L})e^{-R(t-t_0)/L}$$

以上，$0 \leq t \leq t_0$ では直流電源の印加によりコイル（インダクタンス）は電流の流れを妨げる方向で働き，一方 $t_0 \leq t$ では電源除去により電流を流そうという作用が働く．いずれもファラデーの法則に沿った動作をすることがわかる．

なお，端子電圧 $v_L(t), v_R(t)$ はそれぞれ図 10.12 の $v_R(t), v_C(t)$ と同一の波形となる．したがって，図 10.16 を微分回路，図 10.17 を積分回路という．

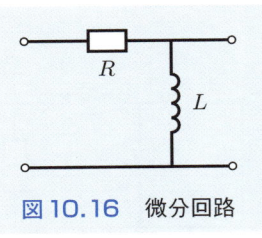

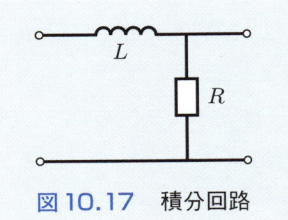

図 10.16　微分回路

図 10.17　積分回路

別解法　(2)〔$t_0 \leq t$ の場合〕回路方程式
$$E\{U(t) - U(t - t_0)\} = Ri(t) + L\frac{di(t)}{dt}$$
を採用すると，このラプラス変換は
$$\frac{E(1 - e^{-st_0})}{s} = RI(s) + LsI(s)$$
であり，したがって $I(s)$ は
$$I(s) = \frac{E(1 - e^{-st_0})}{Ls\left(s + \frac{R}{L}\right)}$$
となる．これを逆ラプラス変換すると，電流 $i(t)$ は式 (10.24) に一致する．

例題 10.3

図 10.18 の CR 交流回路に正弦波 $E\sin\omega t$ $(t > 0)$ を加え，$t = 0$ でスイッチを ON にしたときの電流 $i(t)$ と CR 素子の端子電圧 $v_C(t), v_R(t)$ を求めよ．ただし $t < 0$ で初期電荷はないものとする．

【解答】　式 (10.16) より $I(s)$ は
$$\frac{E\omega}{s^2 + \omega^2} = \frac{I(s)}{Cs} + RI(s)$$
で与えられるから，これを整理すると
$$I(s) = \frac{E\omega}{R} \frac{s}{\left(s + \frac{1}{CR}\right)(s^2 + \omega^2)}$$
となる．したがって，$i(t)$ は

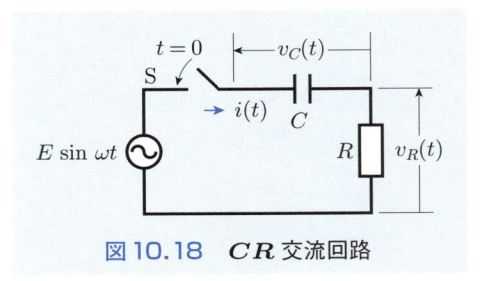

図 10.18　CR 交流回路

10.5 電気回路への応用

$$i(t) = \frac{1}{j2\pi} \frac{E\omega}{R} \int_{-j\infty}^{j\infty} \frac{se^{st}}{(s+\frac{1}{CR})(s^2+\omega^2)} ds$$

の複素積分で与えられる．この積分も半円を補って周回積分で考えることができる．ただし，極は $s_1 = -\frac{1}{CR}$, $s_2 = j\omega$, $s_2 = -j\omega$ の 3 つ存在することになる．そこで，それぞれの留数を K_1, K_2, K_3 とすると各留数は

$$K_1 = -\frac{E\omega C}{1+(\omega CR)^2} e^{-t/CR}$$

$$K_2 = \frac{E\omega C}{2(1+j\omega CR)} \exp(j\omega t)$$

$$K_3 = \frac{E\omega C}{2(1-j\omega CR)} \exp(-j\omega t)$$

と求まり，$i(t)$ は

$$i(t) = K_1 + K_2 + K_3$$
$$= \frac{E\omega C}{|Z|} \{-\sin\varphi\, e^{-t/CR} + \sin(\omega t + \varphi)\} \tag{10.25}$$

となる．ただし

$$\cos\varphi = \frac{\omega CR}{|Z|}, \quad \sin\varphi = \frac{1}{|Z|}, \quad |Z| = \sqrt{1+(\omega CR)^2} \tag{10.26}$$

とおいてある．

式 (10.25) で与えられた電流 $i(t)$ の第 1 項目は $t = 0$ で印加した正弦波によって生じた過渡電流であり，第 2 項目は $t = \infty$ で安定する定常電流を表している．

なお，$v_C(t)$ は

$$v_C(t) = \frac{1}{C} \int_0^t i(t) dt$$
$$= E \left\{ \frac{\omega CR}{|Z|} \sin\varphi\, e^{-t/CR} - \frac{\cos(\omega t + \varphi)}{|Z|} \right\}$$
$$= E\sin\varphi \{\cos\varphi\, e^{-t/CR} - \cos(\omega t + \varphi)\}$$

一方，$v_R(t)$ は

$$v_R(t) = Ri(t)$$
$$= E\cos\varphi \{-\sin\varphi\, e^{-t/CR} + \sin(\omega t + \varphi)\}$$

したがって，両者の和は

$$v_C(t) + v_R(t) = E\sin\omega t$$

となり，電源電圧に一致する．

■ **例題 10.4** ■

図 10.19 の CR 交流回路に正弦波 $Ee^{j\omega t}$ ($t>0$) を加え，$t=0$ でスイッチを ON にしたときの電流 $i(t)$ と CR 素子の端子電圧 $v_C(t), v_R(t)$ を求めよ．ただし，$t<0$ で初期電荷はないものとする．

【解答】 式 (10.17) より

$$\frac{E}{s-j\omega} = \frac{I(s)}{Cs} + RI(s)$$

と与えられるから，これを整理すると

$$I(s) = \frac{E}{R}\frac{s}{(s+\frac{1}{CR})(s-j\omega)}$$

となる．したがって，1 位の極は $s = -\frac{1}{CR}, j\omega$ と 2 つあり，それぞれの留数から，$i(t)$ は

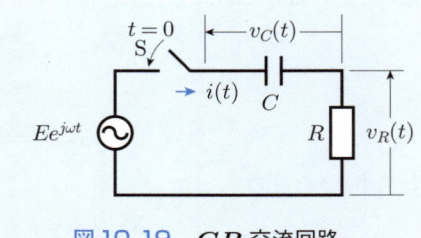

図 10.19　CR 交流回路

$$i(t) = \frac{1}{j2\pi}\frac{E}{R}\int_{-j\infty}^{j\infty}\frac{se^{st}}{(s+\frac{1}{CR})(s-j\omega)}ds$$

$$= j2\pi\frac{1}{j2\pi}\frac{E}{R}\left(\frac{-\frac{1}{CR}e^{-t/CR}}{-\frac{1}{CR}-j\omega} + \frac{j\omega e^{j\omega t}}{j\omega+\frac{1}{CR}}\right)$$

$$= \frac{E}{R}\frac{1}{1+j\omega CR}e^{-t/CR} + \frac{Ee^{j\omega t}}{R+\frac{1}{j\omega C}} \tag{10.27}$$

と求まる．上式右辺第 1 項目が過渡電流であり，第 2 項目がよく知られた C と R の交流回路での電流（定常電流）である．

なお，上式は第 1 項目も第 2 項目も複素数で与えられており，また交流電源 $Ee^{j\omega t}$ は

$$Ee^{j\omega t} = E\cos\omega t + jE\sin\omega t$$

であることから，式 (10.27) の虚部を採用すれば，交流電源 $E\sin\omega t$ の場合の電流値であり，式 (10.25) に一致する．当然のことながら，式 (10.27) の実部をとれば，交流電源 $E\cos\omega t$ の場合の電流である． ■

検証： 式 (10.27) の第 1 項目の虚部は

$$\text{Im}\left(\frac{E}{R}\frac{1}{1+j\omega CR}e^{-t/CR}\right) = \frac{E}{R}e^{-t/CR}\text{Im}\left(\frac{1}{1+j\omega CR}\right)$$

$$= \frac{E}{R}e^{-t/CR}\text{Im}\left(\frac{1-j\omega CR}{1+\omega^2 C^2 R^2}\right)$$

$$= \frac{E}{R}e^{-t/CR}\frac{-\omega CR}{1+\omega^2 C^2 R^2}$$

となるが，式 (10.26) を用いると，式 (10.25) 右辺の第 1 項に一致する．

式 (10.27) の第 2 項目の虚部は

$$\text{Im}\left(\frac{Ee^{j\omega t}}{R+\frac{1}{j\omega C}}\right) = \text{Im}\left(\frac{j\omega CEe^{j\omega t}}{1+j\omega CR}\right)$$

$$= \text{Im}\left(\frac{j\omega CE(1-j\omega CR)(\cos\omega t + j\sin\omega t)}{1+\omega^2 C^2 R^2}\right)$$

$$= \frac{\omega CE}{1+\omega^2 C^2 R^2}(\cos\omega t + \omega CR\sin\omega t)$$

$$= \frac{E}{R}\frac{\omega CR}{\sqrt{1+\omega^2 C^2 R^2}}\frac{\cos\omega t + \omega CR\sin\omega t}{\sqrt{1+\omega^2 C^2 R^2}}$$

$$= \frac{E}{R}\cos\varphi(\cos\omega t\sin\varphi + \sin\omega t\cos\varphi)$$

$$= \frac{E}{R}\cos\varphi\sin(\omega t + \varphi)$$

$$= \frac{E\omega C}{|Z|}\sin(\omega t + \varphi)$$

となり，式 (10.25) 右辺の第 2 項に一致する． ■

以上，CR 素子や LR 素子からなる回路例を示したが，LCR 素子からなる回路については第 9 章の課題を引用してラプラス変換による過渡現象解析を試みよ．

10章の問題

- **10.1** 図1の回路でスイッチを他方に倒した後の電流 i を求め，その概形を示せ．
- **10.2** 図2の回路のスイッチを ON にした後の電流 i を求め，その概形を示せ．
- **10.3** 図3の回路のスイッチを ON にした後の電流 i を求め，その概形を示せ．
ただし，コンデンサには初期電荷 Q がチャージされているものとする．

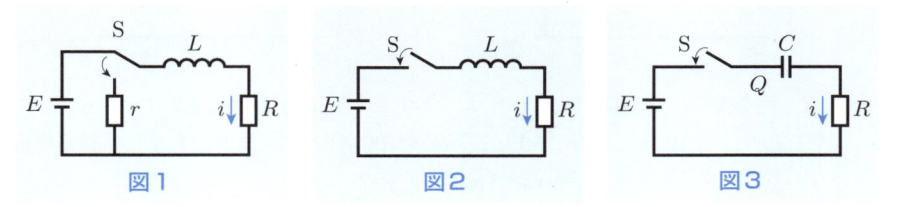

図1　図2　図3

- **10.4** 図4の回路でスイッチを OFF にしたときの電流 i を求め，その概形を示せ．
注意：鎖交磁束不変の理 $\Phi_{i=0_-} = \Phi_{i=0_+}$ を用いて初期電流を与えよ．
- **10.5** 図5の回路でスイッチを ON にしたときの電流 i_1, i_2 を求め，その概形を示せ．
注意：$t \geq 0$ での回路方程式は $E = Ri_1 + L_1\frac{di_1}{dt}$, $0 = Ri_2 + L_2\frac{di_2}{dt}$, $i_1 = i_2 + i_3$ が成り立つ．初期電流を考えよ．

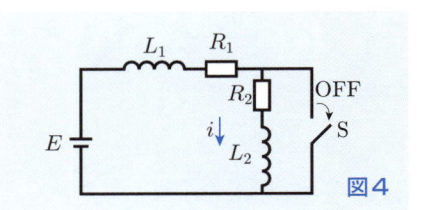

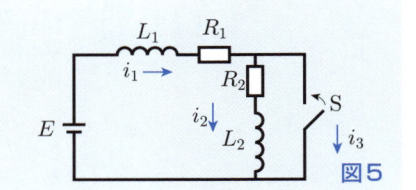

[図4, 図5]

☐ **10.6** 図6〜9の CR 回路で $t=0$ にスイッチを ON から OFF に切り換えるものとする．

(1) それぞれの C に蓄えられた初期電荷を求めよ．
(2) 図9の電流 $i(t)$ を求め，その電流 $i(t)$ の概形を示せ．図中の電流 i の向きに注意せよ．

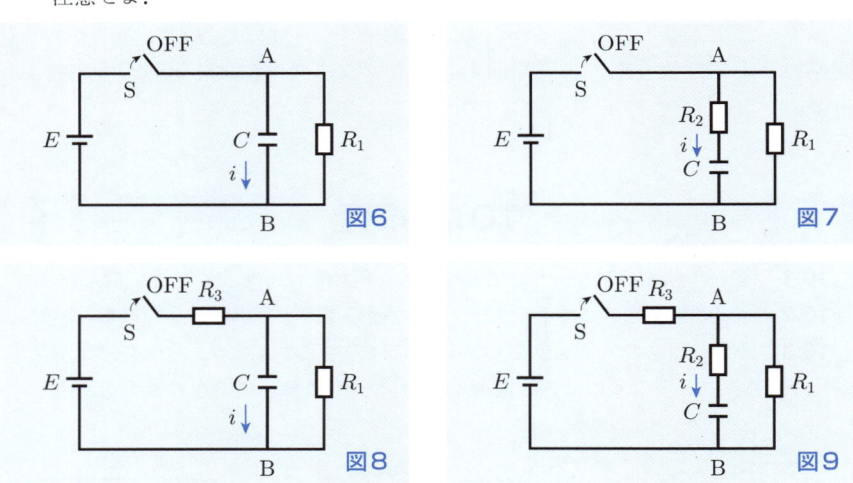

[図6, 図7, 図8, 図9]

☐ **10.7** 図10の CR 回路で $t=0$ にスイッチを ON にする場合を考える．
ただし，$E=10$ [V]，$C=100$ [μF]，$R=100$ [Ω]，またコンデンサには初期電荷はないものとする．$t>0$ での電流 i_R, i_C を求め，その概形を描け．次に，$i_R = i_C$ となる時刻 $t=t_0$ を数値で示せ．

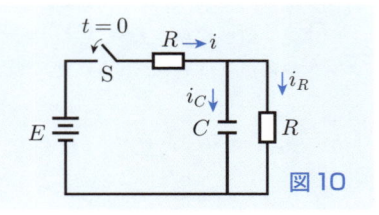

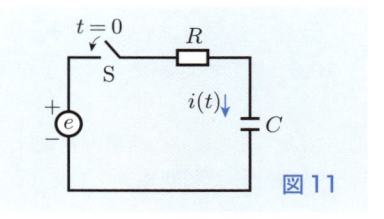

[図10, 図11]

☐ **10.8** 図11の CR 回路で $t=0$ にスイッチを ON にしたときの電流 $i(t)$ を求める.ただし,$t<0$ でコンデンサに電荷は帯電していないものとする.また,電圧源 e は $e(t) = E_0 e^{-\alpha t}$ ($\alpha > 0$) で与えられるものとする.
 (1) $t \geq 0$ での回路方程式より電流 $i(t)$ のラプラス変換 $I(s)$ を求め,その逆ラプラス変換から図11の回路に流れる電流 $i(t)$ を導出せよ.
 (2) 次に,$\alpha = \frac{1}{CR}$ としたとき,電流 $i(t)$ はどうなるか.時刻 t に対する電流の概形を描き,その現象を説明せよ.

☐ **10.9** 図12に示す抵抗 R,キャパシタンス C,インダクタンス L からなる RCL 回路に対して,スイッチ S_2 を OFF にしたまま $t=0$ でスイッチ S_1 を ON,十分時間が経過した $t = \tau$ ($t = \infty$ と考えてよい)でスイッチ S_2 を ON と同時にスイッチ S_1 を OFF にする.この時間変化に対して電流 $i(t)$ を求め,$i(t)$ の概形をグラフ化せよ.ただし,$t=0$ でキャパシタンス C に電荷はチャージされていないものとする.

☐ **10.10** 図13の RCL 回路に対して $t>0$ での電流 $i(t)$ を求め,その概形を示せ.ただし,コンデンサには初期電荷はないものとする.また,$E = 10$ [V],$R = 5$ [Ω],$L = 1$ [H],$C = 0.25$ [F] とする.次に,電流 $i(t)$ が最大となる時間はおよそいくらか.数値で示せ(単位を忘れないこと).

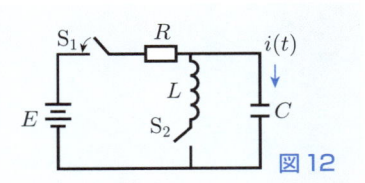

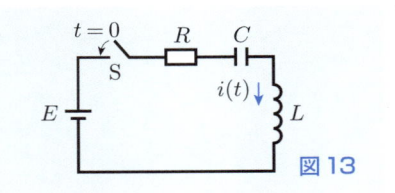

第11章

フーリエ変換とフーリエ級数

　LP, SP 盤などと呼ばれ，長い間親しまれたアナログ波形（信号）対応のレコードに代わって，ディジタル波形（信号）の CD や DVD が普及するなど，**標本化定理**の応用製品が日常生活へ着実に浸透して久しい．ここではアナログ波形とディジタル波形の橋渡しとなる標本化定理とその基礎であるフーリエ変換について解説する．

11.1 フーリエ変換

11.1.1 標本化定理とフーリエ変換の概要

標本化定理（サンプリング定理）とは

> 波形 $h(t)$ が $f_{\max}$ [Hz] より高い周波数成分をもたないとすると，この波形は $1/2f_{\max}(=T)$ [sec] あるいはこれ以下の幅で並べることができる．ここに $2f_{\max}$ を**ナイキスト周波数（サンプリング周波数）**，また $1/2f_{\max}$ を**ナイキスト間隔（サンプリング間隔）**という．

通常目にする波形がどんなに複雑であっても，標本値をナイキスト間隔以上に細かく採取することで，この波形の情報がすべて含まれることになる．標本化定理はディジタル技術と結合して様々な応用に用いられている（標本化定理については後に説明する）．

また，日常的に見ている波形は時間領域での波形であり，この波形解析を行うためには周波数領域で処理する方が有利なことが多く，これには**フーリエ変換**が用いられる．つまり，フーリエ変換は非周期波形の周波数スペクトルを調べるのに有効であり，例えば可聴最大周波数が 20 kHz とすると，ナイキスト周波数に 40 kHz を選べばよく，音楽や音声をディジタル録音した CD がこれに相当する．なお，フーリエ変換の特別なものとして**フーリエ級数**があるが，これは周期波形に対しての級数展開であり，前者が非周期波形に，後者が周期波形についての解析手法であるとの区別をしっかりと把握しておいてほしい．

11.1.2 フーリエ変換の定義

波形を $h(t)$，そのフーリエ変換を $H(f)$ とすると，$H(f)$ は

$$H(f) = \int_{-\infty}^{\infty} h(t)e^{-j2\pi ft} dt \tag{11.1}$$

で与えられる．これは波形 $h(t)$ をいろいろな周波数の正弦波形の和に分解することを意味する．また，周波数領域から時間領域の波形に戻す，つまりその逆フーリエ変換は

$$h(t) = \int_{-\infty}^{\infty} H(f)e^{j2\pi ft} df \tag{11.2}$$

と書ける．なお，式 (11.1) は $2\pi f = \omega$ と角周波数 ω を用いて書き換えることができ，このとき式 (11.1), (11.2) は

$$H(\omega) = \int_{-\infty}^{\infty} h(t)e^{-j\omega t} dt, \quad h(t) = \frac{1}{2\pi}\int_{-\infty}^{\infty} H(\omega)e^{j\omega t} d\omega$$

と表すこともできるが，ここでは式 (11.1), (11.2) を採用する．

式 (11.1) についてもう少し説明を加えておく．この式は波形 $h(t)$ の周波数成分のうち $e^{j2\pi ft}$ の成分を取り出すことを意味し，逆に $h(t) = e^{-j2\pi ft}$ を取り出したい場合には

$$H(f) = \int_{-\infty}^{\infty} h(t) e^{j2\pi ft} dt$$

を用いればよい．また，式 (11.1) で $h(t) = e^{j2\pi ft}$ とするとこの積分は発散する．この発散という量を極めて多いと置き換えてみれば，波形 $h(t) = e^{j2\pi ft}$ はすべての周波数をもつと解釈できる．逆に，$h(t) = e^{-j2\pi ft}$ とすると，後に明らかになるが，周波数 $f=0$ の波形つまり直流成分だけとなる．

式 (11.1) のフーリエ積分が存在するか否かの判定は難解である．その詳細は省略するが，次の条件だけ掲げておく．つまり，$h(t)$ が可積分なら，すなわち

$$\int_{-\infty}^{\infty} |h(t)| dt < \infty$$

である場合，フーリエ変換は存在し，逆フーリエ変換 (11.2) も成立する．なお，この条件は十分条件であり，必要条件を満たさなくても式 (11.2) を満足する関数もあるが，これについては説明を省く．

ここで，フーリエ変換の一例を示す．**図 11.1** のような**パルス波形** $h(t)$ のフーリエ変換 $H(f)$ は

$$H(f) = \int_{-T_0}^{T_0} A e^{-j2\pi ft} dt = \int_{-T_0}^{T_0} A\cos(2\pi ft) dt - j\int_{-T_0}^{T_0} A\sin(2\pi ft) dt$$

となるが，右辺第 2 項の被積分関数は奇関数であり，0 となる．したがって

$$H(f) = 2AT_0 \frac{\sin(2\pi T_0 f)}{2\pi T_0 f} \tag{11.3}$$

が得られ，これを **図 11.2** に示した．周波数成分は直流近くが多いが，高い周波数も存在する．

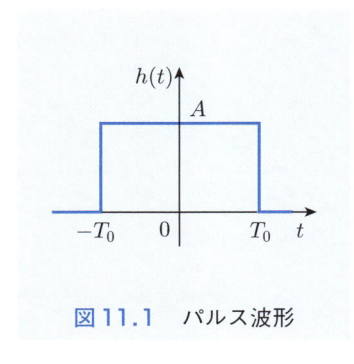

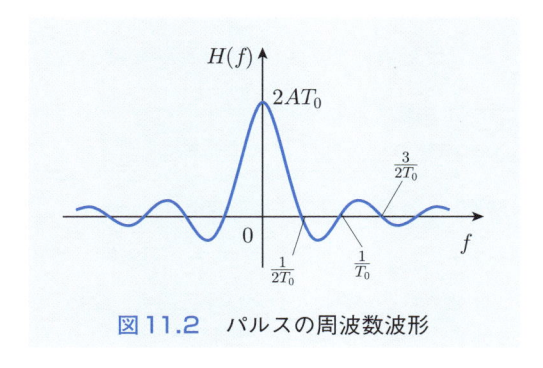

図 11.1 パルス波形

図 11.2 パルスの周波数波形

11.2 ディラックの δ 関数

理工学の分野ではごく短い区間で 0 でない値をもつ関数があると便利であり，この場合ディラックの **δ 関数**（インパルス関数）が使われる．この δ 関数の定義は

$$\delta(x) = 0 \quad (x \neq 0), \quad \int_{-\infty}^{\infty} \delta(x) dx = 1 \tag{11.4}$$

である．この関数は通常の関数と異なる．つまり，通常の関数はある領域の各点に対してはっきり決まった値をとるものとして定義されるが，δ 関数はその性質だけを重要視するもので，この種の規律にしたがうものを**超関数の理論**という．

原点近傍での $\delta(x)$ のこまかな変動は，なんらかの振動があったとしてもあまり激しくない限り重要でないとすると，$\delta(x)$ は

$$\delta(x) = \lim_{n \to \infty} \frac{\sin nx}{\pi x} \tag{11.5}$$

と書くこともできる．例えば，$x \to f, n \to 2\pi t$ あるいは $x \to t, n \to 2\pi f$ ($= \omega$) として利用する．なお，δ 関数の性質や公式を以下に列挙しておく（証明略）．

$$\int_{-\infty}^{\infty} f(x)\delta(x) dx = f(0) \tag{11.6}$$

$$\int_{-\infty}^{\infty} f(x)\delta(x-a) dx = f(a) \tag{11.7}$$

また，記号的に $f(x)\delta(x-a) = f(a)\delta(x-a)$ である．これは意味があるわけではなく，式 (11.7) から導かれる．特別なものとして

$$x\delta(x) = 0, \quad \delta(x) = \delta(-x), \quad \delta(ax) = \frac{\delta(x)}{a} \quad (a > 0)$$

また，導関数に関して次の関係がある．

$$\int_{-\infty}^{\infty} f(x)\delta^{(n)}(x) dx = (-1)^n f^{(n)}(0) \tag{11.8}$$

δ 関数を用いていくつかの波形を考える．

■ 例題 11.1 ■

$h(t) = A\delta(t)$ のフーリエ変換を行え．

【解答】 この波形のフーリエ変換は

$$H(f) = \int_{-\infty}^{\infty} A\delta(t) e^{-j2\pi ft} dt = Ae^0 = A$$

したがって，δ 関数（インパルス関数）は振幅一定ですべての周波数をもつ．自然界の例では空電の衝撃波がこれに近い．

例題 11.2

$h(t) = A\cos(2\pi f_0 t)$ のフーリエ変換を行え．

【解答】
$H(f) = \int_{-\infty}^{\infty} A\cos(2\pi f_0 t) e^{-j2\pi ft} dt = \frac{A}{2} \int_{-\infty}^{\infty} (e^{j2\pi f_0 t} + e^{-j2\pi f_0 t}) e^{-j2\pi ft} dt$

$\qquad = \frac{A}{2} \int_{-\infty}^{\infty} (e^{j2\pi t(f_0 - f)} + e^{-j2\pi t(f_0 + f)}) dt = \frac{A}{2} \delta(f - f_0) + \frac{A}{2} \delta(f + f_0) \qquad (*)$

したがって，上式から 図11.3 に示す $\cos(2\pi f_0 t)$ は 図11.4 のような $f = \pm f_0$ の周波数スペクトルをもち，振幅値はそれぞれ $\frac{A}{2}$ と読める．

備考 $(*)$ について：

$\int_{-\infty}^{\infty} A\exp(-j2\pi ft) dt = \int_{-\infty}^{\infty} A\cos(2\pi ft) dt - j\int_{-\infty}^{\infty} A\sin(2\pi ft) dt$

$\qquad = \int_{-\infty}^{\infty} A\cos(2\pi ft) dt = 2A \int_{0}^{\infty} \cos(2\pi ft) dt$

$\qquad = A\left[\frac{\sin(2\pi ft)}{\pi f}\right]_{0}^{\infty} = \lim_{t \to \infty} A\frac{\sin(2\pi ft)}{\pi f} - \lim_{t \to 0} 2At\frac{\sin(2\pi ft)}{2\pi ft}$

$\qquad = A\delta(f) \qquad\qquad\qquad\qquad\qquad\qquad\qquad\qquad\qquad (11.9)$

ところで

$$\cos(2\pi f_0 t) = \frac{e^{j2\pi f_0 t} + e^{-j2\pi f_0 t}}{2}$$

であり，しかも前に述べたように式 (11.1) は $e^{j2\pi ft}$ の成分を取り出すフーリエ変換である．周波数領域で表現すると $\cos(2\pi f_0 t)$ は $e^{\pm j2\pi f_0 t}$ の波形が求まるという意味であり，負の周波数が存在するのではない．なお，上式より波形 $\cos(2\pi f_0 t)$ は反時計回りに回転する波形 $e^{j2\pi f_0 t}$ と時計回りの波形 $e^{-j2\pi f_0 t}$ の合成で与えられ，つまり両波形の定在波であるとも解釈できる．

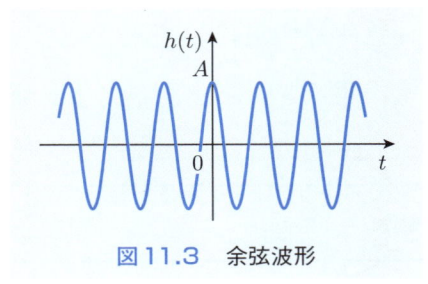

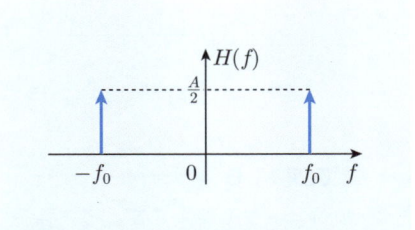

図11.3　余弦波形

図11.4　余弦波の周波数スペクトル

フーリエ変換は空間波形にも用いられる．距離を x，伝搬定数を k_0，波長を λ_0 とすると，空間波は $e^{\pm jk_0 x} (= e^{\pm j2\pi x/\lambda_0})$ で与えられ，その合成波 $\cos k_0 x$

($=\cos\frac{2\pi x}{\lambda_0}$) のフーリエ変換からスペクトル $\pm\frac{1}{\lambda_0}$ が得られる．ここでも負の波長が存在するのではなく，空間波 $e^{\pm j2\pi x/\lambda_0}$ がそれぞれの方向への進行波であることから得られたスペクトルということになる．

例題 11.3

$h(t) = \sin(2\pi f_0 t)$ のフーリエ変換を行え．

【解答】
$$H(f) = \int_{-\infty}^{\infty} A\sin(2\pi f_0 t)e^{-j2\pi ft} dt = \frac{A}{j2}\int_{-\infty}^{\infty}(e^{j2\pi f_0 t} - e^{-j2\pi f_0 t})e^{-j2\pi ft} dt$$
$$= \frac{A}{j2}\int_{-\infty}^{\infty}(e^{j2\pi t(f_0-f)} - e^{-j2\pi t(f_0+f)})dt = \frac{A}{j2}\delta(f-f_0) - \frac{A}{j2}\delta(f+f_0)$$

上式からわかるように，正弦波 $\sin(2\pi f_0 t)$ の周波数スペクトルは虚数である，つまり位相も含まれることに注意されたい．このことは
$$\sin(2\pi f_0 t) = \frac{1}{j2}(e^{j2\pi f_0 t} - e^{-j2\pi f_0 t})$$
より明らかである．

例題 11.4

$h(t) = A\,\mathrm{sgn}\,t$ （$t<0$ のとき $\mathrm{sgn}\,t = -1$, $t>0$ のとき $\mathrm{sgn}\,t = 1$）のフーリエ変換を行え．

【解答】 この関数（sign function または signum function）は $[-\infty, \infty]$ で絶対積分不可能であるが，超関数の考え方を借りると，フーリエ変換が可能となる．厳密ではないが，理解しやすい方法としては被積分関数として $\exp(-a|t|)\mathrm{sgn}\,t$ ($a>0$) を導入し，最後に $a \to 0$ とすることで $\mathrm{sgn}\,t$ のフーリエ変換を行うことができる．

$$H(f) = -A\int_{-\infty}^{0}\exp\{(a-j2\pi f)t\}dt + A\int_{0}^{\infty}\exp\{-(a+j2\pi f)t\}dt$$
$$= -A\left[\frac{\exp\{(a-j2\pi f)t\}}{a-j2\pi f}\right]_{-\infty}^{0} - A\left[\frac{\exp\{-(a+j2\pi f)t\}}{a+j2\pi f}\right]_{0}^{\infty}$$
$$= -\frac{A}{a-j2\pi f} + \frac{A}{a+j2\pi f} = \frac{A}{j\pi f} \quad (a \to 0)$$

例題 11.5

$h(t) = \frac{A(1+\mathrm{sgn}\,t)}{2}$ のフーリエ変換を行え．

【解答】 この関数は前問と式 (11.9) を用いて求めることができる．つまり
$$H(f) = \frac{A}{j2\pi f} + \frac{A}{2}\delta(f)$$

11.3 フーリエ変換の性質

波形 $h(t)$ のフーリエ変換を $H(f)$ とすると，これら 2 つの関数を**フーリエ変換対**と呼び

$$h(t) \Leftrightarrow H(f)$$

で表すことにする．この表記方法を用いてフーリエ変換の諸性質を列挙しておく．

線形性	$x(t) + y(t) \Leftrightarrow X(f) + Y(f)$	(11.10)
対称性	$H(t) \Leftrightarrow h(-f)$	(11.11)
時間のスケールファクター	$h(kt) \Leftrightarrow \dfrac{H(f/k)}{k}$	(11.12)
逆スケールファクター	$\dfrac{h(t/k)}{k} \Leftrightarrow H(kf)$	(11.13)
時間推移	$h(t - t_0) \Leftrightarrow H(f) e^{-j2\pi f t_0}$	(11.14)
周波数推移	$h(t) e^{j2\pi f_0 t} \Leftrightarrow H(f - f_0)$	(11.15)
偶関数	$h_e(t) \Leftrightarrow H_e(f) = R_e(f)$	(11.16)
奇関数	$h_0(t) \Leftrightarrow H_0(f) = jI_0(f)$	(11.17)

式 (11.11) を証明する．逆フーリエ変換 (11.2) より

$$h(-t) = \int_{-\infty}^{\infty} H(f) e^{-j2\pi f t} df$$

となり，変数 t, f を交換すれば式 (11.11) が得られる．これを利用した一例としてパルス波形とそのフーリエ変換 (11.3) を再度書くと

$$h(t) = A, \quad |t| < T_0 \quad \Leftrightarrow \quad H(f) = 2AT_0 \frac{\sin(2\pi T_0 f)}{2\pi T_0 f}$$

であり，対称性 (11.11) を用いると

$$H(t) = 2AT_0 \frac{\sin(2\pi T_0 t)}{2\pi T_0 t} \quad \Leftrightarrow \quad h(-f) = h(f) = A, \quad |f| < T_0$$

が得られる．上の変換対の右辺，つまり周波数領域での波形は低域フィルターを示しており，この時間波形が上式左辺で表されることになる．

また，式 (11.15) の周波数推移を証明してみる．逆フーリエ変換 (11.2) に $s = f - f_0$ を代入すると

$$\int_{-\infty}^{\infty} H(f - f_0) e^{j2\pi f t} df = \int_{-\infty}^{\infty} H(s) e^{j2\pi t(s + f_0)} df$$
$$= e^{j2\pi f_0 t} \int_{-\infty}^{\infty} H(s) e^{j2\pi t s} ds = e^{j2\pi f_0 t} h(t)$$

となり，式 (11.15) が成立する．音声のような帯域のある波形を周波数推移させる場合には，$\cos(2\pi f_0 t)$ を乗ずればよい．このとき波形の周波数スペクトル

は f_0 だけシフトする．これを用いているのが，ラジオ（中波，MF）でおなじみの振幅変調である．

11.4 等間隔 δ 関数列

等間隔 δ 関数列のフーリエ変換は同じく等間隔の δ 関数列になり，この変換対は次に示す通りである．

$$h(t) = \sum_{n=-\infty}^{\infty} \delta(t-nT) \quad \Leftrightarrow \quad H(f) = \frac{1}{T} \sum_{n=-\infty}^{\infty} \delta\left(f-\frac{n}{T}\right) \tag{11.18}$$

この変換対は**離散フーリエ変換**（discrete Fourier transform）を論ずる場合，重要である．以下でこの変換対を証明する．まず

$$h_N(t) = \sum_{n=-N}^{N} \delta(t-nT)$$

のフーリエ変換を考える．式 (11.1) より

$$H_N(f) = \int_{-\infty}^{\infty} \sum_{n=-N}^{N} \delta(t-nT) e^{-j2\pi ft} dt = \sum_{n=-N}^{N} \int_{-\infty}^{\infty} \delta(t-nT) e^{-j2\pi ft} dt$$

$$= \sum_{n=-N}^{N} e^{-j2n\pi fT}$$

$$= e^{-j2N\pi fT}(1 + e^{j2\pi fT} + e^{j4\pi fT} + \cdots + e^{j2\pi 2NfT})$$

$$= e^{-j2N\pi fT} \frac{1-e^{j2\pi(2N+1)fT}}{1-e^{j2\pi fT}} = \frac{e^{-j2\pi(N+1/2)fT} - e^{j2\pi(N+1/2)fT}}{e^{-j2\pi fT/2} - e^{j2\pi fT/2}}$$

$$= \frac{\sin 2\pi(N+\frac{1}{2})fT}{\sin 2\pi fT/2} \tag{11.19}$$

が得られる．ここで，$f = \frac{m}{T}$ （$m = 0, \pm 1, \pm 2, \cdots$）とすると

$$H_N\left(\frac{m}{T}\right) = 2N+1$$

となり$^{(*)}$，$H_N(f)$ は周期 $\frac{1}{T}$ の周期関数であることがわかる．

備考 (*) について：式 (11.19) は $f = \frac{m}{T}$ （$m = 0, \pm 1, \pm 2, \cdots$）と与えると

$$H_N(f) = \frac{\sin 2\pi(N+\frac{1}{2})fT}{\sin 2\pi fT/2} = \frac{\sin 2\pi m(N+\frac{1}{2})}{\sin 2\pi m/2}$$

となる．ここで，任意の整数 n を導入して

$$G_N(f) = \frac{\sin 2\pi(m-n)(N+\frac{1}{2})}{\sin 2\pi(m-n)/2} \tag{11.20}$$

を考える．上式を加法定理を用いて展開し，整理すると

$$G_N(f) = \frac{\sin 2\pi m(N+\frac{1}{2})\cos 2\pi n(N+\frac{1}{2}) - \cos 2\pi m(N+\frac{1}{2})\sin 2\pi n(N+\frac{1}{2})}{\sin 2\pi m/2 \cos 2\pi n/2 - \cos 2\pi m/2 \sin 2\pi n/2}$$

$$= \frac{\sin 2\pi m(N+\frac{1}{2})\cos 2\pi n/2 - \cos 2\pi m(N+\frac{1}{2})\sin 2\pi n/2}{\sin 2\pi m/2 \cos 2\pi n/2 - \cos 2\pi m/2 \sin 2\pi n/2}$$

11.4 等間隔 δ 関数列

$$= \frac{\sin 2\pi m(N+\frac{1}{2})\cos 2\pi n/2}{\sin 2\pi m/2 \cos 2\pi n/2} = H_N(f)$$

となり，$H_N(f)$ に一致することがわかる．ところで，n は任意の整数であることから，式 (11.20) に $n \to m$ を施すと

$$H_N(f) = G_N(f) = \lim_{n \to m} \frac{\sin 2\pi(m-n)(N+\frac{1}{2})}{\sin 2\pi(m-n)/2}$$
$$= \lim_{n \to m} \frac{\sin 2\pi(m-n)(N+\frac{1}{2})}{2\pi(m-n)(N+\frac{1}{2})} \frac{2\pi(m-n)/2}{\sin 2\pi(m-n)/2} \frac{2\pi(m-n)(N+\frac{1}{2})}{2\pi(m-n)/2} = 2N+1$$

が得られる． ∎

そこで，区間 $[-\frac{1}{2T}, \frac{1}{2T}]$ で $N \to \infty$ における $H_N(f)$ のふるまいを調べる．式 (11.19) を書き換え

$$H_N(f) = \frac{1}{T}\frac{\sin 2\pi(N+\frac{1}{2})fT}{\pi f} \frac{\pi fT}{\sin \pi fT} \tag{11.21}$$

とすると，上式右辺 3 項の積のうち第 2 項に着目し，式 (11.5) を $x \to f$，$n \to 2\pi(N+\frac{1}{2})T$ とおくと

$$\lim_{N \to \infty} \frac{\sin 2\pi(N+\frac{1}{2})fT}{\pi f} = \delta(f)$$

であるから，式 (11.21) は

$$\lim_{N \to \infty} H_N(f) = \frac{1}{T}\delta(f)\frac{\pi fT}{\sin \pi fT} = \frac{1}{T}\delta(f)$$

となる．上式は区間 $[-\frac{1}{2T}, \frac{1}{2T}]$ で成立する．

次に，区間 $[\frac{1}{2T}, \frac{3}{2T}]$ について考える．この場合は式 (11.21) を $f \to f - \frac{1}{T}$ とすればよく，結局

$$\lim_{N \to \infty} H_N\bigl(f - \tfrac{1}{T}\bigr) = \frac{1}{T}\delta\bigl(f - \tfrac{1}{T}\bigr)\frac{\pi T(f-\frac{1}{T})}{\sin \pi T(f-\frac{1}{T})} = \frac{1}{T}\delta\bigl(f - \tfrac{1}{T}\bigr)$$

が得られる．同様に区間 $[\frac{3}{2T}, \frac{5}{2T}]$ では

$$\lim_{N \to \infty} H_N\bigl(f - \tfrac{2}{T}\bigr) = \frac{1}{T}\delta\bigl(f - \tfrac{2}{T}\bigr)$$

となり

$$H(f) = \frac{1}{T}\sum_{n=-\infty}^{\infty} \delta\bigl(f - \tfrac{n}{T}\bigr)$$

が求まる．図 11.5 に式 (11.18) の変換対を示した．

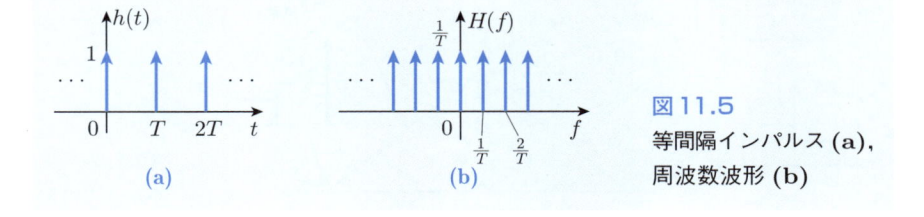

図 11.5 等間隔インパルス (a)，周波数波形 (b)

11.5 畳み込み積分

畳み込みは 2 つの関数から他の 1 つの関数を作り出す操作で，多くの分野で使われている．しかし，その意味はなかなか理解しにくい．ここでは図解しながら説明し，その直観力を養ってほしい．畳み込みは式 (11.22) の**畳み込み積分**（convolution integral）で定義される．

$$y(t) = \int_{-\infty}^{\infty} x(\tau)h(t-\tau)d\tau = x(t) * h(t) \tag{11.22}$$

ここで関数 $y(t)$ を関数 $x(t)$ と $h(t)$ の**畳み込み**という．

11.5.1 畳み込みの定理

関数 $x(\tau), h(\tau)$ を図 11.6 のように与えると，同図の $h(-\tau), h(t-\tau)$ から両者の積 $x(\tau)h(t-\tau)$ は図 11.7 の斜線部となる（例えば，$t=1$ のとき，底辺が 1，高さが 0.8, 0.5 より両者の積は 0.4 となる）．畳み込み積分の積分区間は $[-\infty, \infty]$ であり，その結果を変数 t の関数とするのであり，$|t| < \infty$ において斜線部の面積を求め，これを t の関数としたのが $x(t) * h(t)$ である．この畳み込み積分はフーリエ変換の中で多用され，これを**畳み込みの定理**という．これを用いると，時間領域の複雑な畳み込みは周波数領域の乗算で置き換えることができ，非常に便利な定理である．

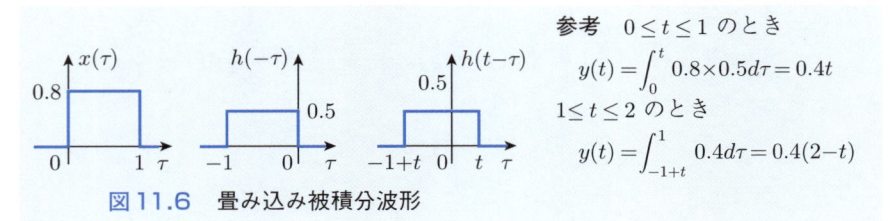

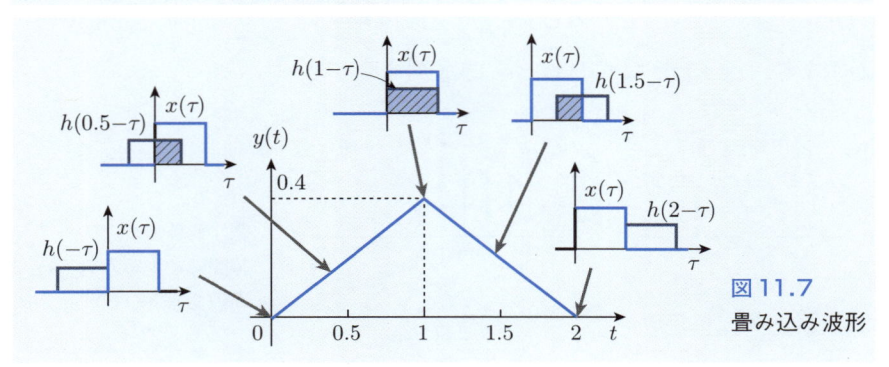

参考 $0 \leq t \leq 1$ のとき
$$y(t) = \int_0^t 0.8 \times 0.5 d\tau = 0.4t$$
$1 \leq t \leq 2$ のとき
$$y(t) = \int_{-1+t}^1 0.4 d\tau = 0.4(2-t)$$

図 11.6 畳み込み被積分波形

図 11.7 畳み込み波形

11.5 畳み込み積分

> [畳み込みの定理] $h(t)$ のフーリエ変換を $H(f)$, $x(t)$ のフーリエ変換を $X(f)$ とすると,$x(t) * h(t)$ のフーリエ変換はフーリエ変換の積 $H(f)X(f)$ で与えられる.すなわち,次の変換対が得られる.
> $$h(t) * x(t) \quad \Leftrightarrow \quad H(f)X(f) \tag{11.23}$$

これを証明するには式 (11.1) を用いればよく
$$\int_{-\infty}^{\infty} y(t) e^{-j2\pi ft} dt = \int_{-\infty}^{\infty} \left[\int_{-\infty}^{\infty} x(\tau) h(t-\tau) d\tau \right] e^{-j2\pi ft} dt$$
この積分の順序を変えると,次の積分となる.
$$Y(f) = \int_{-\infty}^{\infty} x(\tau) \left[\int_{-\infty}^{\infty} h(t-\tau) e^{-j2\pi ft} dt \right] d\tau \tag{11.24}$$
ここで,$\sigma = t - \tau$ と変数変換すれば,[ ]内の項は
$$\int_{-\infty}^{\infty} h(\sigma) e^{-j2\pi f(\sigma+\tau)} d\sigma = e^{-j2\pi f\tau} \int_{-\infty}^{\infty} h(\sigma) e^{-j2\pi f\sigma} d\sigma = e^{-j2\pi f\tau} H(f)$$
となり,これを式 (11.24) に代入して
$$Y(f) = \int_{-\infty}^{\infty} x(\tau) e^{-j2\pi f\tau} H(f) d\tau = H(f)X(f)$$

11.5.2 周波数畳み込みの定理

次に,周波数領域の畳み込みを時間領域の積に変形することもでき,これを**周波数畳み込みの定理** (frequency convolution theorem) という.つまり,積 $h(t)x(t)$ のフーリエ変換は $H(f) * X(f)$ であり,これを変換対で表すと
$$h(t)x(t) \quad \Leftrightarrow \quad H(f) * X(f) \tag{11.25}$$
である.これを逆フーリエ変換すると,左辺は当然のことながら
$$\int_{-\infty}^{\infty} \left[\int_{-\infty}^{\infty} x(t) h(t) e^{-j2\pi ft} dt \right] e^{j2\pi ft} df = h(t)x(t)$$
であり,式 (11.25) の右辺を逆フーリエ変換したものが $h(t)x(t)$ となることを証明する.
$$\int_{-\infty}^{\infty} \left[\int_{-\infty}^{\infty} X(\sigma) H(f-\sigma) d\sigma \right] e^{j2\pi ft} df$$
$$= \int_{-\infty}^{\infty} X(\sigma) d\sigma \left[\int_{-\infty}^{\infty} H(f-\sigma) e^{j2\pi ft} df \right] \tag{11.26}$$
と積分順序を変え,$f - \sigma = \alpha$ と変数変換すると,[ ] は
$$[\ ] = \int_{-\infty}^{\infty} H(\alpha) e^{j2\pi t(\sigma+\alpha)} d\alpha = h(t) e^{j2\pi \sigma t}$$
したがって,式 (11.26) の積分は

$$\int_{-\infty}^{\infty} X(\sigma)h(t)e^{j2\pi\sigma t}d\sigma = x(t)h(t) \tag{11.27}$$

となる．

ここで，畳み込み積分の具体例を示す．

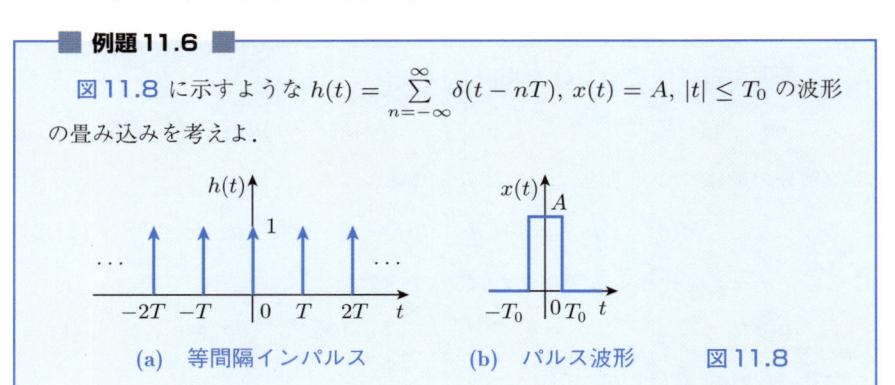

■ **例題11.6** ■

図11.8 に示すような $h(t) = \sum_{n=-\infty}^{\infty} \delta(t-nT)$, $x(t) = A$, $|t| \leq T_0$ の波形の畳み込みを考えよ．

(a) 等間隔インパルス　　(b) パルス波形　　図11.8

【解答】$h(t)$ と $x(t)$ との畳み込みを行ってみる．つまり，式 (11.22) より

$$y(t) = \int_{-\infty}^{\infty} \sum_{n=-\infty}^{\infty} \delta(\tau-nT)x(t-\tau)d\tau = \sum_{n=-\infty}^{\infty} x(t-nT)$$

となり，図11.9 のような波形となる．この図からわかるように関数 $x(t)$ とインパルス関数との畳み込みは関数 $x(t)$ をインパルスの位置まで移動することによって得られる．

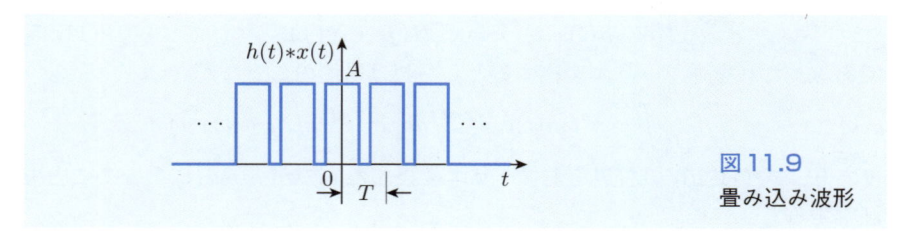

図11.9
畳み込み波形

ところで，$h(t)$ と $x(t)$ とのフーリエ変換をそれぞれ $H(f)$, $X(f)$ とすると，式 (11.18), (11.3) より

$$H(f) = \int_{-\infty}^{\infty} h(t)e^{-j2\pi ft}dt = \frac{1}{T}\sum_{n=-\infty}^{\infty}\delta\left(f-\frac{n}{T}\right)$$

$$X(f) = \int_{-\infty}^{\infty} x(t)e^{-j2\pi ft}dt = 2AT_0\frac{\sin(2\pi T_0 f)}{2\pi T_0 f}$$

である．したがって，$h(t)$ と $x(t)$ との畳み込みのフーリエ変換は，式 (11.23) より

$$\int_{-\infty}^{\infty} \sum_{n=-\infty}^{\infty} x(t-nT) e^{-j2\pi ft} dt = X(f) H(f)$$

となり，それぞれのフーリエ変換の積で与えられる．図 11.10, 11.11 にそれぞれのフーリエ変換を示す． ■

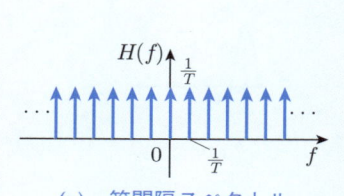

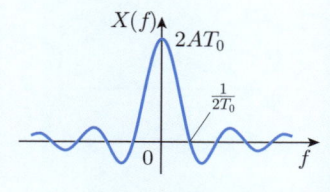

(a) 等間隔スペクトル　　**(b) パルスの周波数波形**　　**図 11.10**

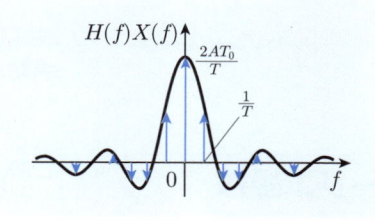

図 11.11 積の周波数スペクトル

■ 例題 11.7 ■

波形をそれぞれ $h(t) = A\cos(2\pi ft)$, $x(t) = 1$, $|t| \leq T_0$ とし，両者の積の波形を考える．これらの波形を図 11.12, 11.13 に示す．

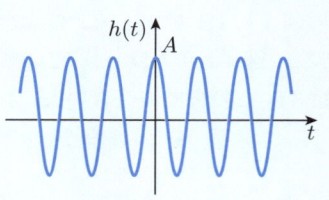

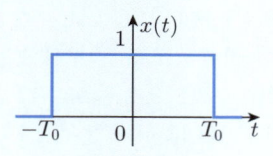

(a) 余弦波形　　**(b) 窓関数**　　**図 11.12**

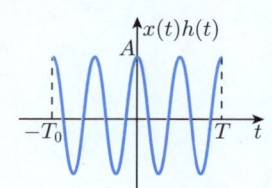

図 11.13 余弦波と窓関数の積

【解答】 それぞれのフーリエ変換を 図 11.14 に示す.

積 $h(t)x(t)$ のフーリエ変換はそれぞれのフーリエ変換 $H(f)$, $X(f)$ の畳み込み $H(f) * X(f)$ で得られるから 図 11.15 のようになる.

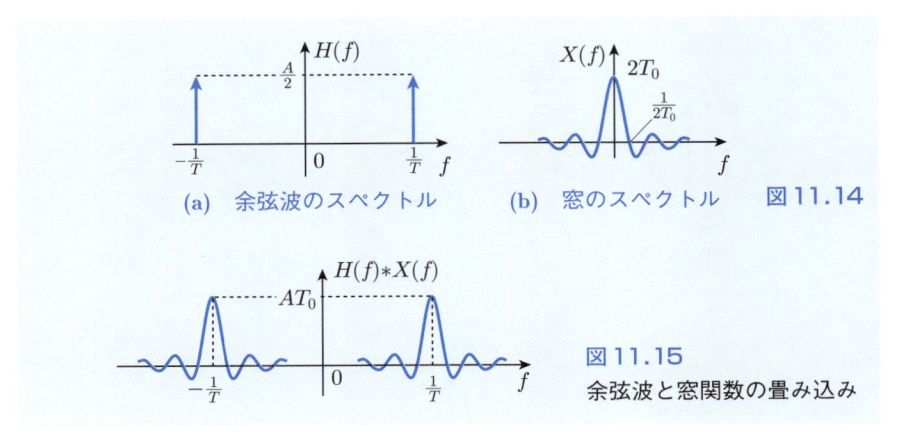

(a) 余弦波のスペクトル　　(b) 窓のスペクトル　　図 11.14

図 11.15 余弦波と窓関数の畳み込み

11.6 フーリエ級数

周波数 f_0 ($= \frac{1}{T_0}$: T_0 は周期) の整数倍をもつ正弦波の重ね合わせからなる波形

$$y(t) = \sum_{m=1}^{\infty} \frac{4A}{(2m-1)\pi} \sin 2\pi(2m-1)f_0 t \tag{11.28}$$

を 図 11.16〜11.21 に示した. ただし, 図 11.16 は $m=1$ の場合であり, 振幅は $\frac{4A}{\pi}$, 周波数が f_0 の単独波形である. 図 11.17 は $m=2$ の場合であり, 図 11.16 の波形と振幅が $\frac{4A}{3\pi}$, 周波数 $3f_0$ との合成波 (青い太線) である. 以下, 図 11.18 は $m=3$, 図 11.19 は $m=4$, 図 11.20 は $m=11$,

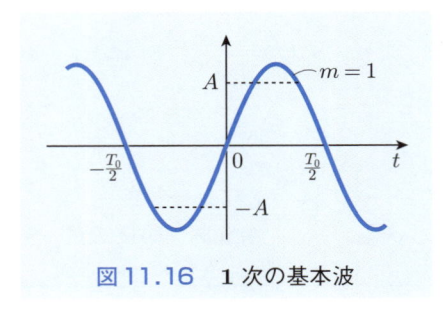

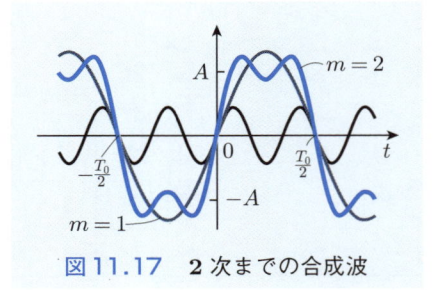

図 11.16　1 次の基本波　　図 11.17　2 次までの合成波

11.6 フーリエ級数

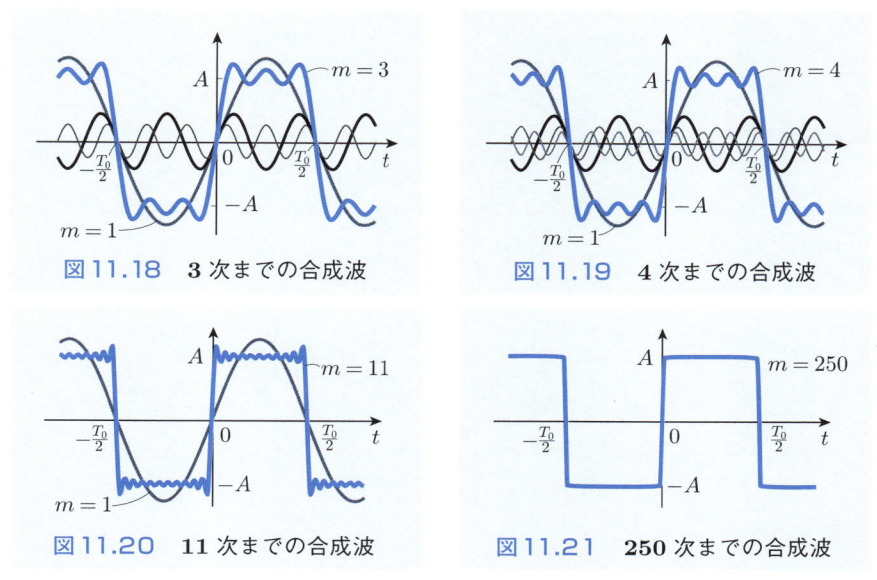

図11.18 3次までの合成波

図11.19 4次までの合成波

図11.20 11次までの合成波

図11.21 250次までの合成波

図11.21 は $m = 250$ の場合である．したがって，正弦波の合成数をさらに増大させ，$m = \infty$ とすると振幅 A，周波数 f_0，つまり周期 $T_0 \left(= \frac{1}{f_0}\right)$ をもつ周期性パルス波（矩形波）に帰着することが予想できる．

これらのことから周期波形は基本周波数 f_0 とその整数倍の周波数をもつ正弦波の合成で与えられることになり，これを**フーリエ級数**表示という．

一般に，基本周波数を f_0 とすると，その周期 $T_0 \left(= \frac{1}{f_0}\right)$ をもつ周期波形 $y(t)$ は

$$y(t) = \frac{a_0}{2} + \sum_{n=1}^{\infty} a_n \cos 2\pi n f_0 t + \sum_{n=1}^{\infty} b_n \sin 2\pi n f_0 t \tag{11.29}$$

で与えられ，振幅 a_n, b_n は

$$a_n = \frac{2}{T_0} \int_{-T_0/2}^{T_0/2} y(t) \cos 2\pi n f_0 t \, dt$$

$$(n = 0, 1, 2, \cdots) \tag{11.30}$$

$$b_n = \frac{2}{T_0} \int_{-T_0/2}^{T_0/2} y(t) \sin 2\pi n f_0 t \, dt$$

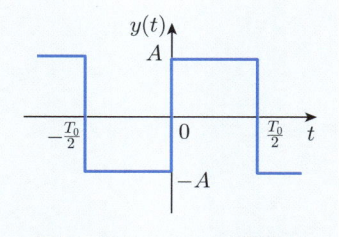

$$(n = 1, 2, \cdots) \tag{11.31}$$

図11.22 パルス周期波

で決定できる．

例えば，図11.22 の矩形波 $y(t)$ の a_n, b_n を上式から求めると，$y(t)$ は奇関数であり $a_n = 0$，また b_n は

$$b_n = -\frac{2A}{T_0}\int_{-T_0/2}^{0} \sin 2\pi n f_0 t\, dt + \frac{2A}{T_0}\int_{0}^{T_0/2} \sin 2\pi n f_0 t\, dt$$

$$= \frac{4A}{T_0}\int_{0}^{T_0/2} \sin 2\pi n f_0 t\, dt = \frac{2A}{\pi n}\left(1 - \cos\frac{2\pi n f_0 T_0}{2}\right) = \frac{2A}{\pi n}(1 - \cos \pi n)$$

$$= \frac{2A}{\pi n}\{1 - (-1)^n\} \quad (n = 1, 2, \cdots) \tag{11.32}$$

であり，したがって n が奇数のとき $b_n (\neq 0)$ が定まり，これを書き換えて式 (11.28) とした．

式 (11.29) のフーリエ級数は

$$y(t) = \frac{a_0}{2} + \sum_{n=1}^{\infty}\frac{a_n}{2}(e^{j2\pi n f_0 t} + e^{-j2\pi n f_0 t}) + \sum_{n=1}^{\infty}\frac{b_n}{j2}(e^{j2\pi n f_0 t} - e^{-j2\pi n f_0 t})$$

$$= \frac{a_0}{2} + \frac{1}{2}\sum_{n=1}^{\infty}(a_n - jb_n)e^{j2\pi n f_0 t} + \frac{1}{2}\sum_{n=1}^{\infty}(a_n + jb_n)e^{-j2\pi n f_0 t} \tag{11.33}$$

と変形できる．振幅 a_n の添字 n は $\cos 2\pi n f_0 t$ だけに含まれるので，a_{-n} は $a_{-n} = a_n$，また b_n は $\sin 2\pi n f_0 t$ だけに含まれるので，b_{-n} は $b_{-n} = -b_n$ の関係がある．したがって

$$a_n + jb_n = a_{-n} - jb_{-n}$$

であるから，式 (11.33) の第 3 項目は

$$\frac{1}{2}\sum_{n=1}^{\infty}(a_n + jb_n)e^{-j2\pi n f_0 t} = \frac{1}{2}\sum_{n=1}^{\infty}(a_{-n} - jb_{-n})e^{-j2\pi n f_0 t}$$

$$= \frac{1}{2}\sum_{n=-1}^{-\infty}(a_n - jb_n)e^{j2\pi n f_0 t}$$

と書き換えることができる．以上より，式 (11.33) の $y(t)$ は

$$y(t) = \frac{a_0}{2} + \frac{1}{2}\sum_{n=1}^{\infty}(a_n - jb_n)e^{j2\pi n f_0 t} + \frac{1}{2}\sum_{n=-1}^{-\infty}(a_n - jb_n)e^{j2\pi n f_0 t}$$

となり，さらに式 (11.31) より $b_0 = 0$ を用いると，フーリエ級数は以下のように簡単化できる．

$$y(t) = \frac{1}{2}\sum_{n=-\infty}^{\infty}(a_n - jb_n)e^{j2\pi n f_0 t}$$

図 11.22 の波形のうち，$-\frac{T_0}{2} \leq t \leq \frac{T_0}{2}$ の波形を $h(t)$，つまり

$$h(t) = \begin{cases} -A & (-\frac{T_0}{2} \leq t \leq 0) \\ A & (0 \leq t \leq \frac{T_0}{2}) \end{cases} \tag{11.34}$$

と定義し（図 11.23），また図 11.24 の等

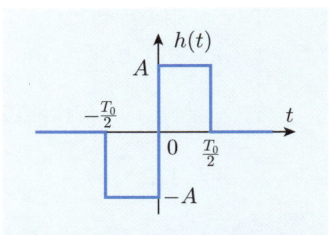

図 11.23　パルス 1 周期波形

11.6 フーリエ級数

間隔インパルス列 $x(t)$ に

$$x(t) = \sum_{n=-\infty}^{\infty} \delta(t-nT_0)$$

を与えて，この畳み込みを行うと

$y(t) = h(t) * x(t)$

であり，図11.22 の周期波形が得られる．したがって，$y(t)$ のフーリエ変換 $Y(f)$ は $h(t), x(t)$ のフーリエ変換をそれぞれ $H(f), X(f)$ とすると，両者の積 $Y(f) = H(f)X(f)$ で与えられ

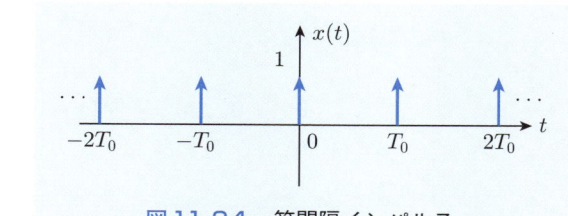

図11.24 等間隔インパルス

$$Y(f) = H(f)\frac{1}{T_0}\sum_{n=-\infty}^{\infty}\delta\left(f-\frac{n}{T_0}\right) = \frac{1}{T_0}\sum_{n=-\infty}^{\infty}H\left(\frac{n}{T_0}\right)\delta\left(f-\frac{n}{T_0}\right)$$

したがって，$t=nT_0$ ごとのスペクトルは $\frac{1}{T_0}H\left(\frac{n}{T_0}\right)$ であることがわかる．

ところで，フーリエ級数の振幅 a_n, b_n は式 (11.30), (11.31) で与えられるから，これらを用いて

$$a_{-n} = \frac{2}{T_0}\int_{-T_0/2}^{T_0/2} y(t)\cos 2\pi(-n)f_0t\,dt = a_n$$

$$b_{-n} = \frac{2}{T_0}\int_{-T_0/2}^{T_0/2} y(t)\sin 2\pi(-n)f_0t\,dt = -b_n$$

であり

$$a_n - jb_n = a_{-n} + jb_{-n} = \frac{2}{T_0}\int_{-T_0/2}^{T_0/2} y(t)e^{-j2\pi n f_0 t}dt$$

となるが，$y(t)$ は $-\frac{T_0}{2} \leq t \leq \frac{T_0}{2}$ の範囲であり，$y(t) \to h(t)$ と置き換えられる．そこで，上式は次のように与えられる．

$$a_n - jb_n = \frac{2}{T_0}\int_{-T_0/2}^{T_0/2} h(t)e^{-j2\pi n f_0 t}dt$$

$$= \frac{2}{T_0}H(nf_0) = \frac{2}{T_0}H\left(\frac{n}{T_0}\right) \tag{11.35}$$

ここで，式 (11.34) のフーリエ変換を求めてみると

$$H(f) = \int_{-\infty}^{\infty} h(t)e^{-j2\pi ft}dt = \int_{-T_0/2}^{T_0/2} h(t)e^{-j2\pi ft}dt$$

$$= -A\int_{-T_0/2}^{0} e^{-j2\pi ft}dt + A\int_{0}^{T_0/2} e^{-j2\pi ft}dt$$

$$= \tfrac{-A}{-j2\pi f}\left[e^{-j2\pi ft}\right]_{-T_0/2}^{0} + \tfrac{A}{-j2\pi f}\left[e^{-j2\pi ft}\right]_0^{T_0/2}$$
$$= -\tfrac{jA}{\pi f}(1-\cos\pi fT_0) \tag{11.36}$$

であり，式 (11.35) より
$$a_n - jb_n = \tfrac{2}{T_0}H(nf_0) = \tfrac{2}{T_0}H\left(\tfrac{n}{T_0}\right) = -\tfrac{j2A}{\pi n}(1-\cos\pi n)$$
となり
$$a_n = 0, \quad b_n = \tfrac{2A}{\pi n}(1-\cos\pi n)$$
と定まるから，式 (11.32) に一致する．

次に，波形 $h(t)$ が
$$h(t) = \begin{cases} 0 & (-\tfrac{T_0}{2} \le t \le 0) \\ A & (0 \le t \le \tfrac{T_0}{2}) \end{cases}$$
の場合，フーリエ変換 $H(f)$ は，式 (11.36) を参照して
$$H(f) = \tfrac{A}{-j2\pi f}\left[e^{-j2\pi ft}\right]_0^{T_0/2} = \tfrac{A}{-j2\pi f}(\cos\pi fT_0 - 1 - j\sin\pi fT_0)$$
であり，フーリエ級数の振幅 a_n, b_n は
$$a_n - jb_n = \tfrac{2}{T_0}H\left(\tfrac{n}{T_0}\right) = \tfrac{2}{T_0}\left(\tfrac{A}{-j2\pi}\tfrac{T_0}{n}\right)\left(\cos\pi\tfrac{n}{T_0}T_0 - 1 - j\sin\pi\tfrac{n}{T_0}T_0\right)$$
$$= \tfrac{A}{-j\pi n}(\cos\pi n - 1 - j\sin\pi n)$$
となる．したがって
$$a_0 = A, \quad b_n = -\tfrac{A}{\pi n}(\cos\pi n - 1)$$

次の例は，波形 $h(t)$ が
$$h(t) = \begin{cases} -A & (-\tfrac{T_0}{2} \le t \le -\tfrac{T_0}{4} \text{ かつ } \tfrac{T_0}{4} \le t \le \tfrac{T_0}{2}) \\ A & (-\tfrac{T_0}{4} \le t \le \tfrac{T_0}{4}) \end{cases} \tag{11.37}$$
の場合であり，このときのフーリエ変換 $H(f)$ は
$$H(f) = \int_{-\infty}^{\infty} h(t)e^{-j2\pi ft}dt = 2\int_0^{T_0/2} h(t)\cos 2\pi ft\,dt$$
$$= 2A\int_0^{T_0/4}\cos 2\pi ft\,dt - 2A\int_{T_0/4}^{T_0/2}\cos 2\pi ft\,dt$$
$$= \tfrac{2A}{2\pi f}\left[\sin 2\pi ft\right]_0^{T_0/4} - \tfrac{2A}{2\pi f}\left[\sin 2\pi ft\right]_{T_0/4}^{T_0/2}$$
$$= \tfrac{2A}{\pi f}\sin\tfrac{\pi fT_0}{2} - \tfrac{A}{\pi f}\sin\pi fT_0$$

11.6 フーリエ級数

したがって，フーリエ級数の振幅 a_n, b_n は

$$a_n - jb_n = \frac{2}{T_0} H\left(\frac{n}{T_0}\right) = \frac{2}{T_0} \frac{2AT_0}{\pi n} \sin \frac{\pi n}{2} - \frac{2}{T_0} \frac{AT_0}{\pi n} \sin \pi n$$

$$= \frac{4A}{\pi n} \sin \frac{\pi n}{2} - \frac{2A}{\pi n} \sin \pi n$$

となり，$n \to 0$ のとき $a_0 = 0$. また，$n \neq 0$ のとき

$$a_n = \frac{4A}{\pi n} \sin \frac{\pi n}{2}, \quad b_n = 0$$

次に，式 (11.37) の負の振幅を 0 にした場合の波形 $h(t)$，つまり

$$h(t) = \begin{cases} 0 & (-\frac{T_0}{2} \leq t \leq -\frac{T_0}{4} \text{ かつ } \frac{T_0}{4} \leq t \leq \frac{T_0}{2}) \\ A & (-\frac{T_0}{4} \leq t \leq \frac{T_0}{4}) \end{cases}$$

でのフーリエ変換 $H(f)$ は

$$H(f) = \int_{-\infty}^{\infty} h(t) e^{-j2\pi ft} dt = A \int_{-T_0/4}^{T_0/4} e^{-j2\pi ft} dt = \frac{A}{-j2\pi f} \left[e^{-j2\pi ft} \right]_{-T_0/4}^{T_0/4}$$

$$= \frac{A}{\pi f} \sin \frac{\pi f T_0}{2}$$

したがって，a_n, b_n は

$$a_n - jb_n = \frac{2}{T_0} H\left(\frac{n}{T_0}\right) = \frac{2A}{\pi n} \sin \frac{\pi n}{2}$$

であり，$n \to 0$ のとき $a_0 = A$. また，$n \neq 0$ のとき

$$a_n = \frac{2A}{\pi n} \sin \frac{\pi n}{2}, \quad b_n = 0 \tag{11.38}$$

図 11.25 の波形 $h(t)$ と 図 11.24 の波形 $x(t)$ をそれぞれ

$$h(t) = \begin{cases} 0 & (t \leq -\frac{T_0}{2} \text{ かつ } \frac{T_0}{2} \leq t) \\ \frac{At}{T_0} + \frac{A}{2} & (-\frac{T_0}{2} \leq t \leq \frac{T_0}{2}) \end{cases} \tag{11.39}$$

$$x(t) = \sum_{n=-\infty}^{\infty} \delta(t - nT_0)$$

と与え，これらの畳み込み $y(t) = h(t) * x(t)$ を行うと，図 11.26 に示す周期 T_0 の鋸歯状の周期波形が得られる．

この鋸歯状波形に対するフーリエ級数の振幅 a_n, b_n を求める．まず，式 (11.39)

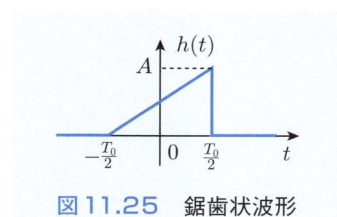

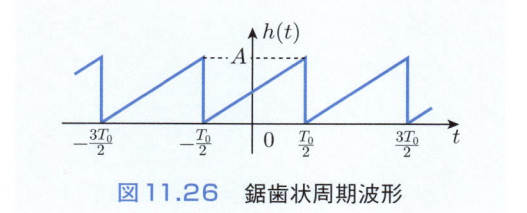

図 11.25　鋸歯状波形

図 11.26　鋸歯状周期波形

のフーリエ変換 $H(f)$ を行うと

$$H(f) = \int_{-\infty}^{\infty} h(t) e^{-j2\pi ft} dt$$
$$= \int_{-T_0/2}^{T_0/2} \left(\frac{At}{T_0} + \frac{A}{2} \right) e^{-j2\pi ft} dt = H_1(f) + H_2(f)$$
$$H_1(f) = \frac{A}{T_0} \int_{-T_0/2}^{T_0/2} t e^{-j2\pi ft} dt$$
$$H_2(f) = \frac{A}{2} \int_{-T_0/2}^{T_0/2} e^{-j2\pi ft} dt$$

と与えられる．そこで，これらの積分を評価することにすると，$H_1(f)$ は部分積分を行い

$$H_1(f) = \frac{A}{T_0} \left[\frac{te^{-j2\pi ft}}{-j2\pi f} \right]_{-T_0/2}^{T_0/2} - \frac{A}{T_0} \frac{1}{-j2\pi f} \int_{-T_0/2}^{T_0/2} e^{-j2\pi ft} dt$$
$$= -\frac{A}{j2\pi fT_0} \left(\frac{T_0}{2} e^{-j\pi fT_0} + \frac{T_0}{2} e^{j\pi fT_0} \right) + \frac{A}{j2\pi fT_0} \int_{-T_0/2}^{T_0/2} e^{-j2\pi ft} dt$$
$$= -\frac{A}{j2\pi f} \cos \pi fT_0 + \frac{A}{j2\pi fT_0} \frac{1}{-j2\pi f} \left(e^{-j\pi T_0} - e^{j\pi T_0} \right)$$
$$= -\frac{A}{j2\pi f} \cos \pi fT_0 + \frac{A}{j2\pi fT_0} \frac{1}{\pi f} \sin \pi fT_0$$

また，$H_2(f)$ は上で示した $H_1(f)$ の第 2 項目の積分を参照すれば

$$H_2(f) = \frac{A}{2\pi f} \sin \pi fT_0$$

となる．したがって，$H(f)$ は次のように得られる．

$$H(f) = -\frac{A}{j2\pi f} \cos \pi fT_0 + \frac{A}{j2\pi fT_0} \frac{1}{\pi f} \sin \pi fT_0 + \frac{A}{2\pi f} \sin \pi fT_0$$

フーリエ級数の振幅 a_n, b_n は式 (11.35) より

$$a_n - jb_n = \frac{2}{T_0} H(nf_0) = \frac{2}{T_0} H\left(\frac{n}{T_0} \right)$$

で与えられるから

$$a_n - jb_n = \frac{2}{T_0} H\left(\frac{n}{T_0} \right)$$
$$= -\frac{A}{j\pi n} \cos \pi n + \frac{A}{j\pi^2 n^2} \sin \pi n + \frac{A}{\pi n} \sin \pi n$$
$$= \frac{A}{\pi n} \sin \pi n - jA \left(\frac{\sin \pi n}{\pi^2 n^2} - \frac{\cos \pi n}{\pi n} \right)$$

であり，次のように決定できる．

$$a_0 = A$$
$$a_n = 0, \quad b_n = -A \frac{\cos \pi n}{\pi n}$$

以上より，図 11.26 の鋸歯状波のフーリエ級数 $y(t)$ は

$$y(t) = \frac{A}{2} + \frac{A}{\pi}\sin\frac{2\pi}{T_0}t - \frac{A}{2\pi}\sin\frac{4\pi}{T_0}t + \frac{A}{3\pi}\sin\frac{6\pi}{T_0}t + \cdots + (-1)^{n+1}\frac{A}{\pi n}\sin\frac{2\pi n}{T_0}t + \cdots$$
(11.40)

図 11.27 〜 11.32 にフーリエ級数の項を増やしながら，鋸歯状波形に近づく様子を示した．

図 11.27 は基本波（$n=1$）にオフセット $\frac{A}{2}$ を加えた波形であり，以後は高調波を随時加えたものである．

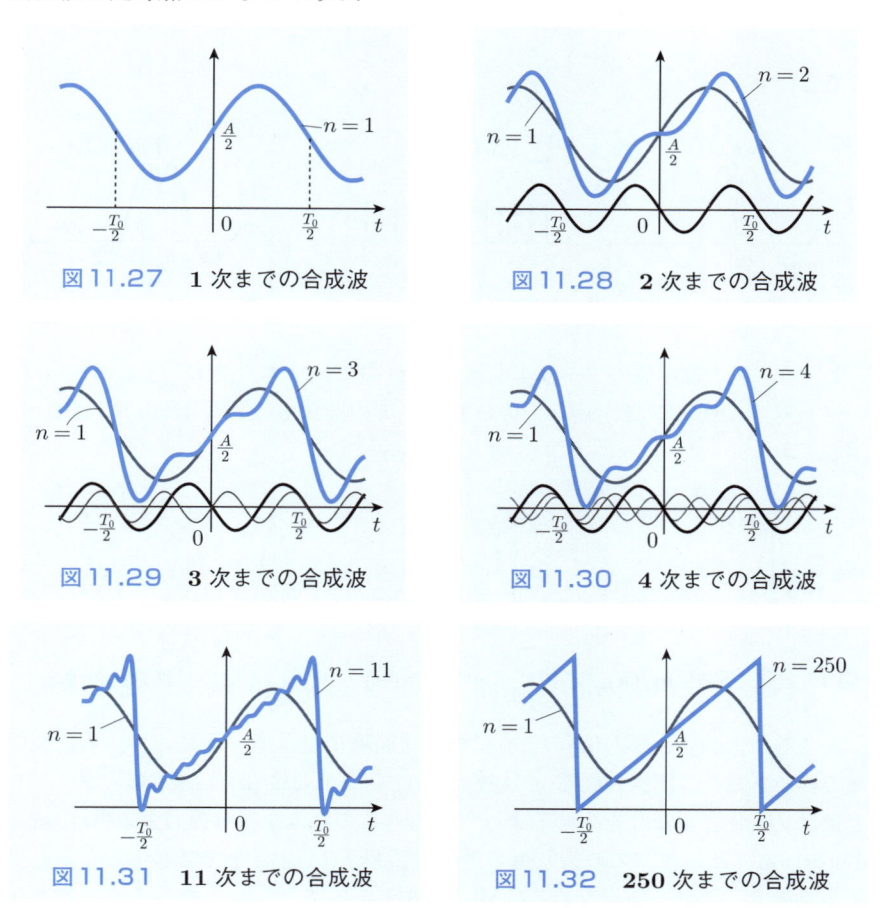

図 11.27　1 次までの合成波

図 11.28　2 次までの合成波

図 11.29　3 次までの合成波

図 11.30　4 次までの合成波

図 11.31　11 次までの合成波

図 11.32　250 次までの合成波

なお，図 11.32 は $n=250$ までの合成波形であるが，$t = \pm\frac{T_0}{2}$ 付近で微小なリップルが現れており，これをより少なくするには，さらに多くの高調波成分を加える必要がある．

11.7 波形の標本化と標本化定理

波形 $h(t)$ の標本化間隔 T での標本値列は

$$h(t)\Delta(t) = \sum_{n=-\infty}^{\infty} h(t)\delta(t-nT) = \sum_{n=-\infty}^{\infty} h(nT)\delta(t-nT) \qquad (11.41)$$

で与えられる．これを図11.33，11.34に示す．なお，図中の $\Delta(t)$ は

$$\Delta(t) = \sum_{n=-\infty}^{\infty} \delta(t-nT)$$

である．

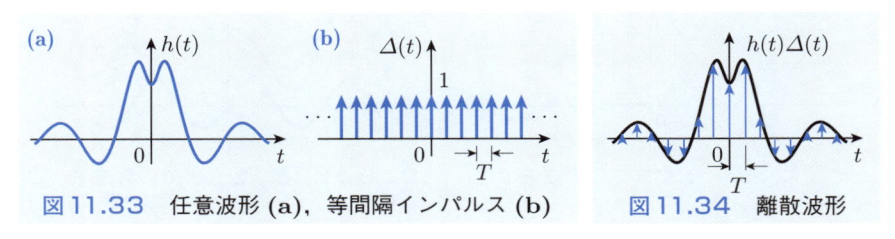

図11.33 任意波形 (a)，等間隔インパルス (b)

図11.34 離散波形

したがって，標本値のフーリエ変換は $h(t)$ のフーリエ変換 $H(f)$ と $\delta(t-nT)$ のフーリエ変換との畳み込みで得られる．この関係も図11.35，11.36に示しておく．

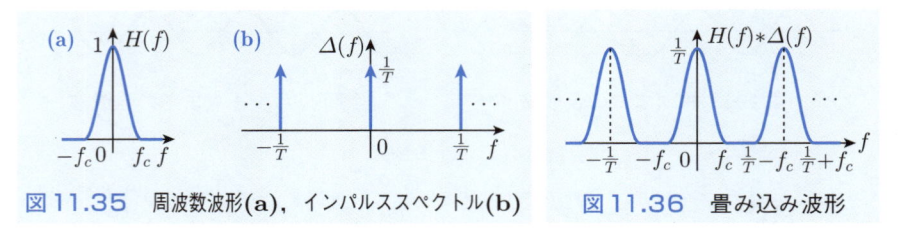

図11.35 周波数波形(a)，インパルススペクトル(b)

図11.36 畳み込み波形

ところで，図11.37 (b)のように標本化間隔 T を大きくしてみる．周波数領域でのインパルス関数の周期 $\frac{1}{T}$ は狭くなり（図11.39 (b)），標本値のフーリエ変換は $H(f)$ に重なりを生じるようになる．この歪みを**折り返し歪み**（aliasing distortion）という．この折り返し歪みは波形 $h(t)$ を高速で標本化しないと生ずるもので，これを防ぐためには図11.36から $T \leq \frac{1}{2f_c}$ となるように標本化間隔 T を選べばよいことがわかる．つまり，**ナイキスト間隔**である．また，周波数 $\frac{1}{T}$（$=2f_c$）を**ナイキスト周波数**という．

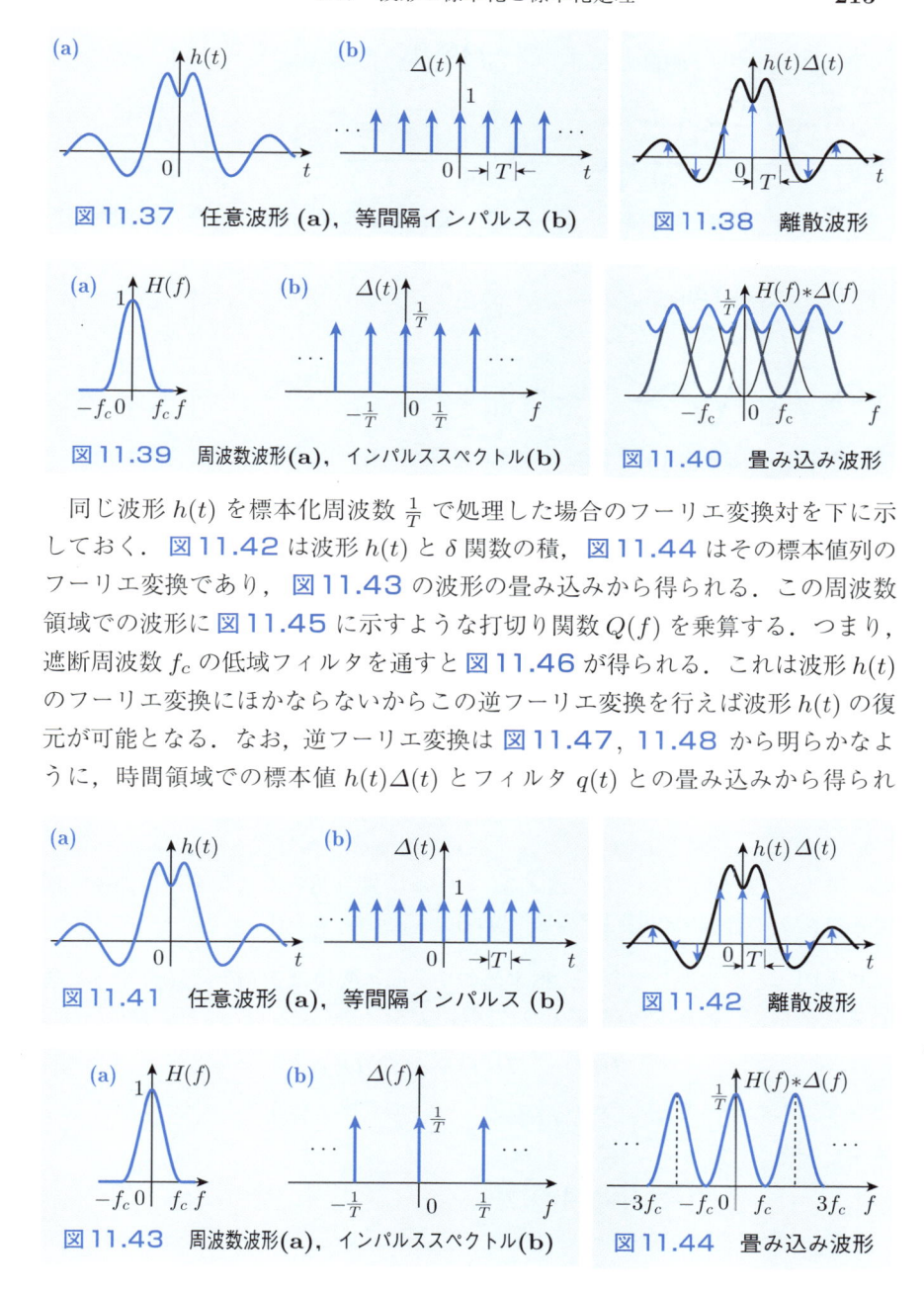

11.7 波形の標本化と標本化定理

図11.37 任意波形(a), 等間隔インパルス(b)

図11.38 離散波形

図11.39 周波数波形(a), インパルススペクトル(b)

図11.40 畳み込み波形

同じ波形 $h(t)$ を標本化周波数 $\frac{1}{T}$ で処理した場合のフーリエ変換対を下に示しておく．図11.42 は波形 $h(t)$ と δ 関数の積，図11.44 はその標本値列のフーリエ変換であり，図11.43 の波形の畳み込みから得られる．この周波数領域での波形に図11.45 に示すような打切り関数 $Q(f)$ を乗算する．つまり，遮断周波数 f_c の低域フィルタを通すと図11.46 が得られる．これは波形 $h(t)$ のフーリエ変換にほかならないからこの逆フーリエ変換を行えば波形 $h(t)$ の復元が可能となる．なお，逆フーリエ変換は図11.47, 11.48 から明らかなように，時間領域での標本値 $h(t)\Delta(t)$ とフィルタ $q(t)$ との畳み込みから得られ

図11.41 任意波形(a), 等間隔インパルス(b)

図11.42 離散波形

図11.43 周波数波形(a), インパルススペクトル(b)

図11.44 畳み込み波形

図11.44 畳み込み波形　　**図11.45** 低域フィルタ　　**図11.46** 周波数波形

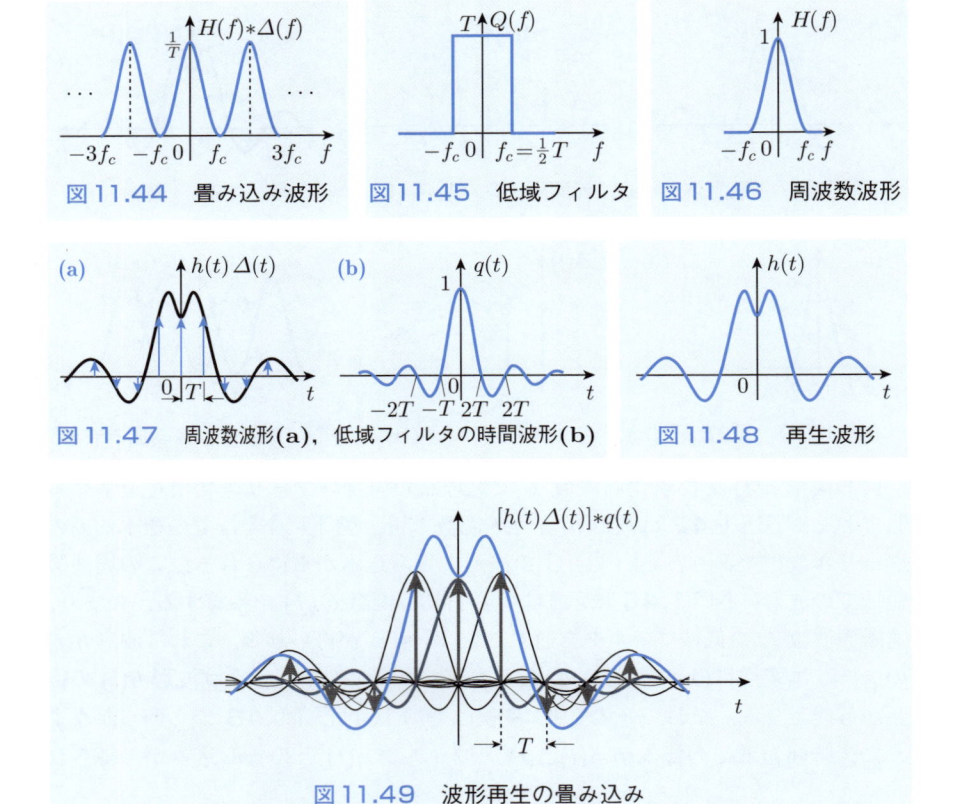

図11.47 周波数波形(a)，低域フィルタの時間波形(b)　　**図11.48** 再生波形

図11.49 波形再生の畳み込み

る．また，**図11.49** は $h(t)\Delta(t)$ と $q(t)$ との畳み込みの過程を示した拡大図であり，その合成図が **図11.48** である．

以上のことを整理してみる．標本値のフーリエ変換は $H(f) * \Delta(f)$ で与えられる．さらに，振幅 T の方形周波数関数 $Q(f)$ と $H(f) * \Delta(f)$ との積は

$$H(f) = \{H(f) * \Delta(f)\}Q(f)$$

となる．したがって，この $H(f)$ の逆フーリエ変換を行うことで波形 $h(t)$ は求まる．つまり

$$h(t) = \{h(t)\Delta(t)\} * q(t)$$

11.7 波形の標本化と標本化定理

$$= \sum_{n=-\infty}^{\infty} \{h(t)\delta(t-nT)\} * q(t)$$

$$= \sum_{n=-\infty}^{\infty} \int_{-\infty}^{\infty} h(nT)\delta(\tau-nT)q(t-\tau)d\tau$$

$$= \sum_{n=-\infty}^{\infty} h(nT)q(t-nT)$$

$$= \sum_{n=-\infty}^{\infty} h(nT)\frac{\sin 2\pi f_c(t-nT)}{2\pi f_c(t-nT)}$$

$$= T\sum_{n=-\infty}^{\infty} h(nT)\frac{\sin 2\pi f_c(t-nT)}{\pi(t-nT)}$$

である.上式より波形 $h(t)$ の標本値 $h(nT)$ をとり,$\frac{\sin x}{x}$ の回路(この関数を逆フーリエ変換すると遮断周波数 f_c の低域フィルタ)を通して再生できることがわかる.

以上から,よく知られる**標本化定理(サンプリング定理)**が導かれる.つまり,波形 $h(t)$ のフーリエ変換がある周波数 f_c より大きな周波数で 0 であるなら,波形 $h(t)$ はその標本値

$$\sum_{n=-\infty}^{\infty} h(nT)q(t-nT) \equiv h(t)\Delta(t) \to h(t)$$

だけから復元できるということになる.

同様にして,**周波数領域での標本化定理(サンプリング定理)**も導くことができる.もし,波形 $h(t)$ が

$$h(t) = 0, \quad |t| > T_c$$

とすると,このフーリエ変換 $H(f)$ はその標本値だけから復元でき

$$H(f) = \sum_{n=-\infty}^{\infty} H\left(\frac{n}{2T_c}\right) \frac{\sin 2\pi T_c(f-\frac{n}{2T_c})}{2\pi T_c(f-\frac{n}{2T_c})} \tag{11.42}$$

で与えられる.これを**周波数標本化定理(周波数サンプリング定理)**という.

11章の問題

11.1 フーリエ変換を行い，その概形を示せ．
(1) $h(t) = \delta(t+T) - \delta(t-T)$
(2) $h(t) = \delta(t+T) - \delta(t-T) + \delta(t+2T) - \delta(t-2T)$
（参考：$\sin A + \sin B = 2\sin\frac{A+B}{2}\cos\frac{A-B}{2}$ で零点算出）
(3) $h(t) = \begin{cases} \frac{A}{T}(t+T) & (-T \leq t \leq 0) \\ -\frac{A}{T}(t-T) & (0 \leq t \leq T) \end{cases}$ （参考：$1 - \cos 2A = 2\sin^2 A$）

11.2 $h(t) = \frac{\alpha}{\sqrt{\pi}}e^{-\alpha^2 t^2}$ のフーリエ変換を行え．ただし，$\alpha > 0$
（ヒント）$\beta = -j2\pi f$ とおいて $\int_{-\infty}^{\infty} e^{-x^2} dx = \sqrt{\pi}$ を用いよ $^{(*)}$．

備考 (*) について：$I = \int_{-\infty}^{\infty} e^{-x^2} dx$ とおき，$I^2 = \int_{-\infty}^{\infty} e^{-x^2} dx \int_{-\infty}^{\infty} e^{-y^2} dy = \iint_{-\infty}^{\infty} e^{-(x^2+y^2)} dx dy$ を (x, y) から (r, θ) に変数変換する．その結果

$$I^2 = \int_0^{2\pi} d\theta \int_0^{\infty} e^{-r^2} r dr = 2\pi \int_0^{\infty} e^{-r^2} r dr$$

ここで $R = r^2$ とおくと，$I^2 = 2\pi \int_0^{\infty} e^{-R} \frac{dR}{2} = \pi$．以上より $I = \sqrt{\pi}$

11.3 変換対
$$h_1(t) = A\cos(2\pi f_0 t) \Leftrightarrow H_1(f) = \frac{A}{2}\delta(f - f_0) + \frac{A}{2}\delta(f + f_0)$$
に対して変換対
$$h_2(t) = A\sin(2\pi f_0 t) \Leftrightarrow H_2(f) = \frac{A}{2j}\delta(f - f_0) - \frac{A}{2j}\delta(f + f_0)$$
となる．ここで，$H_1(f)$ の振幅値が $\frac{A}{2}$ であるのに対し，$H_2(f)$ の振幅値が $\frac{A}{2j}$ または $-\frac{A}{2j}$ となるのはどう解釈すればよいかを示せ．
（ヒント）$\delta(f \pm f_0)$ の時間波形が $e^{\mp j2\pi f_0 t}$ であることを用いて考えよ．

11.4 AM ラジオで知られる**振幅変調波**（amplitude modulation）は搬送波を $A\cos\omega_1 t$，送りたい情報を $v(t)$ とすると，$A\{1 + kv(t)\}\cos\omega_1 t$ で与えられる．簡単のために，$v(t) = \cos pt$ としたときの AM 波の角周波数スペクトルを示せ．ただし，k は変調度（定数），また $\omega_1 \gg p$ とする．

11.5 次のフーリエ変換の性質を証明せよ．
(1) 時間のスケールファクター：$h(kt) \Leftrightarrow \frac{H(f/k)}{k}$
(2) 逆スケールファクター：$\frac{h(t/k)}{k} \Leftrightarrow H(kf)$
(3) 時間推移：$h(t - t_0) \Leftrightarrow H(f)e^{-j2\pi f t_0}$

11.6
$$\int_{-\infty}^{\infty} x(\tau)h(t-\tau)d\tau = \int_{-\infty}^{\infty} x(t-\tau)h(\tau)d\tau$$
を証明せよ．

11.7 図1，2の時間波形 $h(t)$, $x(t)$ の畳み込みを行い，その概形を示せ．

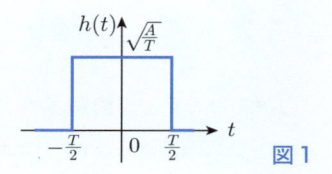

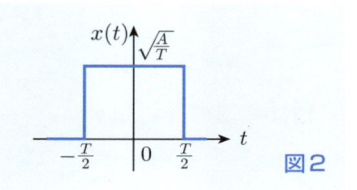

図1

図2

11.8 前問の $h(t)*x(t)$ のフーリエ変換を行い，その周波数スペクトルを示せ．

11.9 畳み込み積分 $h(t)*x(t)$ を δ 関数の公式 (11.7) を用いて計算せよ．
ただし，$h(t) = \delta(t+T) + \delta(t-T)$, $x(t) = \delta(t-5T)$

11.10 図3，4に示す時間波形の畳み込み波形を図示せよ．

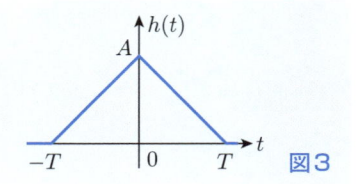

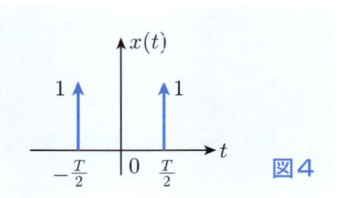

図3

図4

11.11 図5の $h(t)$ と図6の $x(t)$ との畳み込み積分を計算し，その結果を図示せよ．

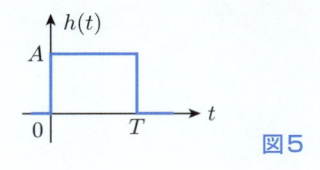

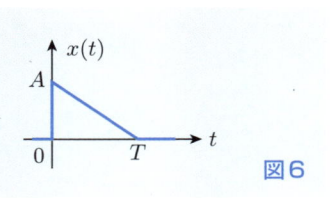

図5

図6

11.12 $h(t) = t^2$ ($|t| \leq 1$) と $x(t) = t$ ($|t| \leq 1$) との畳み込み積分を計算せよ．また，その結果を図示せよ．

☐**11.13** 図7のフーリエ級数の係数 a_n, b_n を式 (11.30), (11.31) から求めよ．

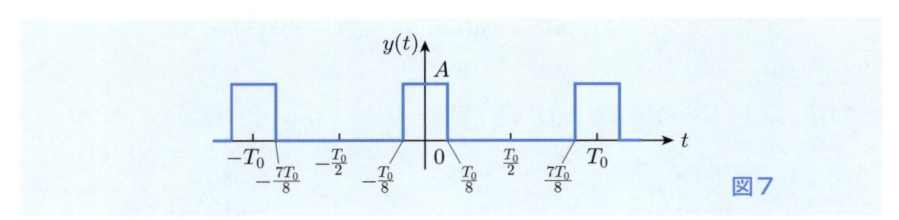

図7

☐**11.14** 図7での領域 $-\frac{T_0}{2} \leq t \leq \frac{T_0}{2}$ の波形 $h(t)$ と等間隔インパルス列 $x(t) = \sum_{n=-\infty}^{\infty} \delta(t - nT_0)$ の畳み込みからフーリエ級数の係数 a_n, b_n を求めよ．

☐**11.15** 図8のフーリエ級数の係数 a_n, b_n を式 (11.30), (11.31) から求めよ．

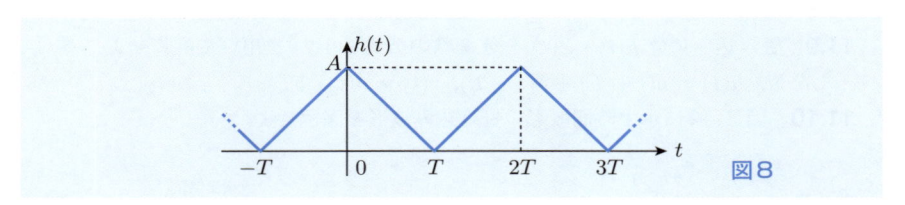

図8

☐**11.16** 図3の波形 $h(t)$ と等間隔インパルス列 $x(t) = \sum_{n=-\infty}^{\infty} \delta(t - 2nT)$ の畳み込みからフーリエ級数の係数 a_n, b_n を求めよ．

第12章

z 変 換

時間連続信号（アナログ信号）に対してラプラス変換が定義されるが，標本値系列，すなわち時間離散信号（ディジタル信号）については z 変換が定義される．古くから制御理論の分野で標本値制御の解析に，また現在ではディジタルフィルタの設計などに不可欠な手法である．ここではラプラス変換の離散値という立場で z 変換の入門編としての解説を行う．

12.1 標本化

標本化間隔を T とすると，図 12.1 に示す**標本化関数** $\Delta(t)$ は

$$\Delta(t) = \sum_{n=0}^{\infty} \delta(t - nT) \tag{12.1}$$

と与えられ，このラプラス変換 $\Delta(s)$ は式 (10.1) より

$$\begin{aligned}
\Delta(s) &= \int_0^\infty \sum_{n=0}^{\infty} \delta(t - nT) e^{-st} dt \\
&= \sum_{n=0}^{\infty} e^{-nsT} = 1 + e^{-sT} + e^{-2sT} + \cdots \\
&= \frac{1}{1 - e^{-sT}}
\end{aligned} \tag{12.2}$$

波形 $h(t)$ を標本化するには，式 (12.1) との積をとればよい（図 12.2）

$$\begin{aligned}
\widetilde{h}(t) &= h(t)\Delta(t) = h(t) \sum_{n=0}^{\infty} \delta(t - nT) \\
&= \sum_{n=0}^{\infty} h(nT) \delta(t - nT)
\end{aligned} \tag{12.3}$$

である．上式の記号「〜」はチルダ（tilde）と読む．なお，この記号を付した場合，離散値を意味する．上式にラプラス変換を施すと

$$\begin{aligned}
\widetilde{H}(s) &\equiv \int_0^\infty \widetilde{h}(t) e^{-st} dt = \int_0^\infty \sum_{n=0}^{\infty} h(nT) \delta(t - nT) e^{-st} dt \\
&= \sum_{n=0}^{\infty} h(nT) e^{-nsT}
\end{aligned} \tag{12.4}$$

となる．上式の $\widetilde{H}(s)$ は離散波形 $\widetilde{h}(t)$ のラプラス変換，つまり**離散ラプラス変換**である．

ここで，式 (12.4) とは異なる離散ラプラス変換表示を求めてみる．離散波形 $\widetilde{h}(t)$ は波形 $h(t)$ と標本化関数 $\Delta(t)$ との積で与えられるから，そのラプラス変換は式 (10.1), (11.25) より

$$\widetilde{H}(s) = \frac{1}{j2\pi} H(s) * \Delta(s)$$

の畳み込み積分，つまり

$$\widetilde{H}(s) = \frac{1}{j2\pi} H(s) * \Delta(s) = \frac{1}{j2\pi} \int_{\sigma-j\infty}^{\sigma+j\infty} H(s-\eta) \Delta(\eta) d\eta$$

と書ける．さらに，上式に式 (12.2) を用いて書き換えると

$$\widetilde{H}(s) = \frac{1}{j2\pi} \int_{\sigma-j\infty}^{\sigma+j\infty} \frac{H(s-\eta)}{1 - e^{-\eta T}} d\eta \tag{12.5}$$

となる．これは式 (12.4) と異なる離散ラプラス変換表示である．

12.1 標本化

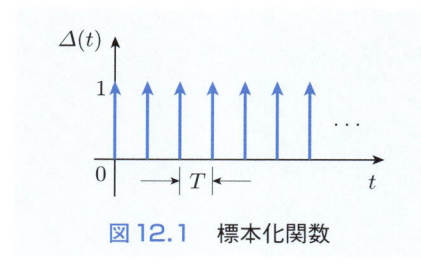

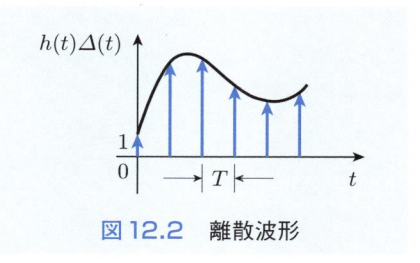

図 12.1 標本化関数

図 12.2 離散波形

ここで，式 (12.5) の積分評価を行う．上式の被積分関数に含まれる極 η_n は

$$\eta_n = \frac{jn2\pi}{T} \quad (n = 0, \pm 1, \pm 2, \cdots) \tag{12.6}$$

であり，これは 1 位の極である．時刻 $t \geq 0$ で波形 $h(t)$ が連続波形なら $H(\eta)$ は η 平面の右側で解析的であり，$\text{Re}(s) \geq \text{Re}(\eta)$ ならば $\text{Re}(s-\eta) \geq 0$ であり，$H(s-\eta)$ は極をもたない．したがって，式 (12.5) の積分の極は式 (12.6) だけであり，結局式 (12.6) の極から得られる留数 K_n は

$$K_n = \frac{H(s-\eta_n)}{\frac{d}{d\eta}(1-e^{-\eta T})\big|_{\eta=\eta_n}} = \frac{H(s-\eta_n)}{Te^{-jn2\pi}} = \frac{H(s-\eta_n)}{T}$$

であり，式 (12.5) の積分は

$$\widetilde{H}(s) = \frac{1}{T}\sum_{n=-\infty}^{\infty} H(s+jn\omega_s), \quad \omega_s = \frac{2\pi}{T} \tag{12.7}$$

と求まる．これも離散ラプラス変換の別表示である．上式は $j\omega_s$ を周期とする周期関数であり，波形 $h(t)$ のラプラス変換 $H(s)$ を **図 12.3** で与えることにすると，式 (12.7) の離散ラプラス変換 $\widetilde{H}(s)$ は**図 12.4** と書ける．したがって，波形 $h(t)$ のもつ最大周波数（ここでは角周波数 $\omega_{\max}$）の 2 倍以上の**標本化周波数** ω_s で標本化する必要がある．

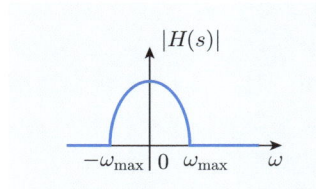

図 12.3 ラプラス変換波形

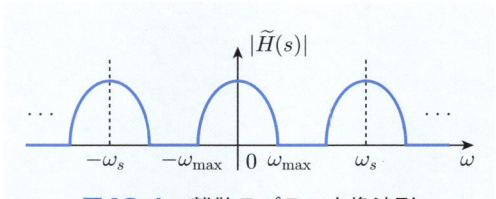

図 12.4 離散ラプラス変換波形

なお，$t = 0_+$ で $h(t) \neq 0$ のときは式 (12.7) のかわりに

$$\widetilde{H}(s) = \frac{h(0_+)}{2} + \frac{1}{T}\sum_{n=-\infty}^{\infty} H(s+jn\omega_s)$$

で与える[(*)]．

備考 (∗) について：関数 $h(t)$ が $t = a$ で不連続であるとき，この不連続点での跳躍量 $h(a_+) - h(a_-)$ が有限ならば，この不連続を**第 1 種の不連続**という．この点における関数値は両者の平均として

$$h(a) = \tfrac{1}{2}\{h(a_+) - h(a_-)\}$$

と定義する．詳細はラプラス変換の性質の一つ，メリン（Mellin）の定理を参照のこと．

12.2 z 変換

離散ラプラス変換を与える式 (12.4) を再記すると

$$\widetilde{H}(s) = \sum_{n=0}^{\infty} h(nT) e^{-nsT} \quad \cdots (12.4)$$

であり，これは波形 $h(t)$ の標本値のラプラス変換である．$\widetilde{H}(s)$ は e^{Ts} の関数となるので，$z = e^{Ts}$ とおくと，式が簡単になる．この変数変換を施した離散ラプラス変換を **z 変換**という．そこで，この z 変換について整理してみる．

時間波形 $h(t)$ の z 変換は
(1) $h(t)$ の標本値 $\widetilde{h}(t)$ を決定する．
(2) $\widetilde{h}(t)$ をラプラス変換して $\widetilde{H}(s)$ とする．
(3) $\widetilde{H}(s)$ は e^{Ts} の関数であり

$$z = e^{Ts} \tag{12.8}$$

を $\widetilde{H}(s)$ に代入して変数変換を行う．

このようにして得られた関数 $H(z)$ が z 変換である．

ここで，$H(z)$ の特徴について触れてみる．$H(z)$ は波形 $h(t)$ の標本化時刻の値，つまり，標本値だけの情報を含んでいる．したがって，波形 $h(t)$ が保有する最大周波数の 2 倍以上で標本化すると，z 変換 $H(z)$ はラプラス変換 $H(s)$ のもつあらゆる情報を含んでいることになる．また，z 変換 $H(z)$ は標本化周波数に依存し，ラプラス変換をもつような連続信号は z 変換も存在する．

以上，式 (12.4) と式 (12.8) により，z 変換は

$$H(z) = \sum_{n=0}^{\infty} h(nT) z^{-n} \tag{12.9}$$

ここで，二，三の関数について z 変換を求めてみる．ただし，時刻 $t < 0$ での波形はすべて $h(t) = 0$ とする．

12.2　z 変 換

■ **例題 12.1** ■

$h(t) = \delta(t - nT)$ の z 変換を行え．

【解答】
$$\widetilde{h}(t) = \delta(t - nT) \sum_{n=0}^{\infty} \delta(t - nT)$$
$$= \delta(t - nT) \{\delta(t) + \delta(t - T) + \delta(t - 2T) + \delta(t - 3T) + \cdots\}$$
$$= \delta(t - nT)$$

と標本値 $\widetilde{h}(t)$ が求まるから，このラプラス変換 $\widetilde{H}(s)$ は

$$\widetilde{H}(s) = \int_0^{\infty} \widetilde{h}(t) e^{-st} dt = \int_0^{\infty} \delta(t - nT) e^{-st} dt = e^{-nTs}$$

となる．ここで，上式を $e^{Ts} \to z$ で置き換えれば，z 変換 $H(z)$ は

$$H(z) = z^{-n} \tag{12.10}$$

■ **例題 12.2** ■

ステップ関数 $h(t) = U(t)$ の z 変換を行え．

【解答】
$$\widetilde{h}(t) = U(t) \sum_{n=0}^{\infty} \delta(t - nT) = \sum_{n=0}^{\infty} \delta(t - nT)$$
$$\widetilde{H}(s) = \int_0^{\infty} \widetilde{h}(t) e^{-st} dt = \int_0^{\infty} \sum_{n=0}^{\infty} \delta(t - nT) e^{-st} dt = \sum_{n=0}^{\infty} e^{-nTs}$$

したがって

$$H(z) = \sum_{n=0}^{\infty} z^{-n} = 1 + \frac{1}{z} + \frac{1}{z^2} + \cdots = \frac{z}{z-1} \tag{12.11}$$

■ **例題 12.3** ■

$h(t) = t$ の z 変換を行え．

【解答】
$$\widetilde{h}(t) = t \sum_{n=0}^{\infty} \delta(t - nT)$$
$$\widetilde{H}(s) = \int_0^{\infty} \widetilde{h}(t) e^{-st} dt = \int_0^{\infty} t \sum_{n=0}^{\infty} \delta(t - nT) e^{-st} dt = \sum_{n=0}^{\infty} nT e^{-nTs}$$
$$H(z) = \sum_{n=0}^{\infty} nT z^{-n} = \frac{T}{z} + \frac{2T}{z^2} + \frac{3T}{z^3} + \cdots$$

そこで

$$\frac{H(z)}{z} = \frac{T}{z^2} + \frac{2T}{z^3} + \frac{3T}{z^4} + \cdots$$

を作り，上の 2 式の差をとると

$$H(z)\left(1 - \frac{1}{z}\right) = \frac{T}{z} + \frac{T}{z^2} + \frac{T}{z^3} + \cdots = \frac{T}{z-1}$$

したがって

$$H(z) = \frac{Tz}{(z-1)^2} \tag{12.12}$$

例題 12.4

$h(t) = e^{-\alpha t}$ の z 変換を行え．

【解答】
$$\widetilde{h}(t) = e^{-\alpha t} \sum_{n=0}^{\infty} \delta(t-nT)$$
$$\widetilde{H}(s) = \int_0^{\infty} \widetilde{h}(t) e^{-st} dt = \int_0^{\infty} e^{-\alpha t} \sum_{n=0}^{\infty} \delta(t-nT) e^{-st} dt$$
$$= \sum_{n=0}^{\infty} e^{-\alpha nT} e^{-nTs}$$

したがって
$$H(z) = \sum_{n=0}^{\infty} e^{-\alpha nT} z^{-n}$$
$$= 1 + \frac{e^{-\alpha T}}{z} + \frac{e^{-2\alpha T}}{z^2} + \cdots = \frac{z}{z - e^{-\alpha T}} \tag{12.13}$$

例題 12.5

$h(t) = \sin \omega t$ の z 変換を行え．

【解答】
$$\widetilde{h}(t) = \sin \omega t \sum_{n=0}^{\infty} \delta(t-nT)$$
$$\widetilde{H}(s) = \int_0^{\infty} \widetilde{h}(t) e^{-st} dt = \int_0^{\infty} \sin \omega t \sum_{n=0}^{\infty} \delta(t-nT) e^{-st} dt$$
$$= \sum_{n=0}^{\infty} \sin n\omega T \, e^{-nTs}$$

したがって
$$H(z) = \sum_{n=0}^{\infty} \sin n\omega T \, z^{-n} = \frac{1}{j2} \sum_{n=0}^{\infty} (e^{jn\omega T} - e^{-jn\omega T}) z^{-n}$$
$$= \frac{1}{j2} \left(\frac{z}{z - e^{j\omega T}} - \frac{z}{z - e^{-j\omega T}} \right) = \frac{z \sin \omega T}{z^2 - 2z \cos \omega T + 1} \tag{12.14}$$

12.3　z 逆変換

z 変換 $H(z)$ が与えられて，これから波形 $h(t)$ を求めることを **z 逆変換** という．ただし，$H(z)$ は標本値に対するラプラス変換であるから，z 逆変換も標本値として与えられるはずである．そこで，次の周回積分

$$\frac{1}{j2\pi} \oint H(z) z^{m-1} dz$$

を考えることにする．上の積分に式 (12.9) を代入して積分評価を行うと

$$\frac{1}{j2\pi}\oint H(z)z^{m-1}dz = \frac{1}{j2\pi}\oint \sum_{n=0}^{\infty} h(nT)z^{-n}z^{m-1}dz$$
$$= \sum_{n=0}^{\infty} h(nT)\frac{1}{j2\pi}\oint z^{m-n-1}dz$$
$$= \begin{cases} h(nT) & (m=n) \\ 0 & (m \neq n) \end{cases}$$

となるから，$H(z)$ の z 逆変換 $h(nT)$ は

$$h(nT) = \frac{1}{j2\pi}\oint H(z)z^{n-1}dz$$

と定義することができる．前述したように，上式は波形 $h(t)$ の標本値を与えるものであり，標本化定理を満足するような標本化間隔 T での標本値なら波形 $h(t)$ がもつすべての情報を含むことになる．

先に示した例題の z 逆変換を求めてみる．

■ 例題 12.6 ■
式 (12.10) の z 逆変換を行え．

【解答】 $h(nT) = \frac{1}{j2\pi}\oint H(z)z^{n-1}dz = \frac{1}{j2\pi}\oint z^{-n}z^{n-1}dz = \frac{1}{j2\pi}\oint \frac{dz}{z} = 1$

と求まる．ただし，この結果から $t=0, T, 2T, \cdots$ の時刻だけが振幅値 1 の波形であるということになる．

■ 例題 12.7 ■
式 (12.11) の z 逆変換を行え．

【解答】 $h(nT) = \frac{1}{j2\pi}\oint H(z)z^{n-1}dz = \frac{1}{j2\pi}\oint \frac{z}{z-1}z^{n-1}dz = \frac{1}{j2\pi}\oint \frac{z^n}{z-1}dz = 1$

■ 例題 12.8 ■
式 (12.12) の z 逆変換を行え．

【解答】 波形 $h(t) = t$ の z 変換 $H(z)$ は級数表示で

$$H(z) = \sum_{n=0}^{\infty} nTz^{-n} = \frac{T}{z} + \frac{2T}{z^2} + \frac{3T}{z^3} + \cdots + \frac{nT}{z^n} + \cdots$$

と表せる．これを用いて z 逆変換すると

$$h(nT) = \frac{1}{j2\pi}\oint H(z)z^{n-1}dz$$
$$= \frac{1}{j2\pi}\oint \left(\frac{T}{z} + \frac{2T}{z^2} + \frac{3T}{z^3} + \cdots + \frac{nT}{z^n} + \cdots\right)z^{n-1}dz = nT$$

例題 12.9

式 (12.13) の z 逆変換を行え．

【解答】 $h(nT) = \frac{1}{j2\pi}\oint H(z)z^{n-1}dz = \frac{1}{j2\pi}\oint \frac{z}{z-e^{-\alpha T}}z^{n-1}dz = e^{-n\alpha T}$

例題 12.10

式 (12.14) の z 逆変換を行え．

【解答】 $h(nT) = \frac{1}{j2\pi}\oint H(z)z^{n-1}dz = \frac{1}{j2\pi}\oint \frac{z\sin\omega T}{z^2-2z\cos\omega T+1}z^{n-1}dz$

$= \frac{1}{j2\pi}\oint \frac{z^n\sin\omega T}{(z-e^{j\omega T})(z-e^{-j\omega T})}dz$

となり，被積分関数の極は $z = e^{\pm j\omega T}$ であるから，それぞれの留数を求めて加算すると

$$h(nT) = \sin n\omega T$$

12.4　回路の入出力波形と z 変換

図 12.5 に示すようにある回路に入力される波形 $v_i(t)$ に対し，出力波形 $v_0(t)$ は

$$v_0(t) = A_0 v_i(t-\tau) \tag{12.15}$$

と要求されることが多い．つまり，出力波形は時刻 τ だけ遅れ，振幅は A_0 倍されることを意味する．そこで，$v_i(t), v_0(t)$ のラプラス変換をそれぞれ

$$V_i(s) = \int_0^\infty v_i(t)e^{-st}dt$$

$$V_0(s) = \int_0^\infty v_0(t)e^{-st}dt$$

とすると，$A_0 v_i(t-\tau)$ のラプラス変換は変数変換 $t' = t-\tau$ を用いて

$\int_0^\infty A_0 v_i(t-\tau)e^{-st}dt$

$= \int_0^\infty A_0 v_i(t')e^{-s(t'+\tau)}dt$

$= A_0 e^{-s\tau}\int_0^\infty v_i(t')e^{-st'}dt' = A_0 e^{-s\tau}V_i(s)$

となる．したがって，式 (12.15) のラプラス変換は

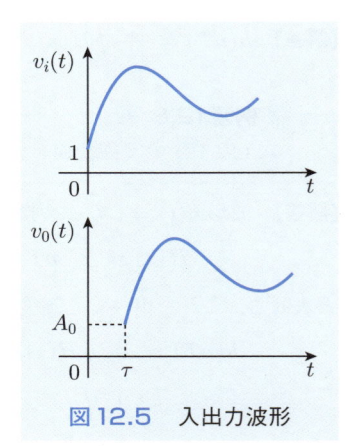

図 12.5　入出力波形

12.4 回路の入出力波形と z 変換

$$V_0(s) = H(s)V_i(s) \tag{12.16}$$

で与えられる．ただし

$$H(s) = A_0 e^{-s\tau}$$

とおいてあり，これを**伝達関数（システム関数）**という．つまり，入出力波形のラプラス変換は伝達関数で結びつけられ，式 (12.16) が成立する．なお，$s \to j\omega$ とおくと，フーリエ変換の入出力関係式であり，この場合 $H(j\omega)$ が伝達関数となる．

図 12.6 に示すように，回路 N に標本値入力 $\widetilde{v}_i(t)$ が加えられ，出力 $v_0(t)$ が得られる場合を考える．回路 N の伝達関数を $H(s)$ とすると

$$V_0(s) = H(s)\widetilde{V}_i(s) \tag{12.17}$$

と書ける．ただし，$V_0(s)$, $\widetilde{V}_i(s)$ はそれぞれ $v_0(t)$, $\widetilde{v}_i(t)$ のラプラス変換である．さらに，標本化時での出力 $v_0(t)$ のラプラス変換 $\widetilde{V}_0(s)$ は式 (12.7) より

$$\widetilde{V}_0(s) = \frac{1}{T}\sum_{n=-\infty}^{\infty} H(s+jn\omega_s)\widetilde{V}_i(s+jn\omega_s) \tag{12.18}$$

となるが，$\widetilde{V}_i(s)$ は ω_s の周期関数であるから

$$\widetilde{V}_i(s+jn\omega_s) = \widetilde{V}_i(s)$$

であり，したがって式 (12.18) を書き直すと

$$\widetilde{V}_0(s) = \frac{1}{T}\widetilde{V}_i(s)\sum_{n=-\infty}^{\infty} H(s+jn\omega_s)$$

となり，z 変換で書き換えれば

$$V_0(z) = H(z)V_i(z) \tag{12.19}$$

となる[(*)]．つまり，式 (12.17) のラプラス変換での関係式と同様，回路網の出力の z 変換は入力の z 変換と回路網の伝達関数（z 変換）の積で与えられる．ただし

$$H(z) = \frac{1}{T}\sum_{n=-\infty}^{\infty} H(s+jn\omega_s)$$

とおいてある．

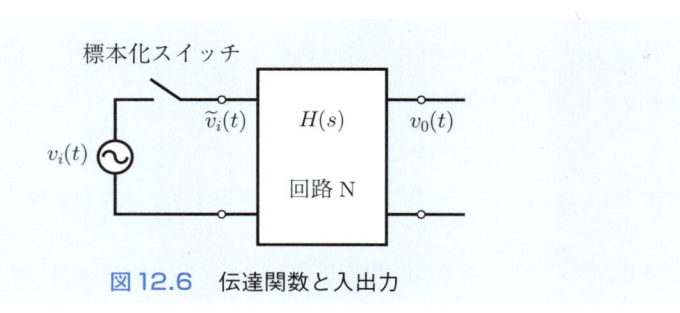

図 12.6　伝達関数と入出力

備考 (∗) について：連続ラプラス変換と z 変換とを一致させるには，式 (12.19) の右辺に T を乗じて

$$V_0(z) = TH(z)V_i(z) \tag{12.20}$$

を用いる．以下で示す例題では上式を採用している．■

■ 例題 12.11 ■

図 12.7 に示す CR 直列回路にステップ波形 $\tilde{v}_i(t) = \tilde{U}(t)$ を加えた場合のコンデンサ端子の出力電圧 $v_0(nT)$ を求めよ．

【解答】 連続ラプラス変換の電流 $I(s)$ を

$$I(s) = \int_0^\infty i(t)e^{-st}dt$$

で与えると，回路方程式から

$\frac{1}{s} = RI(s) + \frac{I(s)}{Cs} = \left(R + \frac{1}{Cs}\right)I(s)$
$= \frac{RCs+1}{Cs}I(s)$

したがって，電流 $I(s)$ は

$I(s) = \frac{C}{RCs+1} = \frac{1}{R}\frac{1}{s+a}, \quad a \equiv \frac{1}{CR}$

であるから，コンデンサの端子電圧 $V_C(s)$ は

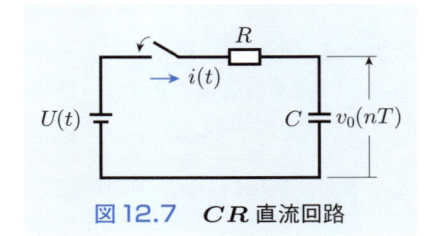

$$V_C(s) = I(s)\frac{1}{Cs} = \frac{1}{s(RCs+1)} = \frac{a}{s(s+a)} \tag{12.21}$$

図 12.7 CR 直流回路

となり，これを逆変換して

$v_C(t) = \frac{1}{j2\pi}\int_{c-j\infty}^{c+j\infty} V_C(s)e^{st}ds = \frac{1}{j2\pi}\int_{c-j\infty}^{c+j\infty}\frac{a}{s(s+a)}e^{st}ds = 1 - e^{-at}$

また，$U(t)$ のラプラス変換は $\frac{1}{s}$ であり，式 (12.21) を用いると，伝達関数 $H(s)$ は

$$H(s) = \frac{V_C(s)}{U(s)} = \frac{a}{s+a}$$

と求まる．この逆ラプラス変換 $h(t)$ は

$$h(t) = \frac{1}{j2\pi}\oint H(s)e^{st}ds = \frac{1}{j2\pi}\oint \frac{a}{s+a}e^{st}ds = ae^{-at}$$

となることから，離散ラプラス変換 $\tilde{H}(s)$ は

$$\tilde{H}(s) = \int_0^\infty \sum_{n=0}^\infty h(t)\delta(t-nT)e^{-st}dt = \sum_{n=0}^\infty h(nT)e^{-nsT} = \sum_{n=0}^\infty ae^{-anT}e^{-nsT}$$

で与えられる．したがって，この z 変換 $H(z)$ は

$$H(z) = \sum_{n=0}^\infty ae^{-anT}z^{-n} = \frac{a}{1-\frac{e^{-aT}}{z}} = \frac{az}{z-e^{-aT}} \tag{12.22}$$

と求まる．また，ステップ関数 $U(t)$ の z 変換 $V_i(z)$ は式 (12.11) より

$$V_i(z) = \frac{z}{z-1}$$

であり，コンデンサ端子の出力電圧 $V_0(z)$ は，式 (12.20) を用いて

$$V_0(z) = \frac{aTz^2}{(z-1)(z-e^{-aT})}$$

となる．上式を z 逆変換することで標本値出力 $v_0(nT)$ が得られることになり

$$v_0(nT) = \frac{1}{j2\pi}\oint V_0(z)z^{n-1}dz = \frac{1}{j2\pi}\oint \frac{aTz^{n+1}}{(z-1)(z-e^{-aT})}dz$$

と書くことができる．上の積分に含まれる極は $z=1,\ e^{-aT}$ の2つである．そこで，それぞれの極から得られる留数の和として標本値出力 $v_0(nT)$ が決定でき

$$v_0(nT) = \frac{aT}{1-e^{-aT}} + \frac{aTe^{-(n+1)aT}}{e^{-aT}-1} = \frac{aT}{1-e^{-aT}}(1-e^{-(n+1)aT}) \tag{12.23}$$

ここで連続ラプラス変換のコンデンサ出力 $v_C(nT)$ と離散ラプラス変換出力 $v_0(nT)$ の比較を行ってみる．まず，$aT \ll 1$ とすると，マクローリン級数の第1項近似

$$e^{-aT} \approx 1 - aT$$

を用いて

$$\frac{aT}{1-e^{-aT}} \approx 1$$

$$e^{-(n+1)aT} = e^{-naT}e^{-aT} \approx e^{-naT}(1-aT)$$

であり，これらを離散ラプラス変換出力の式 (12.23) に適用して

$$v_0(nT) = \frac{aT}{1-e^{-aT}}(1-e^{-(n+1)aT}) \approx 1 - e^{-naT} + aTe^{-naT}$$

$$= v_C(nT) + aTe^{-naT}$$

が得られる．つまり，時刻 $t=nT$ での連続ラプラス変換のコンデンサ端子出力 $v_C(nT)$ との差が aTe^{-naT} であることがわかる．したがって，標本化間隔 T を小さくすることで，この誤差は減少する．

また，$t=0$，すなわち $n=0$ の場合は

$$v_0(0) - v_C(0) \approx aT$$

であり，一方 $t=\infty$ では

$$v_0(\infty) - v_C(\infty) \approx 0$$

となり，時間が経過するにしたがって真値に近づく．ステップ入力電圧のラプラス変換は $\frac{1}{s}$ であり，無限の周波数スペクトルをもつことから，標本化間隔は $T=0$ でなければならない．しかし，実際には $T \neq 0$ のもとに $v_0(nT)$ を得ており，標本化間隔 T を十分小さくすることで近似度を上げることができる． ■

■ 例題 12.12 ■

図 12.8 に示す CR 直列回路に正弦波形 $v_i(t) = E_0\sin\omega t$ を加えた場合のコンデンサ端子の出力電圧 $v_0(nT)$ を求めよ．

【解答】 正弦波形 $v_i(t) = E_0\sin\omega t$ の z 変換は式 (12.14) より

$$V_i(z) = \frac{zE_0\sin\omega T}{z^2 - 2z\cos\omega T + 1} \tag{12.24}$$

であり，コンデンサ端子電圧の z 変換は式 (12.20), (12.22), (12.24) より

$$V_0(z) = TH(z)V_i(z)$$
$$= \frac{aTz^2 E_0 \sin \omega T}{(z^2 - 2z\cos \omega T + 1)(z - e^{-aT})} = \frac{aTz^2 E_0 \sin \omega T}{(z - e^{j\omega T})(z - e^{-j\omega T})(z - e^{-aT})}$$

となる．上式の z 逆変換 $v_0(nT)$ は

$$v_0(nT) = \frac{1}{j2\pi} \oint V_0(z) z^{n-1} dz = \frac{1}{j2\pi} \oint \frac{aTz^{n+1} E_0 \sin \omega T}{(z - e^{j\omega T})(z - e^{-j\omega T})(z - e^{-aT})} dz$$

であり，極 $z_1 = e^{-aT}, z_2 = e^{j\omega T}, z_3 = e^{-j\omega T}$ の留数をそれぞれ K_1, K_2, K_3 とすると

$$K_1 = \frac{aTE_0 \sin \omega T e^{-(n+1)aT}}{(e^{-aT} - e^{j\omega T})(e^{-aT} - e^{-j\omega T})}$$

$$K_2 = \frac{aTE_0 \sin \omega T e^{j(n+1)\omega T}}{(e^{j\omega T} - e^{-aT})(e^{j\omega T} - e^{-j\omega T})}$$
$$= \frac{aTE_0 e^{j(n+1)\omega T}}{j2(e^{j\omega T} - e^{-aT})}$$

$$K_3 = \frac{aTE_0 \sin \omega T e^{-j(n+1)\omega T}}{(e^{-j\omega T} - e^{-aT})(e^{-j\omega T} - e^{j\omega T})}$$
$$= -\frac{aTE_0 e^{-j(n+1)\omega T}}{j2(e^{-j\omega T} - e^{-aT})}$$

図12.8 CR 交流回路

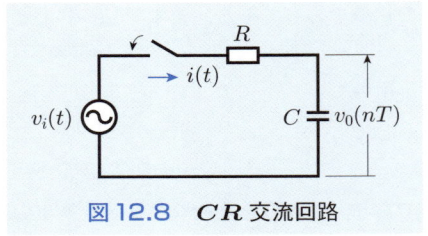

と求まる．以上より，コンデンサ端子での標本値出力 $v_0(nT)$ は

$$v_0(nT) = K_1 + K_2 + K_3$$

と決定できる．ここでも，$aT \ll 1, \omega T \ll 1$ とすると

$$e^{-aT} \approx 1 - aT, \quad e^{\pm j\omega T} \approx 1 \pm j\omega T$$

と近似でき，これらを用いて K_1, K_2, K_3 を整理すると

$$K_1 \approx \frac{E_0 \omega CR}{1 + \omega^2 C^2 R^2}(1 - aT)e^{-naT}$$

$$K_2 + K_3 \approx \frac{E_0}{1 + \omega^2 C^2 R^2}\{\sin(n+1)\omega T - \omega CR \cos(n+1)\omega T\} \quad (12.25)$$

であり，さらに

$$\sin(n+1)\omega T = \sin(n\omega T + \omega T) \approx \sin n\omega T$$

$$\cos(n+1)\omega T = \cos(n\omega T + \omega T) \approx \cos n\omega T$$

を用いれば，式 (12.25) は

$$K_2 + K_3 \approx \frac{E_0}{1 + \omega^2 C^2 R^2}(\sin n\omega T - \omega CR \cos n\omega T)$$

一方，連続ラプラス変換を用いて得られるコンデンサ端子電圧 $v_C(t)$ は

$$v_C(t) = \frac{E_0 \omega CR}{1 + \omega^2 C^2 R^2} e^{-at} + \frac{E_0}{1 + \omega^2 C^2 R^2}(\sin \omega t - \omega CR \cos \omega t)$$

であり，上式で $t = nT$ とすると，標本値出力とほぼ一致することがわかる．ただし，過渡解 K_1 の $t = 0$ での近似度が悪く，これは [例題 12.11] で述べた通りである．つまり，入力波形 $E_0 \sin \omega t$ のラプラス変換 $V_i(s)$ は

$$V_i(s) = \frac{E_0 \omega}{s^2 + \omega^2}$$

であり，この周波数スペクトルも無限に存在することによる．

以上，ここでは $t \geq 0$ ではじめて入力波形が加わる場合を扱うのであり，つまりラプラス変換は片側ラプラス変換を用いることから，標本化間隔 T はできる限り小さくとる必要がある．

12.5　z 変換の性質

波形 $h(t)$ の標本値 $h(nT)$ の z 変換を演算子「Z」を用いて

$$H(z) = \sum_{n=0}^{\infty} h(nT)z^{-n} \equiv Z[h(nT)] \tag{12.26}$$

と定義する．ただし，T は標本化間隔である．このとき，z 変換には以下の性質がある．

(1) 線形性

$$Z[ah(nT) + bg(nT)] = aZ[h(nT)] + bZ[g(nT)] = aH(z) + bG(z)$$

ただし，a, b は定数，$h(nT), g(nT)$ の z 変換を $H(z), G(z)$ とする．

(2) シフト性

$$Z[h\{(n+n_0)T\}] = z^{n_0} Z[h(nT)] = z^{n_0} H(z) \tag{12.27}$$

解説：式 (12.26) より標本値 $h\{(n+n_0)T\}$ の z 変換 $Z[h\{(n+n_0)T\}]$ は

$$Z[h\{(n+n_0)T\}] = \sum_{n=0}^{\infty} h\{(n+n_0)T\}z^{-n}$$

であり，$m = n + n_0$ とおくと

$$\sum_{m=0}^{\infty} h(mT)z^{-n} = \sum_{m=0}^{\infty} h(mT)z^{-m}z^{n_0} = z^{n_0} H(z)$$

(3) $a^n h(nT)$ の z 変換

$$Z[a^n h(nT)] = \sum_{n=0}^{\infty} h(nT)\left(\frac{z}{a}\right)^{-n} = H\left(\frac{z}{a}\right)$$

(4) z 領域での微分

$$Z[nh(nT)] = -z\frac{dH(z)}{dz}$$

解説：式 (12.26) を微分すると

$$\frac{dH(z)}{dz} = \sum_{n=0}^{\infty} -nh(nT)z^{-n-1} = \sum_{n=0}^{\infty} -\frac{n}{z}h(nT)z^{-n}$$

12.6 標本値の畳み込み

入出力に関する式 (12.19) を書き換えて
$$Y(z) = H(z)X(z) \tag{12.28}$$
とおき，上式に対する時間軸での関係式を求めてみる．まず，$Y(z)$, $H(z)$, $X(z)$ の逆 z 変換をそれぞれ $y(nT)$, $h(nT)$, $x(nT)$ とし，これら標本値 $y(nT)$, $h(nT)$, $x(nT)$ の間に

$$y(nT) = \sum_{k=0}^{\infty} h(kT)x\{(n-k)T\} \tag{12.29}$$

の関係があるものとする．標本値 $y(nT)$ の z 変換が $Y(z)$ であることから

$$Y(z) = \sum_{n=0}^{\infty} \left[\sum_{k=0}^{\infty} h(kT)x\{(n-k)T\} \right] z^{-n}$$

であり，総和の順序を入れ換えて

$$Y(z) = \sum_{k=0}^{\infty} h(kT) \sum_{n=0}^{\infty} x\{(n-k)T\} z^{-n}$$

とする．さらに，$m = n - k$ として式 (12.27) を用いると

$$Y(z) = \sum_{k=0}^{\infty} h(kT) \left[\sum_{n=0}^{\infty} x(mT) z^{-m} \right] z^{-k}$$
$$= \sum_{k=0}^{\infty} h(kT) z^{-k} X(z) = H(z)X(z)$$

が得られる．したがって，式 (12.28) に対する時間軸での関係式は式 (12.29) で与えられることになり，アナログ波形での畳み込みに相当する．つまり，<u>標本値の畳み込みは z 変換の積で与えられることになる</u>．

12.7 ディジタル信号処理への導入

先に z 変換を用いて，過渡現象例を示した．しかし，現在 z 変換はディジタル信号処理など離散値に関するさまざまな分野に用いられている．ここではそのための一助としての解説を行う．

12.7.1 有限長インパルス応答回路

以下に伝達関数例を示す．図 12.9 に示すように T 秒遅延の要素からなる遅延線を用意し，各タップの信号をそれぞれ h_k 倍 ($k = 0, 1, \cdots, M$) した後，加算して出力する回路を考える．いま，回路に単位インパルス $\delta(t)$ を加えたとす

ると，$t = kT$ 秒後の応答 $h(kT)$ は

$$h(kT) = \begin{cases} h_k & (0 \leq k \leq M) \\ 0 & (k \geq M+1) \end{cases}$$

であり，有限長となる．

こうした特性をもつ回路を**有限長インパルス応答**（finite inpulse response：**FIR**）回路という．

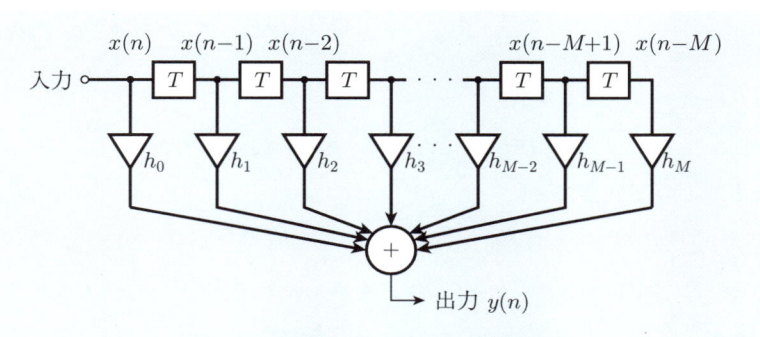

図 12.9 有限長インパルス応答回路

また，この種の回路は非再帰型であり，**非巡回型回路**という．この回路に入力として $x(kT)$ の標本値信号を加えると，$t = nT$ での出力は式 (12.29) より

$$y(nT) = \sum_{k=0}^{\infty} h(kT) x\{(n-k)T\}$$
$$= h_0 x(nT) + h_1 x\{(n-1)T\} + \cdots + h_M x\{(n-M)T\} \qquad (12.30)$$

となり，この伝達関数を求めることにする．

まず，**図 12.10** に示すように簡単のため上式右辺の 2 項だけを出力に採用して

$$y(nT) = h_0 x(nT) + h_1 x\{(n-1)T\}$$

とし，$n = 0, 1, 2, \cdots$ について書き下すと

$$y(0) = h_0 x(0)$$
$$y(T) = h_0 x(T) + h_1 x(0)$$
$$y(2T) = h_0 x(2T) + h_1 x(T)$$
$$y(3T) = h_0 x(3T) + h_1 x(2T)$$
$$\cdots \cdots$$

図 12.10 **T 秒遅延の FIR 回路**

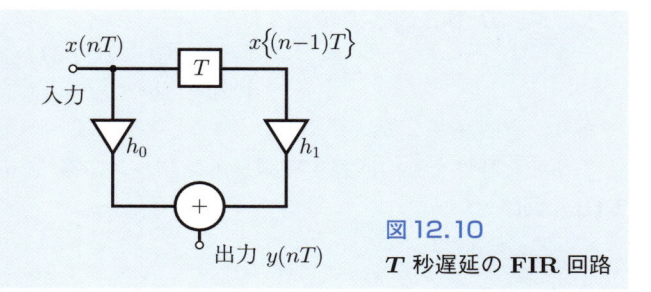

となり，各項を加算すると
$$\sum_{n=0}^{\infty} y(nT) = h_0 \sum_{n=0}^{\infty} x(nT) + h_1 \sum_{n=0}^{\infty} x\{(n-1)T\}$$
となる．この z 変換は
$$\sum_{n=0}^{\infty} y(nT)z^{-n} = h_0 \sum_{n=0}^{\infty} x(nT)z^{-n} + h_1 \sum_{n=0}^{\infty} x\{(n-1)T\}z^{-n}$$
である．つまり，$y(nT)$，$x(nT)$ の z 変換をそれぞれ $Y(z)$，$X(z)$ とすると，式 (12.27) より
$$Y(z) = h_0 X(z) + z^{-1} h_1 X(z)$$
となり，したがってこの回路の伝達関数 $H(z)$ は
$$H(z) = \frac{Y(z)}{X(z)} = h_0 + h_1 z^{-1}$$
と z^{-1} の多項式になる．

以上より，離散値出力 $y(nT)$ が式 (12.30) で与えられる場合，有限長インパルス応答回路の伝達関数 $H(z)$ は
$$H(z) = \sum_{k=0}^{M} h_k z^{-k}$$
と表すことができる．このように有限長インパルス応答回路では，インパルス応答 $h(nT)$ が与えられると直ちに z 変換での伝達関数 $H(z)$ を書くことができる．逆に伝達関数 $H(z)$ が与えられるとその z^{-k} の係数がインパルス応答を与えることになる．

なお，**インパルス応答**とは，ある回路にデルタ関数 $\delta(t)$ を加えたときの出力応答であり，インパルス応答 $h(nT)$ は
$$h(nT) = \sum_{n=0}^{\infty} h(nT)\delta(t - nT)$$
と書くこともできる．したがって，式 (12.3) に示した波形 $h(t)$ の標本化列そのものである．

12.7 ディジタル信号処理への導入

理解を深めるために，具体例として $M = 2$ とし，インパルス応答として $h_0 = 0.3, h_1 = 0.7, h_2 = 0.5$ を採用する．したがって，出力 $y(nT)$ は

$$y(nT) = 0.3x(nT) + 0.7x\{(n-1)T\}$$
$$+ 0.5x\{(n-2)T\} \quad (12.31)$$

と書くことができる．図 12.11 はこのブロック図であり，図 12.12 に入出力時間波形を示した．式 (12.31) に z 変換を施すと

$$Y(z) = 0.3X(z) + 0.7z^{-1}X(z) + 0.5z^{-2}X(z)$$

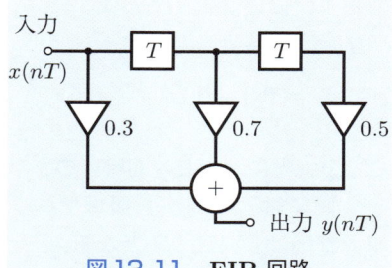

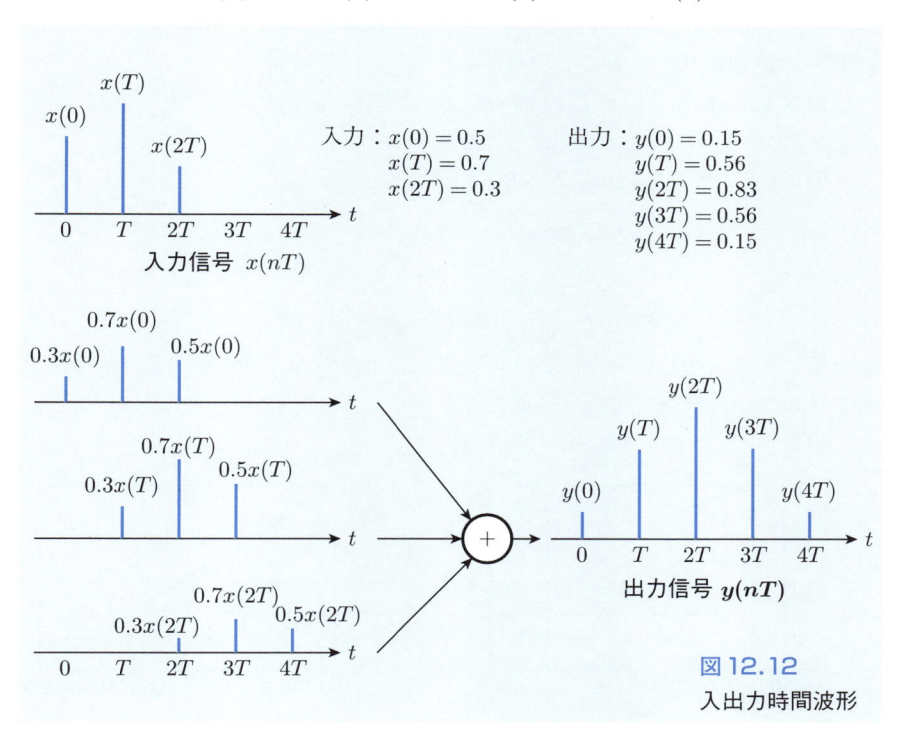

図 12.11 FIR 回路

入力：$x(0) = 0.5$
$x(T) = 0.7$
$x(2T) = 0.3$

出力：$y(0) = 0.15$
$y(T) = 0.56$
$y(2T) = 0.83$
$y(3T) = 0.56$
$y(4T) = 0.15$

図 12.12 入出力時間波形

であり，伝達関数 $H(z)$ は
$$H(z) = \frac{Y(z)}{X(z)}$$
$$= 0.3 + 0.7z^{-1} + 0.5z^{-2}$$
(12.32)

となり，先に示した時間軸でのブロック図に対して周波数領域でのブロック図は図 12.13 となる．

ここで，$z = e^{sT}$ に $s = j\omega$ を用いると

$$z = e^{j\omega T}$$

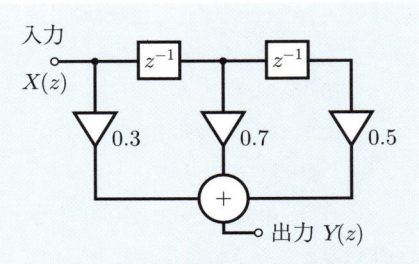

図 12.13　z^{-1} を用いた FIR 回路

であり，時間領域での T 秒遅延要素が周波数領域では z^{-1} の単位遅延に対応し，$e^{-j\omega T}$ の位相遅れを表すことがわかる．

伝達関数 $H(z)$ の特性は振幅 $|H(z)|$ と位相 $\arg[H(z)]$ を調べればよく，式 (12.32) から $|H(z)|$ と $\arg[H(z)]$ を求めると

$$|H(z)| = |0.3 + 0.7\cos\omega T + 0.5\cos 2\omega T - j(0.7\sin\omega T + 0.5\sin 2\omega T)|$$
$$= \sqrt{1.13 + 1.12\cos\omega T - 0.6\sin^2\omega T}$$

$$\arg[H(z)] \equiv \varphi(\omega T)$$
$$= -\tan^{-1}\left(\frac{0.7\sin\omega T + 0.5\sin 2\omega T}{0.3 + 0.7\cos\omega T + 0.5\cos 2\omega T}\right)$$

となる．これらの特性を 図 12.14 と 図 12.15 に示した．図 12.14 から低域フィルタの特性が得られていることがわかる．

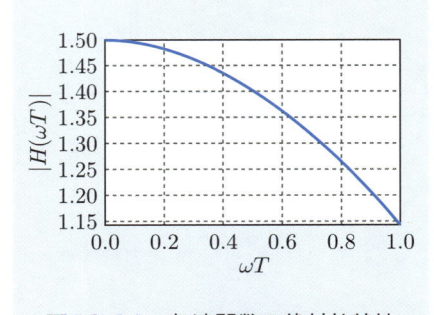

図 12.14　伝達関数の絶対値特性

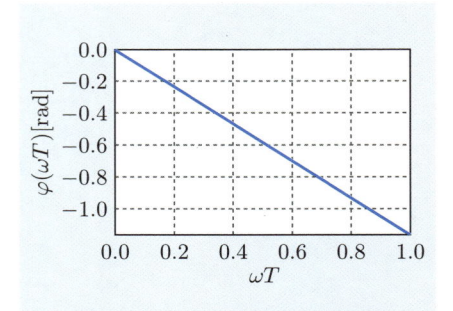

図 12.15　伝達関数の偏角特性

ここでフィルタの周波数特性を $H(\omega)$ として
図 12.16 の理想フィルタ，つまり
$$H(\omega) = 1, \quad |\omega| < \omega_0$$
を考えることにする．上式のフーリエ逆変換は
$$\begin{aligned} h(t) &= \tfrac{1}{2\pi} \int_{-\infty}^{\infty} H(\omega) e^{j\omega t} d\omega \\ &= \tfrac{1}{2\pi} \int_{-\omega_0}^{\omega_0} e^{j\omega t} d\omega \\ &= \tfrac{\omega_0}{\pi} \tfrac{\sin \omega_0 t}{\omega_0 t} \end{aligned}$$

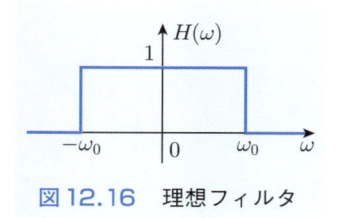

図 12.16　理想フィルタ

となる．これは理想フィルタの時間特性であり，これを図 12.17 に示した．

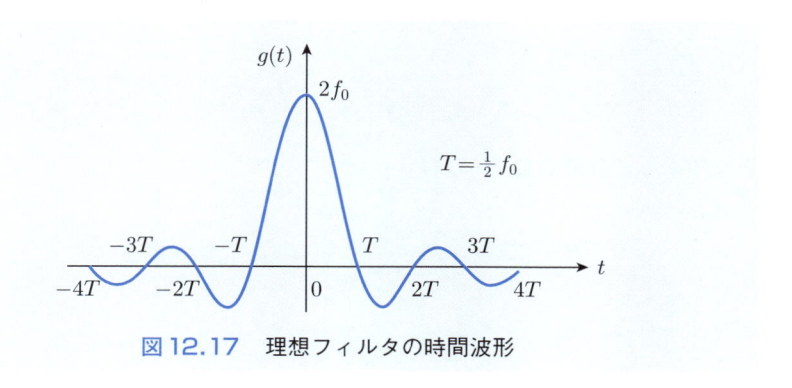

図 12.17　理想フィルタの時間波形

図 12.12 の出力波形は図 12.17 の時間領域 $|t| \leq T$ の部分に相当し，図 12.11 の FIR 回路が低域フィルタの特性をもつことが理解できる．

なお，$\omega T \ll 1$ の場合には
$$|H(z)| = \sqrt{2.25 - 0.6\omega^2 T^2} \approx 1.5 - \tfrac{\omega^2 T^2}{5}$$
$$\arg[H(z)] = -\tan^{-1}\left(\tfrac{1.7\omega T}{1.5}\right) \approx -\tfrac{17\omega T}{15}$$

である．したがって，$|\omega T| \ll 1$ の場合には振幅値は一定で位相特性は ω の 1 次関数となり，式 (12.16) で与える伝達関数の無歪条件より波形は歪まない．

12.7.2　無限長インパルス応答回路

有限長インパルス応答回路の伝達関数が z^{-1} の多項式で表されるのに対し，回路網が線形定数係数の差分方程式で表されるとき，伝達関数は多項式の比で与えられる．これを証明するために，まず入出力が N 階の差分方程式

を満足するものとすると，この z 変換

$$Z\left[\sum_{k=0}^{N} a_k y\{(n-k)T\}\right] = Z\left[\sum_{r=0}^{M} b_r x\{(n-r)T\}\right]$$

は

$$\sum_{k=0}^{N} a_k Z[y\{(n-k)T\}] = \sum_{r=0}^{M} b_r Z[x\{(n-r)T\}] \qquad (12.33)$$

であり，$y(nT), x(nT)$ の z 変換を $Y(z), X(z)$ とすれば

$$Z[y\{(n-k)T\}] = z^{-k}Y(z)$$

$$Z[x\{(n-r)T\}] = z^{-r}X(z)$$

であり，式 (12.33) は

$$\sum_{k=0}^{N} a_k z^{-k} Y(z) = \sum_{r=0}^{M} b_r z^{-r} X(z)$$

となるから，伝達関数 $H(z)$ は

$$H(z) = \frac{Y(z)}{X(z)} = \frac{\sum_{r=0}^{M} b_r z^{-r}}{\sum_{k=0}^{N} a_k z^{-k}} = \frac{b_0 + b_1 z^{-1} + b_2 z^{-2} + \cdots}{a_0 + a_1 z^{-1} + a_2 z^{-2} + \cdots}$$

で与えられる．

ここで，具体例として出力信号が遅延され，重み付けされ，帰還される入力信号との和が再び出力に現れるような回路，つまり**巡回型回路**（recursive network）について考える．

図 12.18 はその一例であり，出力信号が T 秒遅延後，入力側に帰還される入力信号との和が出力となる回路であり，入出力関係は

$$y(nT) = x(nT) + a_1 y\{(n-1)T\}$$

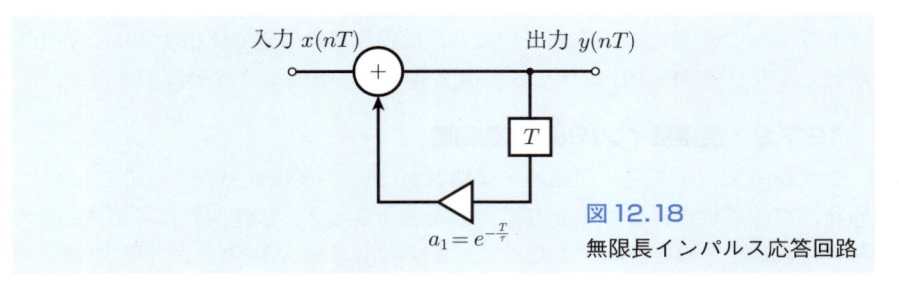

図 12.18　無限長インパルス応答回路

で与えられる．z 変換を施すと
$$Y(z) = X(z) + a_1 z^{-1} Y(z)$$
であり，伝達関数 $H(z)$ は
$$H(z) = \frac{Y(z)}{X(z)} = \frac{1}{1 - a_1 z^{-1}}$$
$$= 1 + \frac{a_1}{z} + \frac{a_1^2}{z^2} + \cdots \tag{12.34}$$
となる．上式を逆変換すると
$$h(nT) = \frac{1}{j2\pi} \oint \frac{z}{z - a_1} z^{n-1} dz = a_1^n \tag{12.35}$$
が得られる．図 12.19 に示す $h(nT)$ は RC 直列回路にステップ波形を加えたときの抵抗端子での出力インパルス応答である．式 (12.35) において $|a_1| < 1$ であれば，$n \to \infty$ のとき $|y(nT)| \to 0$ となるが，インパルス応答は無限長であり，このような回路を**無限長インパルス応答**（infinite impulse response：**IIR**）**回路**という．図 12.18 の時間領域での無限長インパルス応答回路に対して周波数領域での回路を図 12.20 に示した．

式 (12.34) のような回路を 1 次回路というが，この周波数特性と位相特性は $z = e^{j\omega T}$ として
$$H(z) = H(e^{j\omega T}) = |H(e^{j\omega T})| e^{j\varphi(\omega T)}$$
$$= \frac{1}{1 - a_1 e^{-j\omega T}}$$
であり，振幅特性と位相特性は
$$|H(z)| = \frac{1}{\sqrt{1 - 2a_1 \cos \omega T + a_1^2}}$$
$$\arg[H(z)] \equiv \varphi(\omega T) = -\tan^{-1}\left(\frac{a_1 \sin \omega T}{1 - a_1 \cos \omega T} \right)$$
となる．なお，$\omega T \approx \pi$ では
$$|H(z)| \approx \frac{1}{1 + a_1}$$
$$\arg[H(z)] = \frac{a_1}{1 + a_1}(\omega T - \pi)$$
と近似でき，前項の FIR 回路例と同様，この領域での波形は歪まない．

なお，この特性の一例を図 12.21 と図 12.22 に示しておく．

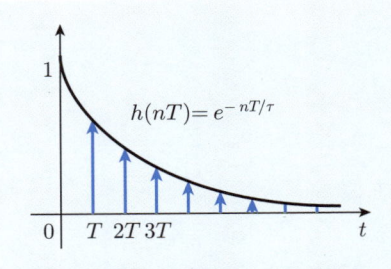

図 12.19　出力インパルス応答

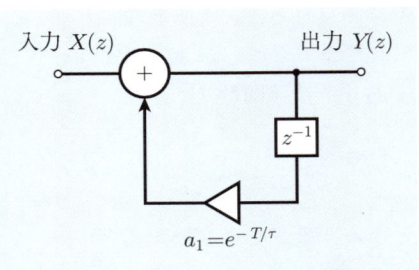

図 12.20　z^{-1} を用いた IIR 回路

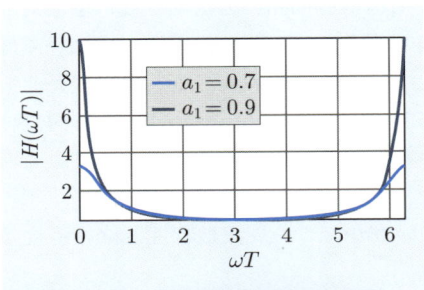

図 12.21　伝達関数の絶対値特性

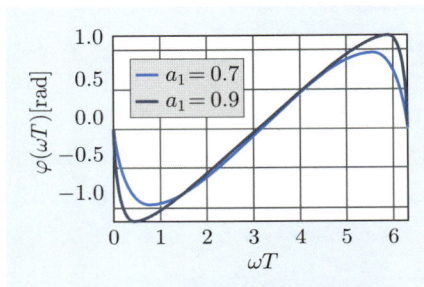

図 12.22　伝達関数の偏角特性

12章の問題

☐ **12.1**　次の時間波形 $h(t)$ に対する z 変換を求めよ．ただし，標本化間隔は T とし，ステップ関数 $U(t)$ は $t<0$ で $h(t)=0$ の意味である．

　(1)　$h(t) = \left(\frac{1}{2}\right)^t U(t)$　　(2)　$h(t) = \cos\omega t U(t)$　　(3)　$h(t) = t a^t U(t)$

☐ **12.2**　前問で得られた z 変換 $H(z)$ を逆変換して離散化された時間波形 $h(nT)$ を導出せよ．

☐ **12.3**　図 12.3 の FIR 回路で $M=1$，インパルス応答 $h_0 = h_1 = 0.5$ とすると，出力 $y(nT)$ は $y(nT) = 0.5x(nT) + 0.5x\{(n-1)T\}$ と書ける．伝達関数 $H(z)$ を求め，$z = e^{j\omega T}$ を用いて伝達関数 $H(z)$ の振幅特性 $|H(z)|$ と偏角特性 $\arg[H(z)]$ を算出せよ．

☐ **12.4**　IIR 回路 $y(nT) = 0.5x(nT) + 0.5y\{(n-1)T\}$ の伝達関数 $H(z)$ を求め，$z = e^{j\omega T}$ を用いて伝達関数 $H(z)$ の振幅特性 $|H(z)|$ と偏角特性 $\arg[H(z)]$ を算出せよ．

問題解答

1章

■ **1.3** $\cos z$, $\sin z$ を三角関数と双曲線関数表示し，実部と虚部に分ける作業をする．

■ **1.5** (1) 2　(2) $j = e^{j\pi/2}$　(3) $2\sqrt{2}\, e^{j\pi/12}$
(4) $\frac{1}{\sqrt{2}} e^{-j7\pi/12}$　(5) $2e^{j(\omega t + \pi/3)}$

■ **1.6**

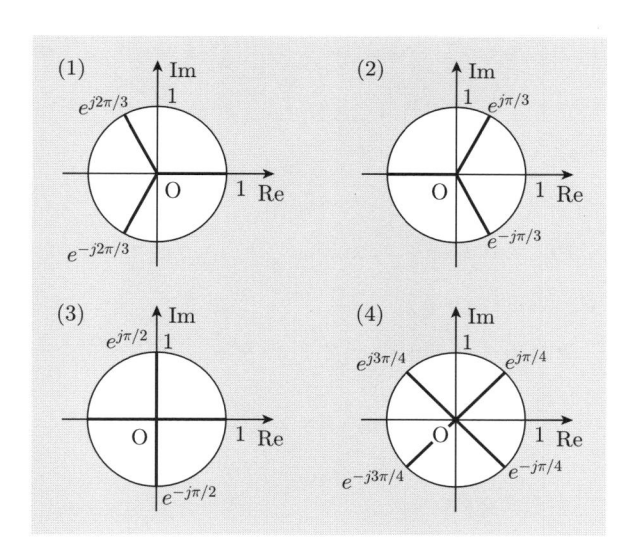

(1) 単位円上に $e^{j2\pi/3}$, 1, $e^{-j2\pi/3}$
(2) 単位円上に $e^{j\pi/3}$, 1, $e^{-j\pi/3}$
(3) 単位円上に $e^{j\pi/2}$, 1, $e^{-j\pi/2}$
(4) 単位円上に $e^{j3\pi/4}$, $e^{j\pi/4}$, $e^{-j3\pi/4}$, $e^{-j\pi/4}$

2章

■ **2.1** 実効値：$E_1 = \frac{100\sqrt{2}}{\sqrt{2}} = 100\,\text{V}$，角周波数：$\omega = 100\pi$，
周波数：$f = \frac{100\pi}{2\pi} = 50\,\text{Hz}$，周期：$T = \frac{2\pi}{w} = \frac{2\pi}{2\pi f} = \frac{2\pi}{100\pi} = \frac{1}{50} = 0.2\,\text{sec}$，
位相差：$\varphi = \frac{\pi}{4}$

■ **2.2** 三角関数の公式を用いて次のように求められる．

$$i = i_1 + i_2$$
$$= I_1 \sin(\omega t + \theta_1) + I_2 \sin(\omega t + \theta_2)$$

$$= I_1(\sin\omega t\cos\theta_1 + \cos\omega t\sin\theta_1) + I_2(\sin\omega t\cos\theta_2 + \cos\omega t\sin\theta_2)$$
$$= I\left(\sin\omega t\frac{I_1\cos\theta_1+I_2\cos\theta_2}{I} + \cos\omega t\frac{I_1\sin\theta_1+I_2\sin\theta_2}{I}\right)$$
$$= I(\sin\omega t\cos\theta + \cos\omega t\sin\theta)$$
$$= I\sin(\omega t+\theta)$$
$$I = \sqrt{(I_1\cos\theta_1+I_2\cos\theta_2)^2 + (I_1\sin\theta_1+I_2\sin\theta_2)^2}$$
$$= \sqrt{I_1{}^2+I_2{}^2+2I_1I_2\cos(\theta_1-\theta_2)}$$
$$\tan\theta = \frac{I_1\sin\theta_1+I_2\sin\theta_2}{I_1\cos\theta_1+I_2\cos\theta_2}$$

■ **2.3** (1) $\sin^{-1}\frac{1}{\sqrt{2}} = \frac{\pi}{4} = 45°$ (2) $\cos^{-1}\frac{1}{2} = \frac{\pi}{3} = 60°$

(3) $\sin^{-1}\frac{\sqrt{3}}{2} = \frac{\pi}{3} = 60°$ (4) $\cos^{-1}\left(-\frac{1}{2}\right) = \frac{2\pi}{3} = 120°$

■ **2.4** $e_2 = E\left(\sin\omega t\cos\frac{2\pi}{3} - \cos\omega t\sin\frac{2\pi}{3}\right) = E\left(-\frac{1}{2}\sin\omega t - \frac{\sqrt{3}}{2}\cos\omega t\right)$

$$e_{12} = \left(\sin\omega t + \frac{1}{2}\sin\omega t + \frac{\sqrt{3}}{2}\cos\omega t\right)$$
$$= \frac{E\sqrt{3}}{2}(\sqrt{3}\sin\omega t + \cos\omega t)$$
$$= \sqrt{3}\,E\left(\frac{\sqrt{3}}{2}\sin\omega t + \frac{1}{2}\cos\omega t\right)$$
$$= \sqrt{3}\,E\left(\sin\omega t\cos\frac{\pi}{6} + \cos\omega t\sin\frac{\pi}{6}\right)$$
$$= \sqrt{3}\,E\sin\left(\omega t + \frac{\pi}{6}\right)$$

■ **2.5** $x = a^u, y = a^v$ とすると $xy = a^u a^v = a^{u+v}$ であり $u = \log_a x, v = \log_a y$ であるので

$$\log_a(xy) = u+v = \log_a x + \log_a y$$

となる．

■ **2.6** オイラーの公式を用いて

$$e = E\frac{e^{j(\omega t+\theta)} - e^{-j(\omega t+\theta)}}{j2}$$
$$= \frac{E}{2}\{e^{j(\omega t+\theta-\frac{\pi}{2})} - e^{-j(\omega t+\theta+\frac{\pi}{2})}\}$$
$$= \frac{E}{2}\{e^{j\omega t}e^{j(\theta-\frac{\pi}{2})} - e^{-j\omega t}e^{-j(\theta-\frac{\pi}{2})}e^{-j\pi}\}$$
$$= \frac{E}{2}\{e^{j\omega t}e^{j(\theta-\frac{\pi}{2})} + e^{-j\omega t}e^{-j(\theta-\frac{\pi}{2})}\}$$

3章

■ **3.1** (1) 和 $\begin{bmatrix} 1+3 & 2+4 \\ 3+5 & 4+6 \end{bmatrix} = \begin{bmatrix} 4 & 6 \\ 8 & 10 \end{bmatrix}$

差 $\begin{bmatrix} 1-3 & 2-4 \\ 3-5 & 4-6 \end{bmatrix} = \begin{bmatrix} -2 & -2 \\ -2 & -2 \end{bmatrix}$

(2) 積 $\begin{bmatrix} 1 & 2 \\ 3 & 4 \end{bmatrix} \begin{bmatrix} 3 & 2 \\ 1 & 0 \end{bmatrix} = \begin{bmatrix} 1\times 3+2\times 1 & 1\times 2+2\times 0 \\ 3\times 3+4\times 1 & 3\times 2+4\times 0 \end{bmatrix}$
$= \begin{bmatrix} 5 & 2 \\ 13 & 6 \end{bmatrix}$

■ **3.2** (1) $|A| = \begin{vmatrix} 2 & 4 \\ 1 & 3 \end{vmatrix} = 2$, $\Delta_{11}=3$, $\Delta_{21}=-4$, $\Delta_{12}=-1$, $\Delta_{22}=2$

$$A^{-1} = \tfrac{1}{2}\begin{bmatrix} 3 & -4 \\ -1 & 2 \end{bmatrix} = \begin{bmatrix} \tfrac{3}{2} & -2 \\ -\tfrac{1}{2} & 1 \end{bmatrix}$$

(2) $|B| = \begin{vmatrix} 1 & 1 & 1 \\ 1 & \alpha^2 & \alpha \\ 1 & \alpha & \alpha^2 \end{vmatrix} = \alpha^4+\alpha+\alpha-\alpha^2-\alpha^2-\alpha^2 = 3\alpha-3\alpha^2 = 3(\alpha-\alpha^2)$

$\Delta_{11}=\alpha^4-\alpha^2=\alpha-\alpha^2$, $\Delta_{21}=-(\alpha^2-\alpha)$, $\Delta_{31}=\alpha-\alpha^2$, $\Delta_{12}=-(\alpha^2-\alpha)$,
$\Delta_{22}=\alpha^2-1$, $\Delta_{32}=-(\alpha-1)$, $\Delta_{13}=\alpha-\alpha^2$, $\Delta_{23}=-(\alpha-1)$, $\Delta_{33}=\alpha^2-1$

$$B^{-1} = \tfrac{1}{3(\alpha-\alpha^2)}\begin{bmatrix} \alpha-\alpha^2 & \alpha-\alpha^2 & \alpha-\alpha^2 \\ \alpha-\alpha^2 & \alpha^2-1 & 1-\alpha \\ \alpha-\alpha^2 & 1-\alpha & \alpha^2-1 \end{bmatrix} = \tfrac{1}{3}\begin{bmatrix} 1 & 1 & 1 \\ 1 & \alpha & \alpha^2 \\ 1 & \alpha^2 & \alpha \end{bmatrix}$$

■ **3.3** (1) $|A| = \begin{vmatrix} a_{11} & a_{12} \\ a_{21} & a_{22} \end{vmatrix}$ 　　$-a_{12}a_{21}$　　$= a_{11}a_{22} - a_{12}a_{21}$
　　　　　　　　　　　　　　　$+a_{11}a_{22}$

(2)
$|B| = \begin{vmatrix} a_{11} & a_{12} & a_{13} \\ a_{21} & a_{22} & a_{23} \\ a_{31} & a_{32} & a_{33} \end{vmatrix}$ 　$\begin{array}{l} -a_{31}a_{22}a_{13} \\ -a_{11}a_{32}a_{23} \\ -a_{12}a_{21}a_{33} \\ +a_{32}a_{21}a_{13} \\ +a_{31}a_{12}a_{23} \\ +a_{11}a_{22}a_{33} \end{array}$

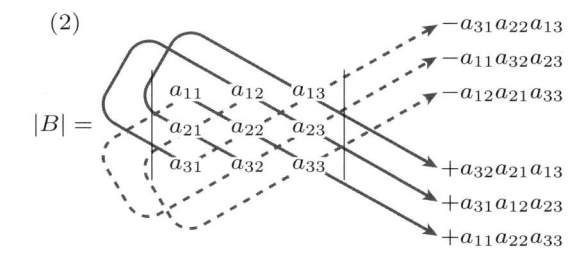

$= a_{11}a_{22}a_{33} + a_{31}a_{12}a_{23} + a_{32}a_{21}a_{13} - a_{31}a_{22}a_{13} - a_{11}a_{32}a_{23} - a_{12}a_{21}a_{33}$

■ **3.4** (1) 行列形表示は $\begin{bmatrix} 1 & 1 & 0 \\ 0 & 1 & 1 \\ 1 & 0 & -5 \end{bmatrix}\begin{bmatrix} x \\ y \\ z \end{bmatrix} = \begin{bmatrix} 5 \\ 6 \\ -9 \end{bmatrix}$

$$\Delta = \begin{vmatrix} 1 & 1 & 0 \\ 0 & 1 & 1 \\ 1 & 0 & -5 \end{vmatrix} = -4$$

$$x = \tfrac{1}{\Delta} \begin{vmatrix} 5 & 1 & 0 \\ 6 & 1 & 1 \\ -9 & 0 & -5 \end{vmatrix} = -\tfrac{1}{4} \times (-4) = 1$$

$$y = \tfrac{1}{\Delta} \begin{vmatrix} 1 & 5 & 0 \\ 0 & 6 & 1 \\ 1 & -9 & -5 \end{vmatrix} = -\tfrac{1}{4} \times (-16) = 4$$

$$z = \tfrac{1}{\Delta} \begin{vmatrix} 1 & 1 & 5 \\ 0 & 1 & 6 \\ 1 & 0 & -9 \end{vmatrix} = -\tfrac{1}{4} \times (-8) = 2$$

(2) 行列形表示は

$$\begin{vmatrix} 5 & -4 & 6 \\ 4 & -2 & 8 \\ 3 & 2 & -2 \end{vmatrix} \begin{bmatrix} x \\ y \\ z \end{bmatrix} = \begin{bmatrix} 11 \\ 14 \\ 17 \end{bmatrix} \quad \therefore \quad \begin{bmatrix} x \\ y \\ z \end{bmatrix} = \begin{bmatrix} 4 \\ 3 \\ \tfrac{1}{2} \end{bmatrix}$$

■ **3.5**
$$AB = \begin{bmatrix} 1 & 1 \\ 2 & 1 \end{bmatrix} \begin{bmatrix} 1 & 2 \\ 3 & 4 \end{bmatrix} = \begin{bmatrix} 4 & 6 \\ 5 & 8 \end{bmatrix}, \quad |AB| = 2$$

$$(AB)^{-1} = \tfrac{1}{\Delta} \begin{bmatrix} 8 & -6 \\ -5 & 4 \end{bmatrix} = \tfrac{1}{2} \begin{bmatrix} 8 & -6 \\ -5 & 4 \end{bmatrix}$$

$$B^{-1} = \tfrac{1}{-2} \begin{bmatrix} 4 & -2 \\ -3 & 1 \end{bmatrix}, \quad A^{-1} = \tfrac{1}{-1} \begin{bmatrix} 1 & -1 \\ -2 & 1 \end{bmatrix}$$

$$B^{-1}A^{-1} = \tfrac{1}{2} \begin{bmatrix} 4 & -2 \\ -3 & 1 \end{bmatrix} \begin{bmatrix} 1 & -1 \\ -2 & 1 \end{bmatrix} = \tfrac{1}{2} \begin{bmatrix} 8 & -6 \\ -5 & 4 \end{bmatrix}$$

したがって $(AB)^{-1} = B^{-1}A^{-1}$

■ **3.6** 起電力の間には次式の関係がある.

$$\dot{E}_\alpha = \dot{E}_a - \dot{E}_b, \quad \dot{E}_\beta = \dot{E}_b - \dot{E}_c, \quad \dot{E}_\gamma = \dot{E}_c - \dot{E}_a$$

$$\begin{bmatrix} \dot{E}_\alpha \\ \dot{E}_\beta \\ \dot{E}_\gamma \end{bmatrix} = \begin{bmatrix} 1 & -1 & 0 \\ 0 & 1 & -1 \\ -1 & 0 & 1 \end{bmatrix} \begin{bmatrix} \dot{E}_a \\ \dot{E}_b \\ \dot{E}_c \end{bmatrix}, \quad E = C E'$$

問 題 解 答 **247**

したがって Y 接続から Δ 接続への変換行列 C は $C = \begin{bmatrix} 1 & -1 & 0 \\ 0 & 1 & -1 \\ -1 & 0 & 1 \end{bmatrix}$

■ **3.7** $\dot{I}_a = \dot{I}_\alpha - \dot{I}_\gamma, \quad \dot{I}_b = \dot{I}_\beta - \dot{I}_\alpha, \quad \dot{I}_c = \dot{I}_\gamma - \dot{I}_\beta$

$$\begin{bmatrix} \dot{I}_a \\ \dot{I}_b \\ \dot{I}_c \end{bmatrix} = \begin{bmatrix} 1 & 0 & -1 \\ -1 & 1 & 0 \\ 0 & -1 & 1 \end{bmatrix} \begin{bmatrix} \dot{I}_\alpha \\ \dot{I}_\beta \\ \dot{I}_\gamma \end{bmatrix}, \quad I' = C'I$$

したがって Δ 接続から Y 接続への変換行列 C' は $C' = \begin{bmatrix} 1 & 0 & -1 \\ -1 & 1 & 0 \\ 0 & -1 & 1 \end{bmatrix} = C^t$

■ **3.8** 図 (a) の電源の供給電力 P は

$$P = \dot{E}_a \dot{I}_a^* + \dot{E}_b \dot{I}_b^* + \dot{E}_c \dot{I}_c^* = \begin{bmatrix} I_a^* & I_b^* & I_c^* \end{bmatrix} \begin{bmatrix} \dot{E}_a \\ \dot{E}_b \\ \dot{E}_c \end{bmatrix} = I^t E$$

図 (b) の電源の供給電力 P' は

$$P' = \dot{E}_\alpha \dot{I}_\alpha^* + \dot{E}_\beta \dot{I}_\beta^* + \dot{E}_\gamma \dot{I}_\gamma^* = \begin{bmatrix} I_\alpha^* & I_\beta^* & I_\gamma^* \end{bmatrix} \begin{bmatrix} \dot{E}_\alpha \\ \dot{E}_\beta \\ \dot{E}_\gamma \end{bmatrix} = I'^t E'$$

*:共役複素数を表す.

$P = I^t E = I^t CE' = I^t (C^t)^t E' = (C^t I)^t E' = (C'I)^t E' = I'^t E' = P'$

したがって供給電力は等しくなる.

4章

■ **4.1** (1) $0 \cdot 1 = 0$ (2) $1 + 1 = 1$ (3) $0 + 0 = 0$
(4) $1 \cdot 0 = 0$ (5) $1 + 0 = 1$

■ **4.2** (1) (2) 整数部は (1) と同じ

```
 2) 23    …1
 2) 11    …1
 2)  5    …1
 2)  2    …0
 2)  1    …1
     0
```

小数部
$0.625 \times 2 = 1.250 \quad \cdots 1$
$0.250 \times 2 = 0.500 \quad \cdots 0$
$0.500 \times 2 = 1.000 \quad \cdots 1$

$(23)_{10} = (10111)_2 \qquad (23.625)_{10} = (10111.101)_2$

(3) $1 \times 2^5 + 0 \times 2^4 + 1 \times 2^3 + 1 \times 2^2 + 0 \times 2^1 + 1 \times 2^0 = (45)_{10}$

(4) 整数部は (3) と同じ

小数部 $1 \times 2^{-1} + 1 \times 2^{-2} + 0 \times 2^{-3} + 1 \times 2^{-4} = (0.8125)_{10}$

■ **4.3**

(1) 加算　　　(2) 減算　　　(3) 乗算　　　(4) 除算

```
   100101         101000           1.100              10.1
+) 001101      -)  10001         ×) 0.101         100)1010
   110010         010111            1 100              100
                                   00 00               100
                                  110 0                100
                                  0.111 100              0
```

答 (110010)　　答 (010111)　　答 (0.111100)　　答 (10.1)

■ **4.4**　$A \cdot \overline{B} + \overline{A} \cdot B = \overline{A} \cdot B + A \cdot \overline{B}$　　… OR の交換則

$\qquad\qquad\qquad = B \cdot \overline{A} + \overline{B} \cdot A$　　… AND の交換則

$\qquad\qquad\qquad = (A + B) \cdot (\overline{A} + \overline{B}) \cdots (\because \overline{A} \cdot A = \overline{B} \cdot B = 0)$

■ **4.5**　(1)　$(A + B) \cdot (A + \overline{B}) = A \cdot A + A \cdot \overline{B} + B \cdot A + B \cdot \overline{B}$
$= A + A \cdot (\overline{B} + B) + 0 = A + A \cdot 1 = A + A = A$

(2)　右辺から左辺を導く.

$(A + B) \cdot (A + C) = A \cdot (A + C) + B \cdot (A + C)$
$= A + A \cdot C + A \cdot B + B \cdot C$
$= A \cdot (1 + C + B) + B \cdot C = A + B \cdot C$

(3)　$(A + B) \cdot (\overline{A} + C) = A \cdot \overline{A} + A \cdot C + \overline{A} \cdot B + B \cdot C$
$= 0 + A \cdot C + \overline{A} \cdot B + B \cdot C = A \cdot C + \overline{A} \cdot B + B \cdot C \cdot (A + \overline{A})$
$= A \cdot C + \overline{A} \cdot B + A \cdot B \cdot C + \overline{A} \cdot B \cdot C$
$= A \cdot C \cdot (1 + B) + \overline{A} \cdot B \cdot (1 + C) = A \cdot C + \overline{A} \cdot B$

■ **4.6**　(1)　$\qquad A \oplus B = A \cdot \overline{B} + \overline{A} \cdot B$

$\qquad\qquad\qquad = \overline{A} \cdot B + A \cdot \overline{B} \cdots$ OR の交換則

$\qquad\qquad\qquad = B \cdot \overline{A} + \overline{B} \cdot A \cdots$ AND の交換則

$\qquad\qquad\qquad = B \oplus A$

(2)　$A \oplus 1 = A \cdot \overline{1} + \overline{A} \cdot 1 = A \cdot 0 + \overline{A} = \overline{A}$

(3)　$A \oplus 0 = A \cdot \overline{0} + \overline{A} \cdot 0 = A \cdot 1 + 0 = A$

■ **4.7**　(1)　$A \cdot B + A \cdot \overline{B} + \overline{A} \cdot \overline{B} = A \cdot (B + \overline{B}) + \overline{B} \cdot (A + \overline{A}) = A + \overline{B}$

(2)　$(A + B) \cdot (A + \overline{B}) \cdot (\overline{A} + B) = (A + B \cdot \overline{B}) \cdot (\overline{A} + B)$
$= A \cdot (\overline{A} + B) = A \cdot B$

(3)　$A \cdot B + A \cdot \overline{B} + C + C \cdot D = A \cdot (B + \overline{B}) + C \cdot (1 + D)$

問題解答

$= A \cdot 1 + C \cdot 1 = A + C$

■ **4.8**
$$A \cdot (B + C) = A \cdot B + A \cdot C$$
$$\downarrow \quad \downarrow \quad \downarrow \quad \downarrow \quad \downarrow$$
$$A + (B \cdot C) = (A + B) \cdot (A + C)$$

5章

■ **5.1** ラジアンで考えよ．

■ **5.7** (1) 2 (2) $2\left(1 - \frac{1}{e}\right)$ (3) 1 (4) π

■ **5.9** $\frac{1}{2}\left\{\sqrt{5} + \frac{1}{2}\ln(2+\sqrt{5})\right\}$

■ **5.10** $\sqrt{e^2+1} - \sqrt{2} + \ln\left(\frac{e}{\sqrt{e^2+1}+1}\right) - \ln\left(\frac{1}{\sqrt{2}+1}\right)$

■ **5.11** $\frac{\pi}{3}(2a^3 - 3a^2 b + b^3)$

■ **5.12** $4\pi^2 rR,\ 2\pi^2 r^2 R$

■ **5.13** $2\pi\left(1 - \frac{x}{\sqrt{x^2+R_1^2}}\right) - 2\pi\left(1 - \frac{x}{\sqrt{x^2+R_2^2}}\right),\ \pi(\sqrt{3}-1)$

■ **5.14** $2\pi\left(\frac{x_1}{\sqrt{x_1^2+R_1^2}} + \frac{x_2}{\sqrt{x_2^2+R_2^2}}\right)$

6章

■ **6.1** (1) $\boldsymbol{C} = 3\boldsymbol{i} + 5\boldsymbol{k},\ l = \frac{3}{\sqrt{34}},\ m = 0,\ n = \frac{5}{\sqrt{34}}$
(2) $\boldsymbol{D} = -\boldsymbol{i} + 2\boldsymbol{j} - \boldsymbol{k},\ l = -\frac{1}{\sqrt{6}},\ m = \frac{2}{\sqrt{6}},\ n = -\frac{1}{\sqrt{6}}$

■ **6.2** $\boldsymbol{A} = 5\boldsymbol{i} - 5\boldsymbol{j} - 5\boldsymbol{k}$

■ **6.3** $\boldsymbol{A} = \frac{15\sqrt{3}}{4}\boldsymbol{i} + \frac{15}{4}\boldsymbol{j} + \frac{15\sqrt{3}}{2}\boldsymbol{k},\ \boldsymbol{B} = -\frac{10}{\sqrt{2}}\boldsymbol{i} + \frac{10}{\sqrt{2}}\boldsymbol{j} + 6\boldsymbol{k}$

■ **6.4** $|\boldsymbol{A} + \boldsymbol{B}| = \sqrt{A^2 + B^2 + 2AB\cos\alpha}$

■ **6.5** $\cos\alpha = \frac{A_x B_x + A_y B_y + A_z B_z}{AB}$
$A = \sqrt{A_x^2 + A_y^2 + A_z^2},\ B = \sqrt{B_x^2 + B_y^2 + B_z^2}$

■ **6.6** $\boldsymbol{A} \cdot \boldsymbol{B} = 7,\ \boldsymbol{A} \times \boldsymbol{B} = 5\boldsymbol{i} + \boldsymbol{j} - 3\boldsymbol{k}$

■ **6.7** $Q\left(\frac{14}{3},\ 0,\ \frac{14}{3}\right)$，点 Q のベクトルを $\boldsymbol{Q} = a\boldsymbol{i} + b\boldsymbol{j} + c\boldsymbol{k}$ とすると，このベクトルと垂線方向の単位ベクトルとの内積は垂線の長さである．

■ **6.9** 内積が 0 なら両者は互いに垂直の関係にある．

■ **6.10** $\frac{7}{\sqrt{2}}$：$\boldsymbol{A}, \boldsymbol{B}, \boldsymbol{C}$ を用いて三角形の 2 辺を与えよ（下図左参照）．

■ **6.11** $\boldsymbol{r} = -\frac{27}{14}\boldsymbol{i} - \frac{12}{14}\boldsymbol{j} + \frac{17}{14}\boldsymbol{k}$：下図右より単位ベクトル $\boldsymbol{e}$ は $\boldsymbol{e} = \frac{\boldsymbol{A}}{A}$，また垂線

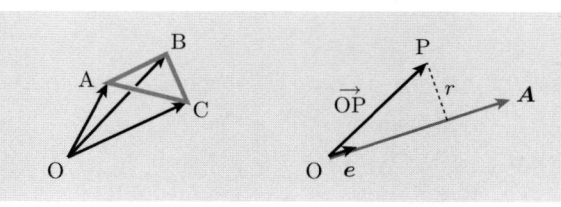

■ **6.15** $H_x = \frac{1}{j\omega\mu}\frac{\partial E_y}{\partial z}$, $H_y = -\frac{1}{j\omega\mu}\frac{\partial E_x}{\partial z}$

$E_x = -\frac{1}{j\omega\varepsilon}\frac{\partial H_y}{\partial z}$, $E_y = \frac{1}{j\omega\varepsilon}\frac{\partial H_x}{\partial z}$, $\frac{\partial^2 H_x}{\partial z^2} + \omega^2\varepsilon\mu H_x = 0$

他の成分も同一の式.

■ **6.17** $e \times (A \times e) = A(e \cdot e) - e(e \cdot A)$ から考えよ.

■ **6.18** 微分とは四則演算のどれに相当するかを考えよ.

■ **6.19** (1) a (2) 0 (3) $2a$

■ **6.20** (1) 0 (2) $\nabla(\nabla \cdot A) - \nabla^2 A$ (3) 0 (4) $\nabla^2 \varphi$

■ **6.21** ρ [C/m^3]

7章

■ **7.1** (1) 各方向の積分値は $a(\frac{1}{e}-1), b(\frac{1}{e}-1), c(\frac{1}{e}-1)$

(2) $(a+b+c)(\frac{1}{e}-1)$

■ **7.2** (1) 各線積分は反時計回りの順番に $\frac{a^3}{3}, a^3, \frac{2a^3}{3}, 0$ (2) $2a^3$

■ **7.3** (1) $\frac{3\pi a^4}{2}$: $A \cdot dl = a^4\left(\frac{3}{4} + \frac{1}{4}\cos 4\theta\right)d\theta$ を誘導せよ. (2) $\frac{3\pi a^4}{2}$

8章

■ **8.1** $\frac{dy}{dx} = A\alpha e^{\alpha x} + B\beta e^{\beta x}$ となり $\frac{d^2y}{dx^2} = A\alpha^2 e^{\alpha x} + B\beta^2 e^{\beta x}$

$\frac{d^2y}{dx^2} - \alpha\frac{dy}{dx} = A\alpha^2 e^{\alpha x} + B\beta^2 e^{\beta x} - A\alpha^2 e^{\alpha x} - B\beta\alpha e^{\beta x} = B\beta(\beta e^{\beta x} - \alpha e^{\beta x})$

$= \beta(B\beta e^{\beta x} + A\alpha e^{\alpha x}) - A\alpha\beta e^{\alpha x} - \alpha B\beta e^{\beta x}$

$= \beta\left(\frac{\partial y}{\partial x}\right) - \alpha\beta(Ae^{\alpha x} + Be^{\beta x})$

∴ $\frac{d^2y}{dx^2} - (\alpha+\beta)\frac{dy}{dx} + \alpha\beta y = 0$

■ **8.2** (1) $y = e^{-2x}\left(\int 5e^{2x}dx + A\right) = e^{-2x}\left(\frac{5}{2}e^{2x} + A\right) = Ae^{-2x} + \frac{5}{2}$

(2) $y = e^{-3x}\left(\int e^x e^{3x}dx + A\right) = Ae^{-3x} + \frac{1}{4}e^x$

(3) $P = \frac{1}{x}$ より $\int P dx = \log x$ で $e^{\log x} = x$ であるので $y = \frac{1}{x}\left(\int 2e^{-x}xdx + A\right)$.

ここで $\int e^{-x}x dx = -e^{-x}(x+1)$ であるので解は

$y = \frac{1}{x}\{-2(x+1)e^{-x} + A\} = \frac{A}{x} - \left(2 + \frac{2}{x}\right)e^{-x}$

■ **8.3** (1) 補助方程式は $2\gamma^2 + 5\gamma + 2 = (2\gamma+1)(\gamma+2) = 0$

∴ $\gamma_1 = -\frac{1}{2}, \gamma_2 = -2$. 解は $y = C_1 e^{-\frac{1}{2}x} + C_2 e^{-2x}$

(2) 補助方程式は $\gamma^2 + \gamma - 6 = (\gamma+3)(r-2) = 0$

∴ $\gamma_1 = -3, \gamma_2 = 2$. 解は $y = C_1 e^{-3x} + C_2 e^{2x}$

■ **8.4** (1) 補助方程式は $\gamma^2 + \gamma + 2 = 0$ ∴ $\gamma_1, \gamma_2 = \frac{-1 \pm \sqrt{1-8}}{2} = -\frac{1}{2} \pm j\frac{\sqrt{7}}{2}$ となるので $y = e^{-\frac{1}{2}x}\left(C_1 \cos\frac{\sqrt{7}}{2}x + C_2 \sin\frac{\sqrt{7}}{2}x\right)$ が一般解である．

(2) 補助方程式は $2\gamma^2 + 3\gamma + 5 = 0$ ∴ $\gamma_1, \gamma_2 = -\frac{3}{4} \pm j\frac{\sqrt{31}}{4}$ となるので $y = e^{-\frac{3}{4}x}\left(C_1 \cos\frac{\sqrt{31}}{4}x + C_2 \sin\frac{\sqrt{31}}{4}x\right)$ が解である．

■ **8.5** 特解は $y_p = A$ とおき，原式に代入すると $2A = 5$ ∴ $A = \frac{5}{2}$ であるので特解は $y_p = \frac{5}{2}$．

一般解は補助方程式から $r^2 + 3\gamma + 2 = 0$ ∴ $(\gamma+2)(\gamma+1) = 0$ ∴ $\gamma_1 = -2, \gamma_2 = -1$ となるので余関数 y_c は $y_c = Ae^{-2x} + Be^{-x}$．
一般解は $y = y_c + y_p = Ae^{-2x} + Be^{-x} + \frac{5}{2}$

■ **8.6** 原式を x について偏微分すると

$$l + n\frac{\partial z}{\partial x} = 2xf'(x^2+y^2+z^2) + 2zf'(x^2+y^2+z^2)\frac{\partial z}{\partial x}$$

$$m + n\frac{\partial z}{\partial y} = 2yf'(x^2+y^2+z^2) + 2zf'(x^2+y^2+z^2)\frac{\partial z}{\partial y}$$

ゆえに

$$\frac{l+n\frac{\partial z}{\partial x}}{m+n\frac{\partial z}{\partial y}} = \frac{x+z\frac{\partial z}{\partial x}}{y+z\frac{\partial z}{\partial y}} \quad \text{または} \quad (mz-ny)\frac{\partial z}{\partial x} + (nx-lz)\frac{\partial z}{\partial y} = ly - mx$$

■ **8.7** (1) 変形して次式と書く．$x\frac{\partial p}{\partial x} + 2p = 0$. x が積分関数で $\frac{\partial(x^2 p)}{\partial x} = 0$. x で積分すると $x^2 p = f(y)$. ただし $f(y)$ は任意の関数．ゆえに $\frac{\partial z}{\partial x} = \frac{f(y)}{x^2}$.
次に x で積分すると解 z は $z = -\frac{f(y)}{x} + g(y)$ となる．

(2) 変形すると $y\frac{\partial q}{\partial y} - q = xy^2$. 両辺を y^2 で割ると $\frac{1}{y}\frac{\partial q}{\partial y} - \frac{q}{y^2} = x$. 上式の左辺は $\frac{1}{y}\frac{\partial q}{\partial y} - \frac{q}{y^2} = \frac{\partial}{\partial y}\left(\frac{q}{y}\right)$. したがって $\frac{\partial}{\partial y}\left(\frac{q}{y}\right) = x$ となる．y で積分すると $\frac{q}{y} = xy + f(x)$
よって $q = xy^2 + f(x)y$. y で積分すると解 z は $z = \frac{1}{3}xy^3 + \frac{1}{2}f(x)y^2 + g(x)$ となる．

(3) 変形すると $\frac{y\frac{\partial p}{\partial y} - p}{y^2} = \frac{1}{x}$. 両辺を y で積分すると $\frac{p}{y} = \frac{y}{x} + f'(x)$. したがって $\frac{\partial z}{\partial x} = \frac{y^2}{x} + yf'(x)$. x で積分すると解 z は $z = y^2 \log x + yf(x) + g(y)$ となる．

■ **8.8** (1) 解 $\psi = \psi(mx+t)$ とおくと

$$\frac{\partial^2 \psi}{\partial x^2} = m^2 \psi''(mx+t), \quad \frac{\partial^2 \psi}{\partial t^2} = \psi''(mx+t)$$

原方程式に代入すると $m^2 \psi''(mx+t) - \frac{1}{c^2}\psi''(mx+t) = 0$
補助方程式は $m^2 - \frac{1}{c^2} = 0$ となる．よって $m = \pm\frac{1}{c}$ となるので解は

$$\psi = f_1\left(t + \frac{1}{c}x\right) + f_2\left(t - \frac{1}{c}x\right)$$
$$= F_1(x+ct) + F_2(x-ct)$$

f_1, f_2 および F_1, F_2 は任意の関数．

(2) 補助方程式は $m^2 - m = 0$ となる．よって $m = 0$ または $+1$ となるので解は $z = f(y) + f_2(y+x)$ となる．

9章

■ **9.1** $\cos z = \cos(x+jy) = \cos x \cosh y \mp j \sin x \sinh y$

■ **9.2** $\sin z = \sin(x+jy) = \sin x \cosh y \pm j \cos x \sinh y$

■ **9.3** $f(z) = z + \frac{1}{z-a} = x + jy + \frac{1}{x-a+jy} = x + jy + \frac{x-a-jy}{(x-a)^2+y^2}$

■ **9.4** $f(z) = e^z = e^{x+jy} = e^x(\cos y + j \sin y)$

■ **9.6** $z = e^{j\theta}$ とおいてみよ.

■ **9.7** 微分を正しく計算できるかという問題.

(1) $f(z) = 1 + z + \frac{z^2}{2}$ (2) $f(z) = 1 - \frac{z^2}{2}$ (3) $f(z) = z - \frac{z^3}{6}$

(4) $f(z) = z + \frac{z^3}{3}$ (5) $f(z) = z - \frac{z^2}{2}$ (6) $f(z) = 1 + \frac{z^2}{2}$

(7) $f(z) = z + \frac{z^3}{6}$ (8) $f(z) = z - \frac{z^3}{3}$

■ **9.8** $f(z) = \frac{p(x)}{(z-a)q(x)}$ とおいてみよ.

■ **9.10** 分母をマクローリン展開せよ.

■ **9.11** $\frac{2+j}{4}, \frac{2-j}{4}$

■ **9.12** (1) $z = 1$ のとき $\frac{1}{2}$, $z = -1$ のとき $\frac{1}{2}$. したがって, 周回積分は 2π

(2) $z = -2$ のとき $-\frac{1}{4}$, $z = 0$ のとき $\frac{1}{4}$, 周回積分は 0

■ **9.13** $\frac{8\pi}{3}$: $z = 2e^{j\theta}$ とおくと, $\sin\theta = \frac{z^2-4}{j4z}$

■ **9.14** π: 積分路の回り方に注意.

■ **9.15** (1) $\frac{\pi}{3}$ (2) $\frac{\pi}{\sqrt{2}\,a^3}$

10章

■ **10.1** $i(t) = \frac{E}{R} e^{-\frac{r+R}{L}t}$

■ **10.2** $i(t) = \frac{E}{R}(1 - e^{-\frac{R}{L}t})$

■ **10.3** $i(t) = \frac{E-\frac{Q}{C}}{R} e^{-\frac{t}{CR}}$, 波形は大別すると, 3種類.

■ **10.4**
$$i(t) = \frac{E}{R_1+R_2} - \frac{E}{R_1+R_2}\frac{R_1L_2-R_2L_1}{R_1(L_1+L_2)} e^{-\frac{R_1+R_2}{L_1+L_2}t}$$

したがって $R_1L_2 > R_2L_1$ または $R_1L_2 < R_2L_1$ によって電流波形は異なる. なお, この問題は $t<0$ で L_1, $t>0$ で L_1+L_2 が関係し, 磁束の急激な変化は妨げられるという鎖交磁束不変の理が適用される. $t<0$ での磁束は $\Phi_{i=0_-} = \frac{E}{R}L_1$

■ **10.5** $i_1(t) = \frac{E}{R_1} - \frac{E}{R_1}\frac{R_2}{R_1+R_2} e^{-\frac{R_1}{L_1}t}$, $i_2(t) = \frac{E}{R_1+R_2} e^{-\frac{R_2}{L_2}t}$: 前問とスイッチの開閉の違いだけだが, この場合はスイッチの開の前後でインダクタンスに変わりがなく, 鎖交磁束不変の理を考慮する必要はない.

■ **10.6** (1) $i^{-1}(0) = Q = EC$ (図6, 図7), $i^{-1}(0) = Q = \frac{R_1}{R_1+R_3}EC$ (図8, 図9), この問題は V_{AB} から電荷は容易に得られるが, それでもわからない人[*]はス

イッチを OFF から ON としたときの過渡解を調べ，$Q = \int_0^\infty i dt$ から得ればよい．

(2) $i(t) = -\frac{i^{-1}(0)}{C(R_1+R_2)} e^{-\frac{t}{C(R_1+R_2)}}$

備考 (∗) について：右図の電圧 v を求めよ．出力電圧は $v = e$ であるが，これを解くには出力端子に抵抗 r を接続し

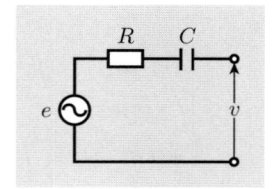

$$v = \frac{er}{R + \frac{1}{j\omega C} + r}$$

から，$r \to \infty$ として出力電圧 $v = e$ が得られる．

■ **10.7** $i_R = \frac{E}{2R}(1 - e^{-2t/CR})$, $i_C = \frac{E}{R} e^{-2t/CR}$, $t_0 = 5.5\,[\mathrm{m\,s}]$

■ **10.8** $i(t) = \frac{CE_0}{\alpha RC - 1}\left(\alpha e^{-\alpha t} - \frac{1}{RC} e^{-\frac{t}{RC}}\right)$, また $\alpha \to \frac{1}{RC}$ の場合は
$i(t) = \frac{E_0}{R}\left(1 - \frac{t}{RC}\right) e^{-\frac{t}{RC}}$

■ **10.9** $0 \le t \le \tau$ の場合 $i(t) = \frac{E}{R} e^{-t/CR}$,

$t \ge \tau$ の場合 $i(t) = -E\sqrt{\frac{C}{L}} \sin \frac{t}{LC}$

■ **10.10** $i(t) = \frac{10}{3}(e^{-t} - e^{-4t})$ [A]，過渡電流が最大になる時間 $t_{\max}$ は
$$t_{\max} = 0.46\,[\sec]$$

11章

■ **11.1** (1) $H(f) = j2\sin 2\pi fT$

(2) $H(f) = j2\sin 2\pi fT + j2\sin 4\pi fT = j4\sin 3\pi fT \cos \pi fT$

(3) $H(f) = AT\left(\frac{\sin \pi fT}{\pi fT}\right)^2$ ：部分積分の計算

■ **11.2** $H(f) = e^{-\pi^2 f^2/\alpha^2}$

■ **11.3** $\sin 2\pi f_0 t = \cos\left(2\pi f_0 t - \frac{\pi}{2}\right)$ を用いよ．

■ **11.5** (1) $kt = t'$ とおけ． (2) $\frac{t}{k} = t'$ とおけ． (3) $t - t_0 = t'$ とおけ．

■ **11.7** 問題 11.1 の (3) の時間波形となる．

■ **11.8** $H(f) = AT\left(\frac{\sin \pi fT}{\pi fT}\right)^2$ ：時間波形の畳み込みに対して周波数波形は互いの積．

■ **11.9** $x(-\tau) = \delta(-\tau - 5T)$, したがって $x(t - \tau) = \delta(t - \tau - 5T)$ より，畳み込み積分は

$$h(t) * x(t) = \int_{-\infty}^{\infty} \{\delta(\tau + T) + \delta(\tau - T)\} \delta(t - \tau - 5T) d\tau$$
$$= \delta(t - 4T) + \delta(t - 6T)$$

■ **11.10** 畳み込まれた波形の合成

■ **11.11** $-\frac{A^2}{2T}t(t-2T)$ $(0 \le t \le T)$, $\frac{A^2}{2T}(t-2T)^2$ $(T \le t \le 2T)$

■ **11.12** $h(\tau) = \tau^2$, $x(-\tau) = -\tau$, したがって $x(t-\tau) = t-\tau$ であり, $h(\tau)$ と $x(t-\tau)$ とを作図し, t の値によって場合分けする. つまり, $-2 \le t \le 0$ の場合

$$h(t) * x(t) = \int_{-1}^{t+1} -\tau^2(\tau-t)d\tau = -\frac{1}{4}(t+1)^4 + \frac{t}{3}(t+1)^3 + \frac{t}{3} + \frac{1}{4}$$

$0 \le t \le 2$ の場合

$$h(t) * x(t) = \int_{t-1}^{1} -\tau^2(\tau-t)d\tau = \frac{1}{4}(t-1)^4 - \frac{t}{3}(t-1)^3 + \frac{t}{3} - \frac{1}{4}$$

■ **11.13** $a_0 = \frac{A}{2}$, $a_n = \frac{2A}{n\pi}\sin\frac{n\pi}{4}$, $b_n = 0$

■ **11.14** 前問と同じ

■ **11.15** $a_0 = A$, $a_n = \frac{2A}{(n\pi)^2}\{1-(-1)^n\}$, $b_n = 0$

■ **11.16** 前問と同じ

12章

■ **12.1** (1) $H(z) = \frac{z}{z-(1/2)^T}$ (2) $H(z) = \frac{z(z-\cos\omega T)}{z^2-2z\cos\omega T+1}$
(3) $H(z) = \frac{Ta^T z}{(z-a^T)^2}$

■ **12.2** (1) $h(nT) = \left(\frac{1}{2}\right)^{nT}$ (2) $h(nT) = \cos n\omega T$
(3) $h(nT) = nTa^{nT}$

■ **12.3** $H(z) = 0.5 + \frac{0.5}{z}$, $|H(z)| = \cos\frac{\omega T}{2}$, $\arg[H(z)] = -\frac{\omega T}{2}$

■ **12.4** $H(z) = \frac{z}{2z-1}$, $|H(z)| = \frac{1}{\sqrt{5-4\cos\omega T}}$, $\arg[H(z)] = -\tan^{-1}\left(\frac{\sin\omega T}{2-\cos\omega T}\right)$

参考文献

■ 1章
[1] 寺沢寛一,『自然科学者のための数学概論（増訂版）』岩波書店（1983）
[2] C. R. Wylie, 富久泰明訳,『工業数学（下）[第10版]』ブレイン図書出版（1973）
[3] 神保成吉,『電気回路論[第2版]』共立出版（1961）

■ 2章
[1] 日本数学会編,『岩波数学辞典　第4版』, 岩波書店（2007）
[2] 卯本重郎,『現代基礎電気数学』, オーム社（2008）
[3] 高木亀一,『大学課程応用数学[改訂2版]』, オーム社（1990）
[4] 金原粲監修,『電気数学』, 実教出版（2008）

■ 3章
[1] 日本数学会編,『岩波数学辞典　第4版』, 岩波書店（2007）
[2] 卯本重郎,『現代基礎電気数学』, オーム社（2008）
[3] 高木亀一,『大学課程応用数学[改訂2版]』, オーム社（1990）
[4] 金原粲監修,『電気数学』, 実教出版（2008）
[5] 前山光明,『行列・ベクトル・複素関数・フーリエ解析』, 電気学会（2009）

■ 4章
[1] 瀧　保夫, 宮川　洋,『情報論II』, 岩波書店（1974）
[2] 高木亀一,『大学課程応用数学[改訂2版]』, オーム社（1990）
[3] 五島正裕,『ディジタル回路』, 数理工学社（2007）
[4] 宮田武雄,『速解論理回路』, コロナ社（1987）
[5] 高木直史編著,『論理回路』, オーム社（2010）
[6] 大類重範,『ディジタル電子回路』, 日本理工出版会（2010）

■ 5章
[1] 寺沢寛一,『自然科学者のための数学概論（増訂版）』岩波書店（1983）
[2] J. R. Stratton,『Electromagnetic Theory』McGraw-Hill（1941）
[3] 高木貞治,『定本　解析概論』岩波書店（2010）

6章,7章

[1] J. R. Stratton,『Electromagnetic Theory』McGraw-Hill (1941)
[2] C. R. Wylie, 富久泰明訳,『工業数学 (下) [第10版]』ブレイン図書出版 (1973)
[3] 安達忠次,『ベクトル解析 [第2版]』培風館 (1961)
[4] 卯本重郎,『電磁気学 [第7版]』昭晃堂 (1981)

8章

[1] 日本数学会編,『岩波数学辞典 第4版』, 岩波書店 (2007)
[2] 卯本重郎,『現代基礎電気数学』, オーム社 (2008)
[3] 高木亀一,『大学課程応用数学 [改訂2版]』, オーム社 (1990)
[4] 金原粲監修,『電気数学』, 実教出版 (2008)

9章

[1] 寺沢寛一,『自然科学者のための数学概論 (増訂版)』岩波書店 (1983)
[2] C. R. Wylie, 富久泰明訳,『工業数学 (下) [第10版]』ブレイン図書出版 (1973)

10章

[1] C. R. Wylie, 富久泰明訳,『工業数学 (上) [第10版]』ブレイン図書出版 (1973)
[2] 熊谷三郎, 尾崎弘,『過渡現象論 [第6版]』共立出版 (1963)

11章

[1] C. R. Wylie, 富久泰明訳,『工業数学 (上) [第10版]』ブレイン図書出版 (1973)
[2] E. O. Brigham,『The Fast Fourier Transform』Prentice-Hall (1974)
[3] 高木貞治,『定本 解析概論』岩波書店 (2010)

12章

[1] 熊谷三郎, 尾崎弘,『過渡現象論 [第6版]』共立出版 (1963)
[2] J. G. Proakis, D. G. Manolakis, 浜口望, 田口亮, 近藤克哉, 仲地孝之訳,『ディジタル信号処理 I, II』科学技術出版 (2001)

索引

あ行

アンペールの法則　105, 126, 127

位相　8
位相遅れ　8
位置ベクトル　95
一致回路　67
一般解　133, 146
インダクタンス　7
インパルス応答　236

打切り関数　215

円関数　22
円柱座標　81
円筒座標　81

オイラーの公式　2
折り返し歪み　214

か行

階数　41, 130
外積　96
解析的　158
回転　98, 104, 106
回転型ベクトル　110
ガウスの線束定理　113
ガウスの発散定理　118
角周波数　7, 13
片側ラプラス変換　176
可聴最大周波数　194
管状ベクトル　110
完全解　146

奇関数　13
奇置換　33

基本数体系　56
逆行列　28
逆三角関数　17
逆スケールファクター　199
逆フーリエ変換　194
逆ラプラス変換　176
キャパシタンス　7
球座標　82
行列　28
行列式　33, 97
極　162, 166
極座標　81
極座標表示　2
鋸歯状波形　211
虚数単位　2
虚数部　2
虚部　2

偶関数　13
空間波形　197
空間ベクトル　100, 112
偶置換　33
クーロンの法則　121
クラメールの方法　42
グルサの定理　163
クロネッカーの δ　29

合成インピーダンス　7
光速　93
高調波　213
勾配　101
コーシーの積分定理　162
コーシーの定理　161
コーシー–リーマンの式　158
弧度法　12
固有インピーダンス　93

さ行

サラスの方法　98
サンプリング間隔　194
サンプリング周波数　194
サンプリング定理　194, 217

時間推移　199
時間のスケールファクター　199
指数関数　17, 19
システム関数　229
自然対数　18
磁束密度　94, 102
実数　2
実数部　2
実部　2
始点　92
遮断周波数　217
周期　13
周期関数　12, 13
自由空間　107
終点　92
周波数　13
周波数サンプリング定理　217
周波数推移　199
周波数スペクトル　199
周波数畳み込みの定理　203
周波数標本化定理　217
主値　17
出力情報　52
シュワルツの不等式　172
巡回型回路　240
状態変数　143

状態変数法　143
常微分方程式　130
常用対数　18
初期電荷　181
初期電流　181
磁力線　100
進行波　198
振幅変調　200
振幅変調波　218
真理値表　53

スカラー界　100
スカラー積　95
スカラーポテンシャル　110
スカラー量　92
スカラー3重積　120
ステラジアン　70
ストークスの定理　122, 124

正弦　12
正接　12
静電容量　92, 108
成分　94
正方行列　28
積分回路　184, 186
積分波形　184
接線線積分　110
絶対値　2, 92
零点　166
線形　132, 145
線形性　199
線積分　110, 111, 122, 124, 125
線素　77
線電荷密度　87
全微分　100
線要素　77

双曲線関数　5, 22, 23
双曲線関数（複素数）24
送信電力　97
双対の定理　63

ソレノイド状ベクトル　110

た行

対称性　199
対数関数　17, 19
体積積分　114, 118
体積要素　82
ダイポールモーメント　112
第1種の不連続　224
畳み込み　202
畳み込み積分　202
畳み込みの定理　202
多変数関数　99
単位行列　28
単位ベクトル　92, 95

置換　33
超関数の理論　196
調和関数　108

底　17
低域フィルタ　217
低域フィルター　199
抵抗　7
ディジタル信号処理　234
定数係数同次線形常微分方程式　135
テイラー展開　3
テイラー展開式　164
電荷密度　102
電気双極子　111
電気力線　100
電束密度　93, 102
伝達関数　229
転置行列　28
伝搬定数　70, 197
電流の連続性　107
電流密度　105

等価変換　46
等間隔 δ 関数列　200
同次　135

透磁率　93
同相　8
導電電流　107
導電率　93
等ポテンシャル面　100
特異点　158
特解　130
特殊解　130, 133, 146
特性インピーダンス　70
特性方程式　136
度数法　12
ド・モアブルの公式　2
ド・モルガンの定理　63

な行

ナイキスト間隔　194, 214
ナイキスト周波数　194, 214
内積　95
ナブラ　101

入力情報　52

ネイピア数　18
ネピア数　18

は行

排他的論理和　67
波形の標本化　214
発散　102, 106
ハミルトン演算子　98, 101, 102
パルス波形　195

ビオ–サヴァールの法則　126
非巡回型回路　235
非線形　132, 145
ビット　57
否定論理積　66
否定論理和　66
非同次　135

索　引

比透磁率　93
微分演算子　136
微分回路　184, 186
微分波形　184
微分方程式　130
比誘電率　93
表現効率　56
標本化間隔　222
標本化関数　76, 222
標本化周波数　215, 223
標本化定理　194, 217
標本値の畳み込み　234

ファラデーの法則　105
フーリエ級数　194, 207
フーリエ変換　194
フーリエ変換対　199
ブール代数　52
複素関数　158
複素数　2
複素数の共役　2
部分積分の公式　73
部分分数　73

平面角度　70
ベクトル界　100, 112
ベクトル積　96
ベクトルの外積　96
ベクトルの差　95
ベクトルの内積　95
ベクトルの発散　118
ベクトルの和　95
ベクトルポテンシャル　110
ベクトル量　92
変位電流　105, 107
偏角　2
変換行列　44
変数分離形1階常微分方程式　132
偏導関数　99, 130
偏微分　99
偏微分係数　101
偏微分方程式　130

偏微分方程式系　145

ポアソンの方程式　107, 108
法線面積分　112
ポール　162
補助方程式　136

ま 行

マクスウェルの方程式　105, 127
マクローリン級数　3, 231
マクローリン展開式　164

右手系　82

無限遠点　84
無限長インパルス応答回路　241

面積分　112, 113, 118
面素　81, 82
面密度　88

モレラの定理　161

や 行

有限長インパルス応答回路　235
誘電率　84, 92, 93
誘導性リアクタンス　7

容量性リアクタンス　7
余関数　133
余弦　12

ら 行

ラウンド　99
ラジアン　70

ラプラシアン　108
ラプラスの方程式　108, 109, 158
ラプラス変換　176, 180

リアクタンス　7
力線　100
離散波形　222
離散フーリエ変換　200
離散ラプラス変換　222, 230
立体角　70, 82, 83, 121
留数　167

零行列　28
連続ラプラス変換　231
レンツの法則　125

ローラン展開式　166, 169
ロピタルの定理　71
論理関数　52
論理積　52
論理否定　52
論理和　52

英数字

BCDコード　62
EX-NOR回路　67
EX-OR回路　67
FIR　235
IIR　241
NAND回路　66
NOR回路　66
N階の差分方程式　239
s変換　176
z逆変換　226
z変換　224
δ関数　196
1価関数　160
2進化10進数　62
2値論理回路　52
2値論理関数　52

著者略歴

川口　順也 (かわぐち　よしなり)

1970 年　明治大学大学院工学研究科電気工学専攻博士課程退学（単位取得）
1973 年　明治大学工学部専任助手　　1995 年　同理工学部専任講師
1998 年　同専任准教授　　2010 年　同専任教授
現　在　電子情報通信学会会員，電気学会会員，URSI 会員，工学博士

松瀬　貢規 (まつせ　こうき)

1971 年　明治大学大学院工学研究科電気工学専攻博士課程修了
同　年　明治大学工学部専任講師　　1979 年　同工学部教授
1996 年　同理工学部学部長　　2009 年　電気学会会長
現　在　明治大学名誉教授，電気学会フェロー・名誉員，IEEE Life Fellow，
　　　　NAI Fellow USA，日本工学会フェロー，中国清華大学客座教授，工学博士

主要著書　基礎電気回路（上），（下）（編共著，オーム社，2004）
　　　　　　電動機制御工学（単著，電気学会，2007）（電気学会著作賞）
　　　　　　電気磁気学入門（編共著，オーム社，2011）
　　　　　　基本から学ぶパワーエレクトロニクス（共著，電気学会，2012）
　　　　　　　　　　　　　　　　　　　　　　　　　　（電気学会著作賞）
　　　　　　基礎制御工学（単著，数理工学社，2013）
　　　　　　演習と応用　基礎制御工学（単著，数理工学社，2014）

電気・電子工学ライブラリ＝UKE–A1
電気電子基礎数学

2012 年 6 月 10 日 ⓒ　　　　　　初　版　発　行
2022 年 2 月 25 日　　　　　　　初版第 5 刷発行

著者　川口　順也　　　　発行者　矢沢和俊
　　　松瀬　貢規　　　　印刷者　小宮山恒敏

【発行】　　　　　　株式会社　数理工学社
〒151–0051　東京都渋谷区千駄ヶ谷 1 丁目 3 番 25 号
☎ (03) 5474–8661（代）　　サイエンスビル

【発売】　　　　　　株式会社　サイエンス社
〒151–0051　東京都渋谷区千駄ヶ谷 1 丁目 3 番 25 号
営業☎ (03) 5474–8500（代）　　振替 00170–7–2387
FAX☎ (03) 5474–8900

印刷・製本　小宮山印刷工業（株）

≪検印省略≫

本書の内容を無断で複写複製することは，著作者および
出版者の権利を侵害することがありますので，その場合
にはあらかじめ小社あて許諾をお求め下さい。

ISBN978–4–901683–88–3
PRINTED IN JAPAN

サイエンス社・数理工学社の
ホームページのご案内
https://www.saiensu.co.jp
ご意見・ご要望は
suuri@saiensu.co.jp まで．